普通高等教育农业部"十二五"规划教材

北京高等学校优质本科教材

"大国三农"系列规划教材

普通高等教育"十四五"规划教材

植物生物技术实验教程

Zhiwu Shengwu Jishu Shiyan Jiaocheng

第 2 版

郭仰东　主编

中国农业大学出版社
·北京·

内 容 简 介

本书是在 2009 年中国农业大学出版社出版的《植物细胞组织培养实验教程》以及 2015 年中国农业大学出版社出版的《植物生物技术实验教程》基础上增加"植物基因编辑技术"等植物生物技术相关的实验内容而编写的实验教程,是为配合讲授植物细胞组织培养、植物生物技术等课程编写的。编者来自国内多所高校,具有多年的相关领域教学和科研经历。本书包含十六章,涵盖植物细胞和组织培养,遗传转化,核酸、蛋白质的提取和纯化,电泳技术,目的基因的获得,载体构建技术分子标记技术以及植物基因编辑技术等内容。可以作为农林和生物类各专业大学生的实验指导教材,也可作为研究生及从事植物细胞组织培养和植物生物技术研究和应用的科技工作者的参考书。本书已入选第二批普通高等教育农业部"十二五"规划教材、中国农业大学"大国三农"系列规划教材以及北京高等学校优质本科教材。

图书在版编目(CIP)数据

植物生物技术实验教程/郭仰东主编. -- 2 版 . -- 北京:中国农业大学出版社,2022.11

ISBN 978-7-5655-2853-8

Ⅰ.①植… Ⅱ.①郭… Ⅲ.①植物－生物工程－实验－高等学校－教材 Ⅳ.①Q94-33

中国版本图书馆 CIP 数据核字(2022)第 146526 号

书　　名	植物生物技术实验教程　第 2 版			
作　　者	郭仰东　主编			
策划编辑	张秀环		责任编辑	张秀环
封面设计	郑　川			
出版发行	中国农业大学出版社			
社　　址	北京市海淀区圆明园西路 2 号		邮政编码	100193
电　　话	发行部 010-62733489,1190		读者服务部	010-62732336
	编辑部 010-62732617,2618		出　版　部	010-62733440
网　　址	http://www.caupress.cn		E-mail	cbsszs@cau.edu.cn
经　　销	新华书店			
印　　刷	涿州市星河印刷有限公司			
版　　次	2022 年 11 月第 2 版　2022 年 11 月第 1 次印刷			
规　　格	170 mm×228 mm　16 开本　20.75 印张　385 千字			
定　　价	65.00 元			

图书如有质量问题本社发行部负责调换

第 2 版编审人员

主　编　郭仰东(中国农业大学)

副主编　翟　红　周立刚　张　娜(中国农业大学)

编　者　郭仰东　周立刚　翟　红　张　娜(中国农业大学)
　　　　　陈利萍(浙江大学)
　　　　　张喜春　葛秀秀(北京农学院)
　　　　　石　岭(内蒙古农业大学)
　　　　　李家儒(武汉大学)

主　审　刘庆昌(中国农业大学)

第1版编审人员

主　编　郭仰东（中国农业大学）

编　者　郭仰东　周立刚　翟　红（中国农业大学）

陈利萍（浙江大学）

张喜春　葛秀秀（北京农学院）

石　岭（内蒙古农业大学）

李家儒（武汉大学）

主　审　刘庆昌（中国农业大学）

第 2 版前言

本书是在 2009 年中国农业大学出版社出版的《植物细胞组织培养实验教程》以及 2015 年中国农业大学出版社出版的《植物生物技术实验教程》基础上增加"植物基因编辑技术"等植物生物技术相关的实验内容而编写的实验教程,是为配合讲授植物细胞组织培养、植物生物技术等课程编写的。编者来自国内多所高校,具有相关领域多年的教学和科研经历。本书包含十六章,涵盖植物细胞和组织培养,遗传转化,核酸、蛋白质的提取和纯化,电泳技术,目的基因的获得,载体构建技术,分子标记技术以及植物基因编辑技术等内容,可以作为农林和生物类各专业大中专学生的实验指导教程,也可作为从事植物细胞组织培养和植物生物技术研究与应用的科技工作者的参考书。鉴于本书属大中专学生专业基础课教程,同时也考虑到又能作为研究生、教师以及科研工作者的参考书,因此,书中内容在着重考虑教程所要求的基础性、系统性与经典性的同时,兼顾知识和技术的前沿性和新颖性,尽量涉及新技术和新方法,使学生掌握前沿知识和新技术,更好地培养知农爱农专业人才。内容编排上注重知识结构的合理性以及实验的相互衔接,使读者循序渐进地掌握知识与技能。

《植物生物技术实验教程》涉及植物基因工程技术、转基因技术、基因编辑技术等内容。作为拥有 14 亿人口的农业大国,如何保障国家粮食安全和农产品长期有效供给始终是我国政府面临的头等大事。基因工程是一项新技术,具有广阔发展前景。我国是农业生产大国,也是农产品的消费大国,所以为了保证粮食等主要农产品长期有效地供给,必须走科技创新之路。因此,历年的国家科技计划均提出,要加强基因工程生物技术的研究,安全管理和科学普及。由于转基因技术打破了物种界限,突破了常规育种中种质资源的限制,实现了有利基因在不同物种之间的重组转移,加快了对农作物品种抗性、品质、产量等多种性状的协调改良,从而为解决农业发展中的诸多制约因素提供了有效的技术途径。

本书第一章(植物细胞组织培养的基本设备和技术),第五章(植物单倍体细胞培养),第十章(核酸、蛋白质的提取和纯化),第十一章(目的基因的获得),第十二章(载体构建技术),第十四章(电泳技术),第十五章(分子标记技术)和附录部分由中国农业大学郭仰东教授编写;第二章(植物组织器官培养)和第三章(植物离体快繁)由北京农学院张喜春教授编写;第四章(植物茎尖分生组织培养)由武汉大学李家儒教授编写;第六章(原生质体培养、融合及植株再生)由浙江大学陈利萍教授编写;第七章(植物种质离体保存)由内蒙古农业大学石岭教授编写;第八章(植物人工种子)由北京农学院葛秀秀教授编写;第九章(植物细胞培养与次生代谢)由中国农业大学周立刚教授编写;第十三章(植物遗传转化)由中国农业大学翟红教授编写;第十六章(植物基因编辑技术)由中国农业大学张娜副教授编写。全书由郭仰东教授统稿。本书承蒙中国农业大学刘庆昌教授审阅,在此表示感谢。

本书涉及内容较广,限于编者水平,书中不妥之处,敬请读者批评指正。

编　者

2022 年 6 月

第1版前言

本书是在 2009 年中国农业大学出版社出版的《植物细胞组织培养实验教程》基础上增加更多的植物生物技术相关的实验内容而编写的实验教程,是为配合讲授植物细胞组织培养、植物生物技术等课程编写的。编者来自国内多所高校,具有相关领域多年的教学和科研经历。在植物细胞组织培养和植物生物技术课程教学工作中,我们感到缺乏合适的实验指导类教程,实验讲解过程中颇感不便。同时,缺乏合适的实验指导教程对学生开展实验和学习掌握相关知识也有很大影响。基于上述原因,我们编写此书,本书包含十五章,涵盖植物细胞和组织培养,遗传转化,核酸、蛋白质的提取和纯化,电泳技术,目的基因的获得,载体构建技术以及分子标记技术等内容,可以作为农林和生物类各专业大中专学生的实验指导教程,也可作为从事植物细胞组织培养和植物生物技术研究和应用的科技工作者的参考书。鉴于本书属大中专学生专业基础课教程,同时也考虑到又能作为研究生、教师以及科研工作者的参考书,因此书中内容在着重考虑教程所要求的基础性、系统性与经典性的同时,兼顾知识和技术的前沿性和新颖性,尽量涉及新技术和新方法,使学生掌握前沿知识和新技术。内容编排上注重知识结构的合理性以及实验的衔接,使读者循序渐进地掌握知识与技能。

本书第一章(植物细胞组织培养的基本设备和技术),第五章(植物单倍体细胞培养),第十章(核酸、蛋白质的提取和纯化),第十一章(目的基因的获得),第十二章(载体构建技术),第十四章(电泳技术),第十五章(分子标记技术)和附录部分由中国农业大学郭仰东教授编写;第二章(植物组织器官培养)由北京农学院张喜春教授编写;第三章(植物离体快繁)由中国农业大学郭仰东教授和北京农学院张喜春教授编写;第四章(植物茎尖分生组织培养)由武汉大学李家儒教授和中国农业大学郭仰东教授编写;第六章(原生质体培养、融合与植株再生)由浙江大学陈利萍教授编写,其中实验五由中国农业大学翟红副教授编写;第七章(植物种质离体保存)由内蒙古农业大学石岭教授编写;第八章(植物人工种子)由北京农学院葛秀秀副教授和中国农业大学郭仰东教授编写;第九章(植物细胞培养与次生代谢)由中国农业大学周立刚教授编写;第十三章(植物遗传转化)由中国农业大学翟红副教授和郭仰东教授编写;全书由郭仰东教授统稿。中国农业大学孙倩倩、曹芸运、张磊、王晋芳和张娜参加了部分内容的资料收集、整理和校对工作。本书承蒙中国农业大学刘庆昌教授审阅,在此表示感谢。

　　本书涉及内容较广,限于编者水平,书中不妥之处,敬请读者批评指正。

编 者

2014 年 12 月

目　　录

第一章

植物细胞组织培养的基本设备和技术

实验一　植物组织培养所需基本设备仪器用具的认知及其使用方法介绍

一、实验目的及意义

本实验主要介绍植物细胞组织培养中所需要的基本实验设备、仪器和其使用方法及植物离体培养的基本技术，包括器具的灭菌技术、培养基的配制及灭菌、外植体的前期处理和无菌操作技术。

二、实验内容

1. 基本设备的认知：

(1)无菌室。在植物细胞组织培养过程中，相对于微生物培养，植物培养周期比较长，短则1个月，长则可达几年的时间，因此，在操作和培养过程中，最重要的是防止污染，无菌设备非常重要。

无菌室主要用于植物材料的消毒、接种、培养物的继代转移等。这是植物组织培养中必需的设备，要求地面、天花板及四壁尽可能光洁、无尘，易于采取各种清洁和消毒措施。一般设内、外两间，外间小些为准备室(供操作人员更换工作服、工作帽、拖鞋，洗手及处理无菌培养的材料等)。内间稍大，供接种用。无菌室内应安有紫外灯，在操作前至少开灯20 min灭菌。同时室内应定期用甲醛和高锰酸钾蒸汽熏蒸(或用70%酒精或0.5%苯酚喷雾降尘和消毒)。

(2)超净工作台。超净工作台是为植物组织培养提供无菌操作环境，是最常用、最普及的无菌操作装置，和无菌室相比超净工作台既方便又舒适，无菌效果又好。超净工作台一般由鼓风机、过滤器、操作台、紫外灯和照明灯等部分组成。通过内部小型电动机带动风扇，使空气先通过一个前置过滤器，滤掉大部分尘埃，再经过一个细致的高效过滤器，以将大于0.3 μm的颗粒滤掉，然后使过滤后的不带细菌、真菌的纯净空气以每分钟24～30 m的流速，吹过工作台的操作面，此气流速度能避免坐在超净工作台旁的操作人员造成的轻微气流污染培养基。初次使用的超净工作台要在开启2 h后，再开始接种，以后每次开启10～15 min即可操作。为了提高超净工作台的效率，超净工作台应放置在空气干净、地面无灰尘的地方，以延长使用寿命,应定期检测超净工作台的无菌效果,方法如下:在机器处于工作状态时在操作区的四角及中心位置各放一个打开的营养琼脂平板,2 h后盖上盖并置37 ℃培养箱中培养24 h,计算出菌落数。平均每个平皿菌落数必须少于0.5个。并且,定期清洗和更换紫外灯和过滤装置。

2. 用具的认知:

在植物组织培养过程中,需要使用到各种各样的用具。包括培养基配制用具、培养工具、接种工具等。在使用这些用具之前,先要了解它的基本用途,并学会它们的基本用法。其中部分用具在基础化学实验中已经接触过,在这里只作简单的介绍。

1)培养基配制用具。

(1)量筒,用来量取一定体积的液体。常用的规格有 25 mL、50 mL、100 mL、500 mL、1 000 mL 等。

(2)刻度移液管,用来量取一定体积的液体,配合吸耳球使用。常用的规格有 1 mL、5 mL、10 mL、20 mL 等。

(3)烧杯,用来盛放、溶解化学药剂等。常用的规格有 50 mL、100 mL、250 mL、500 mL、1 000 mL 等。

(4)容量瓶,用来配制标准溶液。常用的规格有 100 mL、500 mL、1 000 mL 等。

(5)吸管,用来吸取液体,调节培养基的 pH 及配制标准溶液定容时使用。

(6)玻璃棒,溶解化学药剂时搅拌用。

2)培养用具。

(1)三角瓶,是植物组织培养中最常用的培养容器,适合进行各种培养,如固体培养或液体培养,大规模培养或一般少量培养。常用的规格有 50 mL、100 mL、200 mL、500 mL 等。

(2)培养皿,在无菌材料分离、细胞培养中常用。常用的规格有直径 3 cm、6 cm、9 cm、12 cm 等。

(3)广口培养瓶,常用于试管苗大量繁殖及作为较大植物材料的培养瓶,常用规格为 200~500 mL。

(4)试管,植物组织培养中常用的一种玻璃器皿,适合少量培养基及测试各种不同配方时使用。

(5)封口材料,培养容器的瓶口需要封口,以防止培养基失水干燥并杜绝污染,并且要保持一定的通气功能。常用的封口材料有棉花塞、铝箔、耐高温透明塑料纸、专用盖、蜡膜等。实验室常用铝膜和聚丙烯膜。

3)接种工具。

(1)酒精灯,用于金属和玻璃接种工具的灼烧灭菌。

(2)手持喷雾器,盛装 70％酒精,用于操作台面、接种器材、外植体和操作人员手部等的表面灭菌。

(3)工具皿,即灭过菌的普通空白培养皿,用于存放灭过菌的外植体。

(4)载玻片,切断、剥离植物材料用。

(5)解剖刀,用来切割植物材料。

(6)剪刀,适于剪取外植体材料。

(7)镊子,用于解剖、分离、转移外植体和培养物。

(8)解剖针,用来分离植物材料,剥取植物茎尖。

3. 小型器具和仪器的认知:植物组织培养过程中,还需要使用一些小型器具及仪器。

1)天平。称量化学试剂用。常用的有以下几种:

(1)药物天平,用来称量大量元素、琼脂、蔗糖等。称量精密度为 0.1 g。

(2)分析天平,用于称量微量元素、植物激素及微量附加物。精度为 0.000 1 g。放置天平地方要平衡,要保持清洁干燥,避免接触腐蚀性药品和水汽。

2)酸度计。培养基配制时测定和调整培养基的 pH 用。酸度计在使用前,要调节温度到当时的室温,再用 pH 标准液(pH 7.0 或 pH 4.0)校正后,蒸馏水充分洗净,才能进行 pH 的测定与调整。测定培养基 pH 时,应注意搅拌均匀后再测。国内常用 pH 为 4.0～7.0 的精密试纸来代替酸度计。

3)磁力加热搅拌器。溶解化学试剂时搅拌用。

4)分注器。用来分装培养基时用。

5)移液器。配制培养基时添加各种母液及吸取定量植物生长调节物质溶液时用。常用的规格为 10 μm、50 μm、100 μm、200 μm、500 μm、1 mL、5 mL 等。吸取液体时,移液器保持竖直状态,将枪头插入液面 2～3 mm。用大拇指将按钮按下至第一停点,然后慢慢松开按钮回原点。接着将按钮按至第一停点排出液体,稍停片刻继续按按钮至第二停点吹出残余的液体,最后松开按钮。即吸的时候按到第一挡,打的时候一定要打到底,也就是第二挡。当移液器枪头里有液体时,切勿将移液器水平放置或倒置,以免液体倒流腐蚀活塞弹簧。使用完毕,恢复至最大量程,使弹簧处于松弛状态以保护弹簧,延长移液器的使用寿命。

6)过滤灭菌器。用于加热易分解、丧失活性的生化试剂的灭菌。常用规格为直径 0.20～0.45 μm 的硝酸纤维素膜过滤,当溶液通过滤膜后,细菌和真菌的孢子等因大于滤膜直径而被阻。在需要过滤灭菌的液体量大时,常使用抽滤装置;液量小时,可用医用注射器。使用前对其进行高压灭菌,将滤膜安放在注射器靠近针管处,将待过滤的液体装入注射器,缓慢推压注射器活塞杆,溶液压出滤膜,从针管压出的溶液就是无菌溶液。

7)电炉或微波炉等加热器具。用于加热溶解生化试剂和配制固体培养基时，加热溶解琼脂。

8)血球计数板。用于植物细胞计数。血球计数板是一块特制厚玻片。玻片上由 4 道槽构成三个平台，中间的平台分成两半，其中两侧平台比中间平台高 0.1 mm。中间的平台又被一分为二，在每一半上各刻有一个计数室，每个计数室划分为 9 个大方格，每个大方格的面积为 1 mm×1 mm＝1 mm²，深度为 0.1 mm，盖上盖片后容积为 0.1 mm³。中央的一个大方格又用双线划分为 25 个中方格。每个中方格又用单线划分为 16 个小方格，共计 400 个小方格，原生质体的计数即可在中央的这个大方格内进行。

计数方法：

(1)在显微镜下检查计数板上的计数室是否干净，若沾有污物，须用酒精棉轻轻擦洗，用蒸馏水冲洗，再用吸水纸吸干。

(2)将盖玻片盖在计数室的上面。将悬浮在培养基中的原生质体悬浮液滴在盖玻片一侧边缘，使它沿着盖玻片和计数板间的缝隙渗入计数室，直到充满计数室为止。

(3)计数时要使显微镜载物台保持水平。依次逐个计数中央大方格内 25 个中方格里的原生质体，然后根据下式求出每毫升中的原生质体数。

(4)1 mL 悬浮液中的原生质体数＝1 个大方格悬浮液(0.1 mm³)中的原生质体数(×)10×1 000。

(5)血球计数板使用后，用自来水冲洗，切勿用硬物洗刷，洗后自行晾干或用吹风机吹干，或用 95% 的乙醇、无水乙醇、丙酮等有机溶剂脱水使其干燥。

9)烘箱。用于烘干洗过的器皿和对玻璃器皿进行干热消毒。

10)高压蒸汽灭菌锅。是植物组织培养中最基本的设备之一，用于培养基、蒸馏水和各种用具的高温灭菌消毒等。

11)低速台式离心机。分离、洗涤培养细胞(团)及原生质体时用，一般转速为 2 000～4 000 r/min。

12)摇床。用来进行细胞悬浮培养。根据振荡方式分为水平往复式和回旋式两种，振荡速度因培养材料和培养目的的不同而不同，一般为 100 r/min 左右。

13)实体解剖镜。多用于剥离植物茎尖。

14)倒置显微镜。用于观察、记录外植体及悬浮培养物(细胞团、原生质体等)的生长情况。可以和相机配合使用，拍照记录分化生长过程。

15)荧光显微镜。以紫外线为光源，用以照射被检物体，使之发出荧光，然后在显微镜下观察物体的形状及其所在位置。荧光显微镜用于研究细胞内物质的吸收、运输、化学物质的分布及定位等。

16）流式细胞仪。用于检测细胞等生物粒子的理化及生物学特性（细胞大小、DNA/RNA 含量、细胞表面抗原表达等）。在植物组织细胞培养中，多用于研究在单倍体培养、花药培养、细胞融合中鉴定细胞的倍性变异情况。

17）冰箱。长期贮存培养基母液、生化试剂及低温处理材料时用。一般家庭用冰箱即可。

18）培养箱。少量植物材料的培养。有条件的话，还可采用全自动的调温、调湿、控光的人工气候箱来进行植物组织培养和试管苗快繁。

19）培养室。培养室是将接种到试管、三角瓶等的培养材料进行培养生长的场所，要满足植物生长繁殖所需的温度、光照、湿度和气体等条件。培养室要经常保持干净，定期进行消毒、清洗，进出时要更换衣、帽、鞋等，以免将尘土、病菌带入室内。

培养室内需要配置大量的培养架，用以放置培养容器，增大空间的利用效率。培养架上每层要安装玻璃板，可使各层培养物都能接受到更多的散射光照。日光灯一般安放在培养物的上方或侧面，控制光强为 $40 \sim 55\ \mu mol/(m^2 \cdot s)$，能够满足大部分植物的光照需求。最好用自动计时器控制光照时间。

培养室温度一般要求在 $20 \sim 30\ ℃$，具体温度的设置要依植物材料不同而定。为使温度恒定和均匀，培养室内应配有空调或带有控温仪的加热装置（如电炉、热风机等）及空气调节装置（如风扇等），可以使空气更好地流动。培养室的相对湿度应保持在 $70\% \sim 80\%$。

三、提示注意

（1）在老师的带领下，认识和熟悉各种设备和仪器。一些大型仪器，如高压灭菌锅、超净工作台在老师示范其用法后，才可以自己动手操作。

（2）按照各种设备和仪器的用途进行分类，有利于记忆其用途，较快地掌握本实验的内容。

四、思考题

（1）建立一个小型的组培室需要哪些仪器和设备？

（2）简述超净工作台的使用原理、使用中的注意事项及日常检修方法。

实验二 植物离体培养的基本技术简介

一、实验目的及意义

本实验主要介绍了植物组织培养中的一些基本操作技术,包括各种用具的洗涤,用具、培养基和外植体的灭菌技术及无菌操作技术。

二、实验内容

1. 用具的洗涤:

(1)玻璃器皿的洗涤。新购置的玻璃器皿或多或少都含有游离的碱性物质。使用前要先用1‰稀HCl浸泡一夜,再用肥皂水洗净,清水冲洗后,用蒸馏水再冲一遍,晾干后备用;用过的玻璃器皿,用清水冲洗,蒸馏水冲洗一遍,干后备用即可。对于已被污染的玻璃器皿则必须在121℃高压蒸汽灭菌30 min后,倒去残渣,用毛刷刷去瓶壁上的培养液和菌斑后,再用清水冲洗干净,蒸馏水冲淋一遍,晾干备用,切忌不可直接用水冲洗,否则会造成培养环境的污染。

(2)金属用具的洗涤。新购置的金属用具表面上有一层油腻,需擦净油腻后再用热肥皂水洗净,清水冲洗后,擦干备用;用过的金属用具,用清水洗净,擦干备用即可。

2. 灭菌:

(1)培养基的灭菌。灭菌前应检查一下灭菌锅底部的水是否充足,将待灭菌的物品放入锅内,不要放得太紧,以免影响蒸汽的流通和灭菌效果。物品也不要紧靠锅壁,以免冷凝水顺壁流入物品中。加盖旋紧螺旋,使锅密闭。灭菌加热过程中应使灭菌锅内的空气放尽,以保证灭菌彻底。打开放气阀,等大量热空气排出以后再关闭,灭菌时,应使压力表读数为 $1.0 \sim 1.1 \ kg/cm^2$,一般情况下在121℃时保持 $15 \sim 20 \ min$ 即可,灭菌时间不宜过长,否则蔗糖等有机物质会在高温下分解,使培养基变质,甚至难以凝固;也不宜过短,灭菌不彻底,引起培养基污染。灭菌后,应切断电源,使灭菌锅内的压力缓慢降下来,接近"0"时,才可打开放气阀,排出剩余蒸汽后,打开锅盖取出培养基。若切断电源后,急于取出培养基而

— 8 —

打开放气阀,造成降压过快,使容器内外压差过大,液体溢出,造成浪费、污染,甚至危及人身安全。培养基体积不同,灭菌时间不同,具体参见表 1-1。

表 1-1　培养基蒸汽灭菌需要的最少时间

培养基的体积/mL	在 121 ℃灭菌所需要的最少时间/min
20～50	15
75	20
250～500	25
1 000	30
1 500	35
2 000	40

　　某些生长调节物质,如吲哚乙酸及某些维生素、抗生素、酶类等物质遇热不稳定,不能进行高压蒸汽灭菌,需要进行过滤灭菌。将这些溶液在无菌条件下,通过孔径大小为 0.20～0.45 μm 的生物滤膜后,就可达到灭菌目的,在无菌条件下将其加入到高压灭菌后温度下降到约 40 ℃的培养基中即可。

　　(2)用具的灭菌。培养皿、三角瓶、吸管等玻璃用具和解剖针、解剖刀、镊子等金属器具,均可用干热灭菌法。将清洗晾干后的用具用纸包好,放进电热烘干箱。当温度升至 100 ℃时,启动箱内鼓风机,使电热箱内的温度均匀。灭菌条件一般为 160～170 ℃灭菌 120 min 以上、170～180 ℃灭菌 60 min 以上或 250 ℃灭菌 45 min 以上,达到灭菌目的。由于干热灭菌能源消耗大,费时长,这一方法并不常用,常用高压蒸汽灭菌来代替,其灭菌原理见培养基的灭菌原理。有些类型的塑料用具也可进行高温消毒,如聚丙烯、聚甲基戊烯等可在 121 ℃下反复进行高压蒸汽灭菌。

　　用于无菌操作的用具除了进行高压蒸汽灭菌外,在接种过程中常常采用灼烧灭菌。准备接种前,将镊子、解剖刀等从 95％酒精中取出,置于酒精灯火焰上灼烧,借助酒精瞬间燃烧产生高热来达到杀菌的目的。操作中要反复浸泡、灼烧、放凉、使用,操作完毕后,用具应擦拭干净后再放置。

　　(3)植物材料的灭菌。由于不同植物及同一植物不同部位,有其不同的特点,它们对不同种类、不同浓度的消毒剂敏感反应也不同,所以开始都要对消毒剂的种类和消毒时间进行摸索实验,以达到最佳的消毒效果。选择适宜的消毒剂处理时,为了使其消毒效果更为彻底,有时还需要与黏着剂或润湿剂如吐温及抽气减压、磁力搅拌、超声振动等方法配合使用,使消毒剂能更好地渗入外植体内部,达到理想的消毒效果。常用消毒剂的特征如表1-2所示。

表 1-2　常用消毒剂

消毒剂	使用浓度	去除难易	消毒时间/min	消毒效果	有否毒害植物
次氯酸钙	9%～10%	易	5～30	很好	低毒
次氯酸钠	2%	易	5～30	很好	无
过氧化氢	10%～12%	最易	5～15	好	无
硝酸银	1%	较难	5～30	好	低毒
氯化汞	0.1%～1%	较难	2～10	最好	剧毒
酒精	70%～75%	易	0.2～2	好	有
抗生素	4～50 mg/L	中	30～60	较好	低毒

外植体消毒的步骤如下：

外植体取材→自来水冲洗→70%酒精表面消毒(20～60 s)→无菌水冲洗→消毒剂处理→无菌水充分洗净→备用。

3. 无菌操作技术：植物组织培养要求严格的无菌条件及无菌操作技术。无菌操作技术如下：

(1)无菌操作室或接种室除用甲醛和高锰酸钾定期熏蒸灭菌外，用70%的酒精喷雾(使灰尘迅速沉降)，用紫外线灭菌20 min或更长，照射期间注意接种室的门窗要关严。为了保障操作人员的健康，在进入接种室前15～20 min关闭紫外灯。

(2)工作人员要经常洗头，洗澡，剪指甲，保持个人卫生清洁。接种前洗手，然后用70%的酒精擦洗。

(3)接种前，用70%的酒精喷雾或擦洗工作台台面，用紫外灯照射20 min，再送风15～30 min。接种工具用95%的酒精浸泡后在酒精灯上灼烧灭菌。

(4)接种时，要戴口罩，不准说话或对着植物材料或培养容器口呼吸。打开包塞纸或瓶塞时注意不要污染瓶口。瓶口可以在拔塞后或盖前灼烧灭菌。手不能接触接种器械的前半部分(即直接切割植物材料的部分)，接种操作时(包括拧开或拧上培养瓶盖时)，培养瓶、试管或三角瓶应水平放置或倾斜一定角度(45°以下)，避免直立放置而增大污染机会。手和手臂应避免在培养基、植物材料、接种器械上方经过。在接种过程中，接种器械要重新灼烧灭菌。

(5)切割外植体时，应在预先经灭菌的培养皿、玻璃板、滤纸或牛皮纸上进行。

(6)在每次操作之前尽量把操作过程中必须使用的器械和药品先放入台内，不要中途拿进。同时,台面上放置的东西也不宜太多,特别注意不要把东西迎面堆得太高,以致挡住气流。

三、提示注意

(1)规范无菌操作技术,养成良好的无菌操作习惯。

(2)对植物材料的灭菌,应针对不同的灭菌剂,摸索合适的灭菌时间以达到最佳灭菌效果。

四、思考题

(1)植物材料的灭菌效果和哪些因素有关?

(2)简述植物组织培养的无菌操作技术。

实验三　MS 培养基的配制

一、实验目的及意义

培养基(culture medium)为外植体的分化和生长提供营养物质和激素,是植物细胞组织培养中最主要的部分,应根据培养材料的种类和培养部位选取适宜的培养基。其中,MS 培养基是最常用的培养基之一,因此,本部分以 MS 培养基母液的配制和 MS 培养基的制备演示培养基的制备过程。

二、实验内容

1. 准备工作:配制培养基所用的主要器具包括不同型号的烧杯、容量瓶、移液管、滴管、玻璃棒、三角瓶、试管以及培养基分装器等。配制培养基前,要洗净备齐所用器具。配制培养基一般用蒸馏水或无离子水。化学药品应采用等级较高的化学纯 CP(三级)及分析纯 AR(二级),以免杂质对培养物造成不利影响。药品的称量及定容要准确,不同化学药品的称量需使用不同的药匙,避免药品的交叉污染与混杂。

2. MS 培养基母液的配制和保存:在配制培养基前,为了使用方便和用量准确,常常将大量元素、微量元素、铁盐、有机物类、激素类分别配制成比培养基配方需要量大若干倍(10 倍或 100 倍)的母液。当配制培养基时,只需要按预先计算好的量吸取一定体积的母液即可。

(1)大量元素母液的配制。无机盐中大量元素母液,按照培养基配方的用量,把各种化合物扩大 10 倍,分别用 50 mL 烧杯称量,用蒸馏水溶解,必要时加热。溶解后,倒入 1 000 mL 容量瓶中,最后用蒸馏水定容。在混合定容时,必须最后加入氯化钙,因为氯化钙与磷酸二氢钾能形成难溶于水的沉淀。将配好的混合液倒入细口试剂瓶中,贴好标签。配制培养基时,每配 1 000 mL 培养基,取大量元素母液 100 mL,如表 1-3 所示。

表 1-3　MS 培养基大量元素母液配制

化合物名称	每升培养基用量 /(mg/L)	扩大 10 倍称量 /(g/L)	备　注
NH_4NO_3	1 650	16.5	
KNO_3	1 900	19.0	每升培养基取
KH_2PO_4	170	1.7	母液 100 mL
$MgSO_4 \cdot 7H_2O$	370	3.7	
$CaCl_2 \cdot 2H_2O$	440	4.4	

（2）微量元素母液的配制。无机盐中微量元素母液,按照培养基配方的用量,把各种化合物扩大 100 倍,分别用 50 mL 烧杯称量,用蒸馏水溶解,必要时加热。溶解后,倒入 500 mL 容量瓶中,最后用蒸馏水定容,如表 1-4 所示。

表 1-4　MS 培养基微量元素母液配制　　　　　　　　　　　　　　　mg/L

化合物名称	每升培养基用量	扩大 100 倍称量	备　注
$MnSO_4 \cdot 4H_2O$	22.3	2 230	
$ZnSO_4 \cdot 7H_2O$	8.6	860	
H_3BO_3	6.2	620	
KI	0.83	83	每升培养基取
$Na_2MoO_4 \cdot 2H_2O$	0.25	25	母液 10 mL
$CuSO_4 \cdot 5H_2O$	0.025	2.5	
$CoCl_2 \cdot 6H_2O$	0.025	2.5	

（3）铁盐母液的配制。目前常用的铁盐是硫酸亚铁和乙二胺四乙酸二钠的螯合物,必须单独配成母液。这种螯合物使用起来方便,又比较稳定,不易发生沉淀。常常配成 200 倍母液,溶解时可加热,如表 1-5 所示。

表 1-5　铁盐母液配制

化合物名称	每升培养基用量 /(mg/L)	扩大 200 倍称量 /(g/L)	备　注
$Na_2 \cdot EDTA$	37.25	7.45	每升培养基取
$FeSO_4 \cdot 7H_2O$	27.85	5.57	母液 5 mL

（4）有机物母液的配制。MS 培养基中,有机物为甘氨酸、肌醇、烟酸、盐酸硫胺素(维生素 B_1)、盐酸吡哆醇(维生素 B_6),常常配成 1 000 倍或 100 倍母液。本

示范将有机物配成 100 倍母液,如表 1-6 所示。

表 1-6　MS 培养基有机物母液配制

mg/L

化合物名称	每升培养基用量	扩大 100 倍称量	备　注
甘氨酸	2.0	200	
盐酸硫胺素(维生素 B$_1$)	0.4	40	
盐酸吡哆醇(维生素 B$_6$)	0.5	50	每升培养基取
烟酸	0.5	50	母液 10 mL
肌醇	100	10 000	

(5)植物生长调节剂(激素)母液的配制。配制生长素类,如 2,4-D、萘乙酸、吲哚乙酸等,应先用少量(1～2 mL)的 95% 的乙醇溶解,然后用蒸馏水定容;配制细胞分裂素时,先用少量的 1 mol/L HCl 或 1 mol/L NaOH 溶解,然后用蒸馏水定容。本实验中激素的母液浓度都为 1 mg/mL。以上各种母液必须用蒸馏水配制,然后保存在冰箱(4 ℃)中,一般可保存几个月,当发现沉淀或霉团时,则不能继续使用。配制好的母液应分别贴上标签,注明母液名称、配制倍数、日期。配好的母液最好在 2～4 ℃ 冰箱中贮存。贮存时间不宜过长,无机盐母液最好在 1 个月内用完,当母液中出现沉淀或霉菌时,则不能使用。

3.MS 培养基的配制与灭菌:

1)培养基配方。

(1)MS-1:MS 基本培养基＋1.0 mg/L 2,4-D＋0.1 mg/L KT＋8 g/L 琼脂(用于烟草叶片愈伤组织诱导和培养)。

(2)MS-2:MS 基本培养基＋0.2 mg/L NAA＋1.0 mg/L KT＋8 g/L 琼脂(用于烟草的微繁殖)。

(3)MS-3:MS 基本培养基＋1.0 mg/L 2,4-D(用于烟草细胞悬浮培养)。

2)以配制 1 L 培养基 MS-1、MS-2、MS-3 为例,简要介绍培养基的制备过程。

(1)在烧杯或量杯中放入一定量的蒸馏水,根据用量,用量筒或移液器从母液中取出所需量的大量元素、微量元素、铁盐、有机物质、激素(每配 1 L 培养基,取 100 mL 大量元素母液,10 mL 微量成分母液,5 mL 铁盐母液和 10 mL 有机成分母液;其中 MS-1 中加入 2,4-D 1.0 mL,KT 0.1 mL;MS-2 中加入 NAA 0.2 mL,KT 1.0 mL;MS-3 中加入 2,4-D 1.0 mL)。

(2)加入蔗糖 30 g,加水定容至 1 L。

(3)调节 pH:可用 pH 试纸或酸度计进行测量。若用酸度计测量,则应调节

pH 后,再加入琼脂,因为琼脂主要作用是固化培养基,加入琼脂后再调 pH,会使酸度计灵敏度降低,使测量不准确。pH 试纸测量时,可以先加琼脂后再调 pH。常用1 mol/L 的 HCl 或 NaOH 进行调整。

(4)MS-1 和 MS-2 中加入琼脂 8 g,加热溶解:溶解过程中,要不断搅拌,以免造成浓度不均匀。在烧杯上可以盖上玻璃片或铝箔等,避免加热过程中水分蒸发。

(5)培养基分装:已经配好的培养基,在琼脂没有凝固的情况下(约在 40 ℃时凝固),应尽快将其分装到试管、三角瓶等培养容器中。分装时要掌握好培养基的量,一般以占试管、三角瓶等培养容器的 1/4～1/3 为宜。分装时要注意不要将培养基沾到壁口,以免引起污染。

(6)封口:分装后的培养基应尽快将容器口封住,以免培养基水分蒸发。

(7)培养基灭菌:分装后的培养基封口后应尽快进行高压蒸汽灭菌。高压蒸汽灭菌锅的温度为 121 ℃,灭菌 15～20 min,具体灭菌方法见本章实验二灭菌方法。

(8)培养基存放:经过高压灭菌的培养基取出后,根据需要可直立或倾斜放置。注意在培养基凝固过程中,不要移动容器,待完全凝固后再进行转移。灭菌后的培养基不要马上使用,预培养 3 d 后,若没有被菌污染,才可使用,否则会由于灭菌不彻底或封口材料破损等,造成培养材料的损失。

配制好的培养基应放在洁净、无灰尘、遮光的环境中进行贮存。贮存时间避免环境温度大幅度地变化,以免夹杂着细菌、真菌的灰尘在接种时随着气流进入容器,造成培养基的污染。一般情况下,配制好的培养基应在 2 周内用完,含有生长调节物质的培养基最好能在 4 ℃低温保存,效果更理想。

三、提示注意

(1)定期检查母液,若发现其中有沉淀和霉菌,应立即停止使用,重新配制新的母液。

(2)对于由细菌或霉菌污染的培养基及培养材料,应经高压锅灭菌后再进行清理,防止污染在无菌室内扩散。

四、思考题

(1)根据以下所给母液浓度、蔗糖和琼脂量,配制培养基,计算各种母液吸取量或药品的直接称量量。

药品名称	母液倍数或母液浓度	配制 1 L 培养基所需母液量/mL 或直接称量量/g	配制 0.25 L 培养基所需母液量/mL 或直接称量量/g		
			MS-1	MS-2	MS-3
大量元素	10 倍液				
微量元素	100 倍液				
铁盐	200 倍液				
有机物质	100 倍液				
2,4-D	1.0 mg/mL			—	
NAA	1.0 mg/mL		—		—
KT	1.0 mg/mL				—
蔗糖		30			
琼脂		8			—
pH		6.0			

(2)简述高压蒸汽灭菌的步骤。

(3)培养基采用高压蒸汽灭菌应注意哪些事项?

第二章
植物组织器官培养

实验一　番茄离体根培养技术

一、实验目的及意义

　　根的培养多用来研究根系生理代谢、器官分化及形态建成。根细胞培养物还可以进行诱变处理,从而筛选出突变体,应用于植物育种。因此,离体根培养的理论与实践研究是植物器官离体培养的重要内容。离体根的营养需要与大多数植物组织培养要求大体上相符,但也有特别之处。例如,碘和硼对于番茄离体根的生长很重要,缺乏这两种微量元素时,就会阻碍离体根的生长。通过本实验,学生可以了解番茄离体根培养技术,对植物的器官培养也会有一定的了解。

二、实验原理

　　在自然的情况下,根主要为植物吸收和固定的重要器官。同时,有些植物的根亦具有繁殖的功能。植物根生长快、代谢能力强、变异小,使得其在研究根的营养吸收、生长和代谢的变化规律、器官分化、形态建成规律等方面具有重大的理论与实践意义。

　　依据植物细胞全能性原理,即指任何具有完整细胞核的细胞(动物、植物等),都拥有形成一个完整个体所必需的全部遗传信息(DNA)。就番茄根系细胞来说,同样具有形成完整再生植株的能力。这种由单个根衍生而来并经继代培养而保存的,在遗传上具有一致的根的培养物,称为离体根的无性系。利用这些离体根的无性系可以进行器官再生体系、苗木无性系快速繁殖和其他方面的实验研究。

三、实验仪器与药品

　　1. 玻璃仪器:灭菌的 100 mL 烧杯若干、150 mL 或 200 mL 培养瓶若干、灭菌培养皿若干。

　　2. 设备和用具:设备包括超净工作台、电磁炉、高压灭菌锅、pH 计(或 0～

14 pH 试纸)、0.1 g 托盘天平、0.01 g 和 0.000 1 g 分析天平;用具包括枪式镊子、手术刀、搪瓷锅(或 1 000 mL 烧杯)、酒精灯、酒精棉球、烧杯、吸管等。

3. 培养基:MS 基本培养基(用于种子培养获得无菌实生苗)。改良培养基,配方见表 2-1。与 White 培养基相比,改良培养基降低了大量元素的浓度,但增加了甘氨酸和烟酸的用量,盐酸硫胺素(维生素 B₁)和盐酸吡哆醇(维生素 B₆)对离体根培养的作用明显。

表 2-1　番茄离体根培养基成分　　　　　　　　　　　　　　　　　　mg/L

化合物名称	用量	化合物名称	用量
$Ca(NO_3)_2$	143.90	KI	0.38
Na_2SO_4	100.00	$CuSO_4$	0.002
KCl	40.00	MoO_3	0.001
$NaH_2PO_4 \cdot H_2O$	10.60	甘氨酸	4.00
$MgSO_4 \cdot 7H_2O$	368.50	烟酸	0.75
$MnSO_4 \cdot 4H_2O$	3.35	维生素 B_1	0.10
$Fe(C_6H_5O_7) \cdot 3H_2O$	2.25	维生素 B_6	0.10
$ZnSO_4 \cdot 7H_2O$	1.34	蔗糖	15 000
H_3BO_3	0.75	pH	5.2

注:引自潘瑞炽主编.《植物组织培养》(第二版).广东高等教育出版社,2001。

4. 消毒剂等其他试剂:70%酒精,无菌水,蒸馏水或去离子水,饱和漂白粉溶液或 0.1%升汞或 2%次氯酸钠溶液,工业酒精。

四、实验材料

番茄种子,将番茄种子接种在 MS₀ 培养基(无激素 MS 培养基)中而产生的无菌实生苗的根或生长在保护地(或露地)番茄的根。

五、操作步骤与方法

(一)番茄离体根培养的基本步骤

1. 基本培养基的选择:离体根的培养要求培养基中应具备植物生长所需要的大量元素、微量元素和有机物质等。不同种类以及不同状态的离体根生长时对营养的需要是不同的,离体根培养所用的培养基多为无机盐浓度较低的 White、N_6 等培养基,其他常用的培养基如 1/2 MS、B_5 等也可采用,但大量元素一般将其浓度稀释到 2/3 或 1/2,以降低培养基中的无机盐浓度。

2. 离体根培养的外植体的选择:选择和确定合适的外植体是进行离体根培养的基础,而根是受到植物种类限制的,因此必须分析不同植物类型的根离体生长状况,寻找确定满足培养目的的植物离体根。因此,在生产实践中必须选取最易实现离体根发生的植物种类,使用离体根组织培养的方法开展植物繁殖的工作,同时在组织培养中通过观察、分析、比较最终确定最适合的植物类型,以利于降低生产成本。不同植物、不同基因型、同一植物不同部位和不同年龄对根的发生都有影响。一般情况下,木本植物比草本植物难、成年树比幼年树难、乔木比灌木难。不同植物的根在培养过程中的反应不同:具有大量强壮的侧根的植物,例如番茄、烟草、马铃薯、黑麦、小麦、三叶草和曼陀罗等,这些材料在培养中可进行连续继代培养而无限生长;有些植物,例如向日葵、萝卜、芥菜、旋花、豌豆、百合、矮牵牛等的根能进行较长时间的培养,但由于只长出稀疏的侧根常常导致失去生长能力;有些植物,例如一些木本植物的离体根则很难生长。

为获取适合离体培养的根外植体,可以采用两种方法:一是对所选取的植物种子采用饱和漂白粉或过氧化氢等消毒剂进行表面消毒,接种到 MS 无激素培养基(MS_0)上,在无菌条件下萌发,待根伸长后切取根段作为外植体,也就是采用无菌苗的根作为培养材料;二是选择自然生长的生长良好的植物根。

3. 离体根的消毒和接种:在离体根培养中,首先要解决外植体消毒问题,因为在自然条件下,根生长在土壤中,要进行彻底的表面消毒是比较困难的。为获取适合离体培养的根外植体,也可以采用根的无性繁殖系。根无性繁殖系的建立同样也有两种方法:一是来自无菌种子发芽产生的幼根切段,二是植株根系经灭菌处理后的切段。

4. 愈伤组织形成及植株再生:在根形成愈伤组织的过程中,需指出一点的是,愈伤组织如果先形成根则往往抑制芽的形成。离体根的发生是以不定根方式进行的。不定根的形成可分为两个阶段,即根原基的形成和根原基的伸长及生长。根原基的启动和形成约历时 48 h,包括三次细胞分裂,即第一次和第二次的细胞横分裂及第三次的细胞纵分裂,然后是细胞快速伸长阶段,需 24~48 h,生长素可以促进细胞横分裂。因此,根原基的形成与生长素有关,根原基的伸长和生长则可在无外源激素下实现。一般从诱导到不定根出现的时间,快的植物种类需 3~4 d,慢的植物种类需 3~4 周。

(二)番茄离体根培养的具体步骤

离体根脱离植物个体,在人工控制的环境与营养条件下生长,在试管内受到基因型、培养条件、激素等诸多因素的影响,番茄离体根培养具体步骤如下:

1)以番茄无菌实生苗根为外植体进行根培养的操作过程。

(1)将番茄种子放入 100 mL 烧杯中,用蒸馏水冲洗 3 遍。

(2)在超净工作台内无菌条件下,用已灭菌的镊子将种子转移到无菌 100 mL 烧杯内,倒入 70％酒精,酒精没过种子即可,将番茄种子表面消毒 30 s。

(3)倒出酒精,倒入饱和漂白粉溶液消毒 10 min,或 0.1％～0.2％升汞中 5～10 min,在消毒过程中不断摇动,以使其充分消毒,弃去消毒液。用无菌水冲洗5次。

(4)将种子转移到带有无菌滤纸的培养皿中,除去多余水分,在无菌条件下将种子放入盛有 MS 基本培养基的三角瓶或培养皿中。

(5)种子在无菌条件下萌发,待根伸长后从根尖一端切取长 1.0 cm 的根尖,接种于培养基中(表 2-1)。这些根的培养物生长很快。番茄根每天约生长 1 cm,几天后发育出侧根。培养 4 d 有侧根发生,7～10 d 后又可以切下侧根的根尖作为新的培养材料再进行扩大培养。

(6)待侧根生长约 1 周后,即可切取侧根的根尖进行扩大培养,它们又迅速生长并长出侧根,又可切下进行培养,如此反复,就可得到从单个根尖衍生而来的离体根的无性系。

(7)再将根段的无性系转移到分化培养基上进行分化培养,培养基添加不同浓度的生长素和细胞分裂素。

2)选择正常生长的植物根,由于其生长在土壤中,首先要用自来水充分洗涤,对于较大的根应该用软毛刷刷洗,要尽量选用无病虫害根系,用刀切去受损伤部位,用滤纸吸干后进行消毒。先用 70％酒精漂洗,然后放在 0.1％～0.2％升汞中浸 5～10 min 或放在 2％次氯酸钠溶液中浸 10～15 min,再用无菌水冲洗 5 次,冲洗后用无菌纸吸干,并在无菌条件下切下根尖进行培养。

将上述任一方法获取的根尖接种于培养基中,几天后发育出侧根,并待侧根生长 1 周后,即可取侧根的根尖进行扩大培养,它们会迅速生长并长出侧根,又可切下侧根进行培养,如此反复,每隔 7～10 d 继代一次,就可得到从单个根尖而来的根的无性繁殖系。也可以切割根段使其增殖,形成主根和侧根来获得离体根的无性繁殖系。

六、提示注意

1. 不同氮源种类及微量元素对离体根培养的影响：用硝酸盐（硝态氮）为氮源时，根的重量最重、长度最长，效果最好。加入含各种氨基酸的水解酪蛋白，能促进离体根的生长。离体根的培养同样需要微量元素，主要包括铁、硫、锰、硼和碘等元素，在离体根的培养中所需的量很少，但其影响很大，与土壤栽培一样，缺少微量元素就会在培养过程中出现各种缺素症。

2. **离体根培养的 pH 适宜范围**：由于培养材料基因型和培养基组成的不同，离体根培养一般的 pH 范围为 5～6。但培养基成分对最适的 pH 有一定的影响，如番茄根的培养用 $Fe_2(SO_4)_3$ 和 $FeCl_3$ 时，pH 超过 5.2 时根的生长就很差，但用螯合铁时，pH 到 7.2 时根的生长也不受影响。这是因为以 $Fe_2(SO_4)_3$ 和 $FeCl_3$ 为铁源时，当 pH 为中性时，铁离子成为不溶性的氧化物而沉淀，造成铁供应不足而影响根的生长，而螯合铁为有机盐，不会产生沉淀现象。

3. 光照和温度：光照时间和强度对离体根发生和生长有一定影响。一般认为，黑暗有利于根的形成，如将苹果根诱导的愈伤组织放到生根培养基中进行暗培养，愈伤组织可再生不定根；但对毛白杨根继代培养时却发现，光照时间对发根率和根生长量影响不明显，说明植物生根所需的光照时间是不一致的。生根所需温度一般在 16～25 ℃，但不同植物生根的最适温度不同。

七、思考题

(1) 植物离体根培养的意义是什么？

(2) 简述离体根培养的基本步骤和方法。

(3) 离体根培养应该注意哪些问题？

实验二 菊花花器官培养技术

一、实验目的及意义

菊花（*Dendranthema morifolium*）是菊科菊属的多年生宿根草本植物，是我国的传统名花和世界四大切花之一。花器细胞的再生能力较强，是研究细胞形态发生的好材料，也可用于花性别的研究。离体花芽培养，有助于了解整体植物和内、外源激素在花芽性别决定中所起的作用，从而人为地控制性别分化，并用于果实和种子发育研究。花器官培养中的花药培养可以用作单倍体育种，子房培养可用于果实发育的研究。因此，花器官培养无论在理论研究和生产应用上都有重要价值。

二、实验原理

花器官培养是指整个花器及其组成部分如花托、花瓣、花丝、花柄、子房、花茎和花药等器官的无菌培养。植物的花是生殖器官之一，通常花由不育的和能育的两部分组成。不育的部分是花萼、花瓣；能育的部分是雄蕊和雌蕊。而花的各部分均可用作离体培养材料，以获得试管再生植株。就菊花组织培养来说，依据不同的培养目的，可以采用不同的外植体、不同的基本培养基和添加不同的激素。

三、实验仪器与药品

1. 玻璃仪器：不同规格的棕色和无色广口瓶（用于存放培养基母液）、用于灭菌的 100 mL 烧杯若干、150 mL 或 200 mL 培养瓶若干、试管、灭菌培养皿若干、量筒（量取培养基母液等）、容量瓶（配制和存放培养基母液）、不同规格的移液管。

2. 设备和用具：仪器设备包括超净工作台、冰箱、微波炉或恒温水浴、抽滤灭菌装置、电磁炉、高压灭菌锅、pH 计（或 0～14 pH 试纸）、0.1 g 托盘天平、0.01 g 和 0.000 1 g 分析天平。用具包括枪式镊子、手术剪、手术刀、搪瓷锅（或 1 000 mL 烧杯）、酒精灯、酒精棉球、吸管等。

3. 所需培养基：MS 培养基。

4. 消毒剂等其他试剂：70％酒精、饱和漂白粉溶液、2％次氯酸钠溶液、无菌水、工业酒精（用于酒精灯）、6-BA、NAA 溶液。

四、实验材料

选取生长健壮、无病虫害的植株，采集尚未完全开放的菊花死亡花蕾，以花瓣和花托为材料。

五、操作步骤与方法

(一)花器官培养的一般程序

1. 培养基及培养条件：适于菊花组织培养的培养基种类很多，如 White、B_5、N_6、Morel、MS 等，现在大多采用 MS 培养基。菊花培养适宜的温度范围以 22～26 ℃最好。每天光照 12～16 h。添加各种激素进行培养。光照强度一般为 30～55 $\mu mol/(m^2 \cdot s)$。

2. 取材和消毒：花器官培养在取材时应注意选取生长健壮、无病虫害植株，无论是进行花瓣、花序轴、花丝、花药、花粉、子房和花柱等花器官的培养，都要对整个花蕾（花朵）消毒。

3. 接种培养：用整个花蕾培养时，只要把花梗插入固体培养基中即可。若用花器的某个部分，则分别取下，切成 0.3～0.5 cm 的小片，接种到培养基中，放到培养室内培养。

4. 愈伤组织诱导及分化：菊花组织培养的发生途径主要有不定芽途径和愈伤组织再生（器官发生）途径。分化培养基可以和愈伤组织诱导培养基相同，但也可能是激素浓度有所改变的培养基。

5. 试管苗生根和移栽：菊花试管苗生根和移栽一般较容易。

(二)菊花花瓣培养技术

1. 外植体采集、消毒和接种：在菊花开花前 3～4 d 将已露白的花蕾（采集尚未开放的幼小花蕾）剪下，先用清水冲洗干净，然后放入 70％酒精中浸 10～20 s，接着依据材料的幼嫩程度，用 2％次氯酸钠消毒 10～15 min，再用无菌水冲洗 4～6 次。放在无菌滤纸中吸干水分。将尚未开放的幼小花蕾剥去苞片，取出幼嫩花瓣用解剖刀切成 5 mm² 小块,接种后置于温度 25 ℃左右、光照强度 40 μmol/(m²·s)、每天照光 12 h 的条件下培养。

2. 愈伤组织的诱导:愈伤组织诱导采用 MS+(2～3)mg/L 6-BA+1 mg/L NAA 为基本培养基,每瓶接种 3～5 片。花瓣培养 10 d 左右时,开始产生愈伤组织。

3. 分化培养:菊花花瓣培养的苗分化途径有以下 3 条。

(1)直接成苗。在培养基中添加高水平的细胞分裂素和高水平的生长素配合,可以一次诱导成苗。

(2)经过胚状体途径成苗。有些品种在愈伤组织生长到 30 d 左右,在添加 2 mg/L BA+1 mg/L NAA 的 MS 培养基上,表面可出现大量绿色圆粒状物,即分化形成了胚状体,称为体细胞胚(无性胚),胚状体数量大、成苗多。生长到 40～50 d 后则可见到大量的胚状体产生的再生植株。

(3)经愈伤组织再分化成苗。有些愈伤组织还需转移到分化培养基中,将愈伤组织切成 5 mm 大小接入,经过 20～30 d 培养,才能诱导分化得到花瓣苗。分化培养基降低生长素浓度或提高细胞分裂素的浓度,即将形成的愈伤组织转移到 MS+3 mg/L BA+0.01 mg/L NAA 的分化培养基上培养,可再分化出不定芽。

4. 生根:菊花试管苗生根一般较容易,生根有以下两种方法。

(1)试管苗培养基生根。切取具 4～5 片叶子的 2～3 cm 无根嫩茎,接种到 MS+0.3 mg/L NAA 生根培养基上,生根培养一般 1 周左右开始生根,从而得到完整植株。

(2)试管苗直接扦插生根。为简化培养程序,缩短成苗时间和降低生产成本,直接剪取 3 cm 左右的无根苗,扦插到用促生根溶液(生长素或生根粉)浸透的珍珠岩或蛭石中,直接扦插生根要求介质疏松通气,扦插后遮阳,10 d 后生根率达 95%～100%。

5. 移栽及管理方法:湿度对幼苗成活率极为重要,开始几天必须保持空气相对湿度 90% 以上。移栽 10 d 内,应适当遮阳,避免阳光直射,并注意少量通风,温度最好保持在 25～28 ℃。

(三)菊花花托培养技术

1. 材料的选择和消毒:选用具有该品种典型特征的、饱满充实的花蕾,先从母株上取下还未开放的花蕾,在清水及蒸馏水中冲洗,用 70% 酒精表面消毒 30 s,再在饱和漂白粉溶液中消毒 20 min 左右,取出后用无菌水冲洗 3～4 次。

2. 接种培养及植株再生:用镊子把花蕾上的萼片、花瓣、雌蕊和雄蕊去掉,并切下花托接种于 MS＋2 mg/L 6-BA＋0.2 mg/L NAA 的培养基上,然后培养在温度为 26 ℃左右,光照强度为 30 μmol/(m²·s),光照时间为 10 h 的培养室内。约2 周后即可形成少量愈伤组织,约 1 个月便分化出绿色芽点,并抽茎展叶长大成苗。将无根苗从愈伤组织基部切下移植到生根培养基中,3 周后就能长成完整的植株。

六、提示注意

1. 培养苗木的玻璃化现象:随着继代培养次数的增加,可能会出现苗木玻璃化的现象。玻璃化的植株呈半透明水渍状,叶脆弱,容易破碎。玻璃化苗光合作用差,幼苗的成活率低。可以通过改变培养条件克服玻璃化。

2. 花瓣苗的变异和利用:花瓣培养成菊花植株,在叶片、花朵等诸方面都发生变异,对花卉来讲是十分有益的,可能选出变异的珍贵品种。

七、思考题

(1)花器官培养的意义是什么?

(2)简述花器官培养的一般程序。

(3)菊花花瓣培养的具体方法有哪些?

实验三　小麦胚培养技术

一、实验目的及意义

小麦（*Triticum aestivum*）是重要的粮食作物之一，为禾本科小麦族（*Triticeae*）小麦属（*Triticum*）。小麦的胚培养除可以进行一般的植株再生外，通过幼胚培养还可以打破种子休眠，促使休眠的种子萌发成苗、缩短育种周期。同时还可以用作种子生活力的快速测定。胚培养还可以用于幼胚的挽救，利用幼胚离体培养技术，可以排除无性珠心胚的干扰，获得杂种胚，从而提高杂交育种效率。

二、实验原理

胚培养（embryo culture）属于胚胎培养的范畴，胚胎培养包括离体胚培养、胚珠培养、子房培养和胚乳培养等。离体胚培养可分为幼胚培养和成熟胚培养。幼胚培养是指子叶期以前的具胚结构的幼小的胚培养。幼胚人工离体培养技术的发展，对于遗传学研究和育种学研究有极重要的指导意义。

高等植物的合子胚发育过程大体是：由合子形成球形胚、心形胚、鱼雷形胚、子叶形胚，最后形成结构完整的种子，合适条件下即可萌发成苗。正常的离体胚在适宜条件下可以按照上述发育过程形成幼苗。离体培养中，幼胚和成熟胚的成苗途径和所需营养条件也不太一样。幼胚指的是尚未成熟发育早期的胚，它较成熟胚难培养，要求的技术和条件也较高，关键是维持胚性生长，以保证离体幼胚能沿着胚胎发生的途径发育。

幼胚从生理至形态上远未成熟，其胚胎发育要求更为完全的人工合成培养基，而且剥离技术要求很高，所以离体培养难度大。一般胚龄越大，成功率越高；相反，胚龄越小，成功率越低。培养幼胚，需要比较复杂的培养基成分，选择合适的基本培养基是首要条件之一。

成熟胚生长不依赖胚乳的贮藏营养，只要提供合适的生长条件及打破休眠，它就可在比较简单的培养基上萌发生长，形成幼苗。所以，培养基只需含大量元素的无机盐和糖即可。成熟胚培养将果实或种子（带种皮）用药剂进行表面消毒，剥取种胚接种于培养基上,在人工控制条件下即可发育成完整植株。

三、实验仪器与药品

1. 玻璃仪器:不同规格的棕色和无色广口瓶(用于存放培养基母液)、用于灭菌的 100 mL 烧杯若干、150 mL 或 200 mL 培养瓶若干、试管、灭菌培养皿若干、量筒(量取培养基母液等)、容量瓶(配制和存放培养基母液)、不同规格的移液管。

2. 设备和用具:仪器设备包括超净工作台、冰箱、微波炉或恒温水浴、抽滤灭菌装置或一次性滤膜过滤器、电磁炉、高压灭菌锅、pH 计(或 0～14 pH 试纸)、0.1 g 托盘天平、0.01 g 和 0.000 1 g 分析天平。用具包括枪式镊子、手术剪、手术刀(尖头)、搪瓷锅(或 1 000 mL 烧杯)、酒精灯、酒精棉球、吸管、烧杯等。

3. 所需培养基:基本培养基为 N_6 固体培养基。

4. 消毒剂等其他试剂:70％酒精、2％次氯酸钠溶液或 0.1％的升汞($HgCl_2$)溶液、无菌水、工业酒精(用于酒精灯)、多效唑(PP_{333})、2,4-D、KT 和 NAA 溶液。

四、实验材料

种在田间或温室授粉后的小麦植株。

五、操作步骤与方法

(一)幼胚培养的一般程序

1. 幼胚的分离:灭菌后的材料在无菌条件下切开子房壁,用镊子取出胚珠,剥离珠被,取出完整的幼胚,放到培养基上进行培养。

2. 幼胚的培养:依据幼胚对营养的需要,可以把幼胚在培养基中的发育分为两个时期。一为异养期,即幼胚由胚乳及周围的组织提供养分;二为自养期,此时的胚已能在基本的无机盐和蔗糖培养基上生长。胚由异养转入自养是其发育的关键时期,这个时期出现的早晚因物种而异。

(二)小麦幼胚培养方法

(1)在麦穗中部小花授粉后 12～16 d 的小麦植株上剪下麦穗,带回实验室。将发育中的麦粒从颖壳中逐粒剥出,置于已消毒的 100 mL 的烧杯中;将其中过于幼嫩的乳白色麦粒和授粉后时间过长的翠绿色麦粒淘汰,只保留授粉后刚刚由白转绿的麦粒(其中幼胚 1~2 mm 长)。

(2)将烧杯中的供试麦粒在超净工作台上用 70% 的酒精表面消毒 10 s,弃去酒精,再用 0.1% $HgCl_2$ 消毒 5~8 min,弃去消毒液,然后用无菌蒸馏水冲洗 5 次,即可用于胚的分离和培养。

(3)无菌条件下用镊子由种子的一端挑出未成熟胚,具盾片、长度小于 2 mm 的幼胚,以盾片一面朝上,接种在愈伤组织诱导培养基上,并用镊子轻压幼胚,使之与培养基紧密接触。

(4)将已接种未成熟胚的三角瓶放到培养箱内,温度设定在 (28 ± 2)℃,散射光[时间 14 h/d,光照强度 20 $\mu mol/(m^2 \cdot s)$]或黑暗条件下培养。

(5)1 周后观察接种的幼胚,可见盾片上已开始形成少量的愈伤组织。3~4 周后愈伤组织已很明显。在光照培养条件下,个别愈伤组织上可能呈现绿色。此时可进行第一次继代培养,待愈伤组织长大到直径 1 mm 以上时,转移到 N_6 + 2 mg/L 2,4-D+5% 蔗糖的培养基上进行继代培养,每隔 20~30 d 继代一次。

(6)当需要分化时,将愈伤组织转接到分化培养基 N_6 + 0.2 mg/L NAA+ 0.5 mg/L KT 的培养基上,产生不定芽植株。每天 14 h 光照条件下培养。光照强度为 30~40 $\mu mol/(m^2 \cdot s)$。

(7)2~3 周后愈伤组织上的绿色部分分化出茎叶。然而,这时的再生植株还很弱小,不能移栽,需要先将它们转入不含激素但添加了 3 mg/L 多效唑(PP_{333})的培养基中,继代 1~2 次,进行壮苗。

(8)将植株转移到无激素的 N_6 培养基上诱导生根。

(9)当根系长到 1~2 cm 时,开瓶炼苗 3~5 d,然后洗净试管苗根上附着的培养基,栽于基质内,可以采用蛭石+草炭(1:1),也可以采用珍珠岩和沙子等栽培基质。移栽后 1~2 周内应避免阳光直晒。保持温度在 26℃ 左右,保持湿度,注意通风。在秋季或早春移入田间或温室栽培。

(三)成熟胚的培养

1. 外植体消毒与接种:首先对小麦种子用 70% 的乙醇消毒 1 min,再用 2% 次氯酸钠对小麦种子进行消毒 15 min,用无菌水冲洗 4 次。表面消毒后把种子放到培养皿中,用解剖刀和镊子把胚剥离出来,直接放到培养基上进行培养。

2. 培养基:成熟胚由于具有较多的营养积累,形态上已有胚根和胚芽的分化,故对培养基条件要求不高,萌发成苗相对容易,要求培养基的成分相对简单。由于外植体的差异,某些成熟胚的培养需要成分相对复杂的培养基。

六、提示注意

1. 光照对胚培养的影响:由于胚在胚珠内的发育是不见光的,所以一般认为在黑暗或弱光下培养幼胚比较适宜,光对胚胎发育有轻微的抑制作用。离体培养条件下进一步发育的幼胚对光的需求,因植物种类而异。

2. 碳水化合物在胚培养中的作用:成熟胚在含 2% 蔗糖的培养基中就能很好生长;在幼胚培养中,蔗糖是效果最好的碳源之一,调节渗透压对幼胚培养尤其重要。因为在自然条件下,原胚是被具高渗透压的胚乳液所包围,离体培养后,幼胚若移植于低渗透压的培养基中,常常造成幼胚生长停顿,出现早熟萌发现象,导致幼苗畸形和死亡。因此,胚龄越小,要求的渗透压(糖浓度)越高。随着培养时间的增加,胚龄的增长,要求介质中渗透压逐渐降低,如原胚培养的蔗糖浓度一般为 8%～12%。胚的年龄越小,需要的蔗糖浓度越高,最高可达 18%。另外,在培养过程中,随培养时间增加,必须把胚转移到蔗糖水平逐步降低的培养基上。

3. 植物激素对胚培养的影响:植物离体胚培养中,外源植物激素添加不当,可能改变胚胎发育的方向,或对胚的生长表现出抑制作用。幼小的胚在离体培养时,多数情况下可以脱分化形成愈伤组织。造成这种现象的主要原因是培养基的成分,特别是在附加的植物激素浓度较高时更为常见。用此愈伤组织的材料可以进行器官分化的研究,将之转移至分化培养基上,会产生器官分化,可分化出胚状体或不定芽。这种由胚而形成的胚性愈伤组织可以作为获得原生质体的良好材料。幼胚培养的关键问题是应该使加入的生长调节物质和植物内源激素间保持某种平衡,以维持幼胚的胚性生长。如果激素浓度低,不能促进幼胚生长;激素浓度过高,幼胚发生脱分化而影响其正常发育,形成愈伤组织,并由此再分化形成胚状体或芽。成熟胚一般不需要外源激素即可萌发,对休眠种胚,激素对启动萌发是非常必要的。

4. 幼胚培养过程中的早熟萌发:幼胚离体培养的一种特殊情况,即不是促进胚正常发育成熟形成幼苗,而是以幼小的胚的形态早熟萌发形成畸形苗。这种苗虽然根、茎、叶俱全,但由于子叶中几乎无营养积累而极端瘦弱,最终不能正常发育而死亡。胚培养过程中,适当调整培养基配方可以防止幼胚的早熟萌发。

5. 幼胚胚柄在胚培养中的作用:胚柄长在原胚的胚根一端,是一个过渡性的结构。胚柄既小又易受损伤,很难把它与胚一起剥离出来,因而在一般情况下培养的胚都不具完整的胚柄。有些研究指出,在培养中胚柄的存在对于幼胚的存活是个关键因素。和无胚柄的胚培养相比,若胚柄完整地连在胚上,或虽与胚分离但在培养基上与胚紧紧相靠,则会显著刺激胚的进一步发育。

6. 杂种幼胚的胚乳看护培养:如果胚的夭折发生在发育的极早期,由于人工培养基很难取代天然胚乳的作用,因此,拯救杂种仍会遇到很大困难,在这种情况下,则可尝试胚乳看护培养法,则可显著提高幼胚的成活率。即在未成熟胚离体培养时,在其周围培养基上放置来自同一物种另一种子的离体胚乳,对胚的生长会有一定的促进作用。

七、思考题

(1)幼胚培养的意义是什么?

(2)简述小麦幼胚培养的具体方法。

(3)影响幼胚培养的主要因素有哪些?

实验四　苹果胚乳培养技术

一、实验目的及意义

苹果属蔷薇科(Rosaceae)苹果属(*Malus* Mill.)。苹果是落叶果树中主要栽培的树种,也是世界上果树栽培面积较广、产量较高的树种之一。被子植物的胚乳是双受精的产物之一,是三倍体组织,三倍体的胚乳细胞经器官发生途径可以形成三倍体植株。利用胚乳培养培育无籽果实,对于园艺植物来讲这是一个良好的育种途径,具有重要的应用价值。通过本实验了解苹果胚乳培养的过程。

二、实验原理

胚乳培养(endosperm culture)是指将胚乳组织从母体上分离出来,通过离体培养,使其发育成完整植株的技术。胚乳组织是贮藏养料的场所。在自然条件下,胚乳细胞以淀粉、蛋白质和脂类的形式贮存着大量的营养物质,以供胚胎发育和种子萌发的需要。因此,胚乳培养也为研究这些产物的生物合成及其代谢提供了一个很好的实验系统。

被子植物的胚乳组织或其所形成的愈伤组织具有潜在的器官分化能力,只要给以一定的合适条件,由胚乳形成的愈伤组织经过诱导就可以形成芽、根等器官,并形成完整植物,证明了胚乳细胞的"全能性"。这也为诱导形成三倍体植物找到了一条新的途径。

三、实验仪器与药品

1. 玻璃仪器:不同规格的棕色和无色广口瓶(用于存放培养基母液)、用于灭菌的 100 mL 烧杯若干、150 mL 或 200 mL 培养瓶若干、试管、灭菌培养皿若干、量筒(量取培养基母液等)、容量瓶(配制和存放培养基母液)、不同规格的移液管。

2. 设备和用具:仪器设备包括超净工作台、冰箱、微波炉或恒温水浴、抽滤灭菌装置、电磁炉、高压灭菌锅、pH 计(或 0～14 pH 试纸)、0.1 g 托盘天平、0.01 g

和 0.000 1 g 分析天平。用具包括枪式镊子、手术剪、手术刀、搪瓷锅(或 1 000 mL 烧杯)、酒精灯、酒精棉球、吸管、烧杯等。

3. 所需培养基:MS 培养基。

4. 消毒剂等其他试剂:70%酒精、2%次氯酸钠溶液、无菌水、工业酒精(用于酒精灯)、水解酪蛋白(CH)、6-BA、NAA、2,4-D 溶液。

四、实验材料

苹果幼果。

五、操作步骤与方法

(一)胚乳培养的取材和消毒

胚乳培养的关键环节是要选择合适的发育时期以获得成功。许多胚乳培养的实践已证实,游离核型期材料难以培养,而细胞型期的材料则易于成功。而种子发育后期,处在消失中的胚乳产生愈伤组织的频率极低。不同植物胚乳培养的合适时期,必须通过实验观测予以确定。

苹果胚乳培养应在胚乳已成为细胞组织并充分生长,北京地区为 5 月下旬到 6 月上旬,此期幼胚的各种器官分化已经完成但生长缓慢,苹果(金冠)胚乳和胚发育的 3 个阶段见图 2-1。当苹果开花授粉后 25 d 左右,采集幼果用 70%酒精表面灭菌,再以蒸馏水冲洗 1~2 次,用 2%次氯酸钠灭菌 20~30 min,无菌水清洗 3~4 次。接种时在无菌条件下切开幼果,在解剖镜下取出种子,在超净台上用镊子和解剖针将胚切去,留下胚乳,并将胚乳接种在诱导愈伤组织的培养基上。

(二)胚乳愈伤组织的诱导

通常使用的基本培养基为 MS,White,MT 等,但以 MS 培养基最为常用。为了促进愈伤组织的产生和增殖,培养基中还添加一些有机物,包括酵母提取物或水解酪蛋白等附加物质,也有不少人采用天然提取物,如椰子汁、淀粉等。胚乳培养中,大多数被子植物是在胚乳细胞先诱导形成愈伤组织,然后再分化器官,诱导芽丛或胚状体。一般情况下,幼嫩胚乳培养比成熟胚乳产生愈伤组织的频率高。

本实验采用 MS+1 mg/L 6-BA+0.5 mg/L 2,4-D 作为愈伤组织诱导培养基。培养基均附加水解酪蛋白(酪朊水解物,CH)200~500 mg/L,蔗糖 5%,琼脂

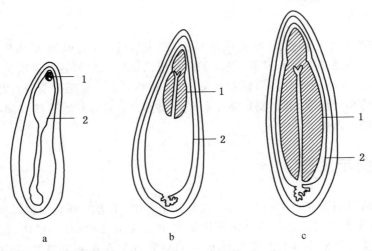

a.胚乳发育的游离核阶段(5 月初);b.充分发育的细胞组织的胚乳和已经分化的胚(6 月);c.接近成熟的种子的胚乳和胚;1. 胚;2. 胚乳(参考毋锡金等)。

图 2-1　苹果(金冠)胚乳和胚发育的 3 个阶段

0.7%,pH 6.0,在 1.2 kg/cm² 压力下消毒 15 min。培养温度保持 25～27 ℃,散射光条件。

(三)分化培养

用于分化的愈伤组织通常是在继代繁殖过程中新增殖的愈伤组织。一般结构较致密,多呈淡绿或米黄色。选择长势良好、生长 22～25 d 的愈伤组织用于分化培养。诱导愈伤组织分化时期,需供给充足的光照。在 30 μmol/(m²·s)左右的荧光灯下进行每天 10～12 h 光照培养。分化培养基为 MS+(0.1～1)mg/L BA+500 mg/L CH+3% 蔗糖。分化培养 20 d 左右,产生绿色芽点,经过 40～60 d,继续生长则成为具有小叶片的植株,45 d 后,小芽长出直立簇生的小叶。

(四)生根

苹果试管苗的生根选用继代转接后 35 d 左右、长度 3～5 cm 的苹果试管苗转接到生根培养基(1/2 MS+0.5 mg/L NAA)进行生根培养,10 d 左右开始在插条的基部出现根原基,20～30 d 根可生长到可以移栽的长度。

（五）移栽

获得健壮的试管苗是移栽成活的关键,适当提高生根培养基中蔗糖浓度(3‰～5‰)能使茎叶生长健壮,提高了移栽成活率。去掉培养瓶盖或棉塞,在培养室内锻炼4～5 d,使叶片适应低湿环境,在培养基表面出现杂菌前进行移栽。为了保持较高的相对湿度,栽后要覆盖塑料膜小拱棚。1周后开始逐步揭膜放风,直至完全去除塑料薄膜。

六、提示注意

胚乳培养细胞染色体倍性变化:在胚乳培养中,培养的胚乳细胞以及得到的胚乳植株,并不都是三倍体。愈伤组织细胞的倍性比较复杂,有二倍体、三倍体等多种倍性以及非整倍体,因此,染色体倍性的变异现象在植物胚乳培养中是相当普遍的。

七、思考题

(1)胚乳培养的意义是什么?
(2)简述苹果胚乳培养的基本步骤。

第三章
植物离体快繁

第三章

物业服务企业管理

实验一　烟草微繁殖技术

一、实验目的及意义

本实验选择烟草为材料,烟草(*Nicotiana tabacum*)属茄科植物,是重要的工业原料,也是植物组织培养的四大典型实验植物(烟草、矮牵牛、胡萝卜、芸薹)中重要的一种,它的研究最为广泛,也始终领先于其他的植物材料。实验目的是学习和掌握植物微繁殖的原理和操作技术。

二、实验原理

对植物进行微繁殖可采用两种方法:①丛生芽的转接扩繁。接种材料应该是无菌生长的丛生芽,扩繁时将每个芽分离开,单独接种到培养基中,培养一段时间后转接到生根培养基中生根,也可以直接接种到既可以长芽又可以生根的培养基中。②侧芽和顶芽的扩繁。接种材料为无菌植株,扩繁时将植株切成几段,每段保留一个侧芽,然后将茎段和顶芽接种到培养基中,培养一段时间后侧芽会从腋芽处长出,其他步骤同于第一种方法。

三、实验仪器与药品

超净工作台、镊子、解剖刀、剪刀、酒精灯、培养基、100 mL 三角瓶、封口膜、培养室(培养箱)、微波炉、油性标记笔、无菌蒸馏水。

四、实验材料

烟草无菌幼苗。

五、操作步骤与方法

1. 培养基的配制和分装:MS-2 培养基(MS 基本培养基+0.2 mg/L NAA+

1 mg/L KT＋8 g/L 琼脂,pH 5.8)的配制;培养基的灭菌。将已灭菌保存的用于烟草苗微繁殖的培养基(MS-2)在微波炉中熔化,冷却到 60 ℃,在无菌条件下分装到已灭菌的三角瓶中。也可以将已灭菌尚未冷却的培养基直接分装到三角瓶中。

2. 烟草无菌幼苗的准备:烟草无菌幼苗既可以来自无菌种子发芽生长的幼苗,也可以通过无菌苗的顶芽和侧芽扩繁而来。培养基采用有利于芽增殖的培养基。推荐的烟草微繁殖的培养基配方有①MS 基本培养基＋0.5 mg/L IAA＋0.5 mg/L BA＋8 g/L 琼脂,pH 5.8,该培养基有利于烟草苗和根的生长,但芽增殖较少;②MS基本培养基＋0.2 mg/L NAA＋1 mg/L KT＋8 g/L 琼脂,pH 5.8,该培养基有利于烟草芽的增殖,但根生长较少;③MS 基本培养基＋8 g/L 琼脂,pH 5.8,该培养基有利于芽和根的生长,但没有芽的增殖。

3. 植物材料的接种和培养:本实验采用的是烟草顶芽和侧芽的微繁殖。取无菌的烟草植株,在无菌培养皿中(或无菌的滤纸上)将根切除,同时切除大的叶片,将烟草茎切成几段,每段保留一个节,剪切时要求茎节上部少留,茎节下部多留,茎段长 5～15 mm。将茎段下部插入培养基中,每瓶接 1 个茎段。将植物材料置于25 ℃下,光照强度 30 μmol/(m² · s),光照时间为每天 12 h 的环境中培养。1 周后,可观察到侧芽从腋芽处长出。烟草侧芽微繁殖过程见图 3-1。

4. 后续工作:可以将新生长的幼苗继续扩繁,继代培养,也可以将幼苗转接到生根培养基中,诱导生根。

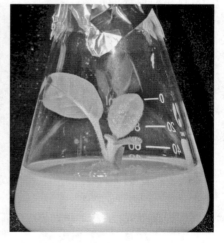

图 3-1　烟草侧芽微繁殖过程

六、提示注意

(1)剪无菌苗茎段时注意,每段都要保留一个节,便于腋芽长出,剪切时要求茎节上部少留,茎节下部多留。

(2)茎段插入培养基不要过深,避免影响植株生长;也不要过浅,以免植株倒斜,影响养分的吸收。

七、思考题

(1)茎段接种时是否要考虑培养基的厚度?

(2)茎段接种用的培养基能否应用诱导愈伤组织形成和培养的培养基?

(3)如何减少植物微繁殖操作过程中的污染?

(4)观察并记录烟草微繁殖中芽的生长动态。

实验二　蝴蝶兰快繁技术

一、实验目的及意义

蝴蝶兰（*Phalaenopsis amabilis*）是兰科蝴蝶兰属的一种热带附生兰，素有"兰花皇后"的美誉。其花大如蝶，形态美妙，花色鲜艳，色泽丰富，花期持久，成为名贵高档花卉之一。由于蝴蝶兰是单茎性气生兰，很难进行分株繁殖，常规情况下种子发育不完全，极难萌发，因此世界上多采用组织培养来繁殖种苗。通过本实验了解蝴蝶兰的离体快繁的技术要点及其再生成完整植株的过程。

二、实验原理

近年来，对蝴蝶兰的组织培养研究较多的是用胚、幼叶、茎尖和根尖、花梗腋芽等多种器官为外植体进行组织培养研究。因为蝴蝶兰的花梗腋芽具有取材和消毒较容易、不伤及母株、组培效果好和容易组培成功的特点，所以本实验中采用带腋芽的花梗作为外植体。蝴蝶兰通过花梗腋芽进行快繁主要有两个成苗途径：一是丛生芽途径，花梗腋芽通过诱导增殖直接形成丛生芽，再形成小苗；二是原球茎途径，花梗腋芽通过诱导形成丛芽，再由丛芽诱导形成原球茎，通过继代和生根形成完整的植株。本实验采用第一种快繁途径。

三、实验仪器与药品

1. 玻璃仪器：不同规格的棕色和无色广口瓶（用于存放培养基母液）、三角瓶、灭菌培养皿若干、量筒（量取培养基母液等）、容量瓶（配制和存放培养基母液）、蓝盖瓶、不同规格的移液管。

2. 设备和用具：仪器设备包括超净工作台、冰箱、微波炉或恒温水浴、抽滤灭菌装置、高压灭菌锅、pH 计（或 0～14 pH 试纸）、0.1 g 托盘天平、0.01 g 和 0.000 1 g 分析天平；用具包括枪式镊子、手术剪、手术刀、酒精灯、酒精棉球、吸管等。

3. 所需培养基：腋芽及丛生芽诱导培养基是 MS＋3.0 mg/L 6-BA＋3％

蔗糖＋0.8％琼脂，pH 5.8；丛生芽增殖培养基是 MS＋5.0 mg/L 6-BA＋0.5 mg/L NAA＋3％蔗糖＋0.8％琼脂，pH 5.8；生根培养基是 1/2 MS＋1.0 mg/L NAA＋1.5％蔗糖＋0.8％琼脂，pH 5.8。

4. 消毒剂等其他试剂：75％酒精、饱和漂白粉溶液、0.1％的升汞（$HgCl_2$）溶液、0.1％高锰酸钾溶液无菌水、工业酒精（用于酒精灯）、6-BA、NAA。

四、实验材料

选用蝴蝶兰已开花的花梗，取其下端休眠芽作为外植体。

五、操作步骤与方法

1. 外植体的选取和消毒：从母株上切下花梗，剪下其带芽茎段，其长约 3 cm，用自来水清洗干净，在饱和漂白粉上清液中浸泡 15 min，浸泡时不断搅动，浸泡后的茎段用流水冲洗干净，置于超净工作台上，先用 75％的酒精消毒 30 s，无菌水清洗 1 次，再用 0.1％的升汞浸泡 10 min（在此浸泡过程中仍不断用玻璃棒搅动），用无菌水冲洗 5 次后，置于无菌的干净培养皿上备用。

2. 接种：在无菌条件下，用无菌的小刀，将茎段切成 2 cm 左右带饱满腋芽的切段，芽体朝上接种于诱导培养基上，培养温度（25±1）℃，光照强度 1 500 lx，光照时间每天 12 h。

3. 丛生芽的增殖：当花梗腋芽培养 55～60 d 后，花梗基部和培养基接触部分逐渐变黑，此时将诱导出的丛生芽切分成单芽和双芽转接到丛生芽增殖培养基上继代增殖，约 50 d 后可生成新的丛生芽。

4. 生根壮苗及驯化移栽：获得的增殖芽转入生根培养基中进行生根壮苗，20 d 左右生根。当蝴蝶兰试管苗具有 3～4 条根，3～4 片叶和叶长 3～5 cm 时即可驯化移植。将试管苗移至明亮通风的炼苗室中，揭开瓶盖炼苗 2～3 d，然后将苗取出，洗净沾在根部的培养基。将试管苗放入 0.1％高锰酸钾溶液中浸泡 20～30 min，再移栽至已消毒的苔藓基质上。刚移栽的蝴蝶兰应保持光照强度 1 500～2 500 lx，温度 25～30 ℃，空气湿度 85％，通风良好，以有利于试管苗的快速增长。

六、提示注意

(1)针对取材时间的不同和不同的蝴蝶兰种类，在预实验的过程中应该摸索合适的灭菌时间。如果蝴蝶兰生长的环境比较脏,可以适当地增加灭菌时间,但是此时外植体可能受到的伤害比较大。

(2)试管苗炼苗移栽后,在 1 周之内应该保持 100％的空气湿度和适当的遮阳,这样能大大提高试管苗的成活率。

七、思考题

(1)利用丛生芽途径进行蝴蝶兰快繁的优势是什么?

(2)观察并描述蝴蝶兰丛生芽诱导变化过程。

实验三　石刁柏茎段培养技术

一、实验目的及意义

　　石刁柏(*Asparagus officinalis*)俗称芦笋,为多年生宿根草本蔬菜,雌雄异株,是一种高档蔬菜,种子价格高,因此多采用茎段快繁增殖。茎段培养具有培养技术简单,繁殖速度较快,繁殖系数高等优点;在一年内由一个外植体可增殖大量的植株;同时可以加速良种和珍贵植物的保存和繁殖;所繁殖的苗木变异少,繁殖系数高,苗木质量好;是解决不能用种子繁殖的无性繁殖植物的快速繁殖的重要手段;可节省种株。

二、实验原理

　　茎段培养是指对不带芽和带有腋(侧)芽或叶柄的茎切段(包括块茎、球茎、鳞茎在内的幼茎切段)进行离体培养,包括幼茎和木质化的茎切段。一般情况下,不带芽茎段培养必须要有植物激素的参与,而带芽茎段培养可以没有植物激素的参与,也可以加入少量的植物激素,但为了促进腋芽的伸长,细胞分裂素的浓度要高于生长素的浓度。茎段培养的主要目的是进行植物的离体快速繁殖,其次是研究茎细胞的分裂潜力和全能性以及诱导细胞变异和获得突变体等。

　　根据茎的生长类型和生长环境的不同,有的可生在空中,有的可长在地下(根状茎、块茎、球茎、鳞茎)。在自然界中,茎在植物体中起支持与输导的作用,它往往又被作为无性繁殖的器官。以茎为培养材料,获得了多种试管植物,茎段培养技术越来越广泛地被人们所应用。植物组织培养中,由于嫩茎段(即当年萌发或新抽出的尚未完全木质化的枝条)其细胞的可塑性大,进行离体培养容易成功,因此成为组织培养中常用的材料,尤其是处在发育阶段年龄幼小的嫩茎更易成功。

三、实验仪器与药品

　　1. 玻璃仪器:不同规格的棕色和无色广口瓶(用于存放培养基母液)、用于灭菌的 100 mL 烧杯若干、150 mL 或 200 mL 培养瓶若干、试管、灭菌培养皿若干、量筒(量取培养基母液等)、容量瓶(配制和存放培养基母液)、不同规格的移液管。

2. 设备和用具:仪器设备包括超净工作台、冰箱、微波炉或恒温水浴、抽滤灭菌装置、电磁炉、高压灭菌锅、pH 计(或 0～14 pH 试纸)、0.1 g 托盘天平、0.01 g 和 0.000 1 g 分析天平。用具包括枪式镊子、手术剪、手术刀、搪瓷锅(或 1 000 mL 烧杯)、酒精灯、酒精棉球、吸管等。

3. 所需培养基:MS 培养基。

4. 消毒剂等其他试剂:70%酒精、饱和漂白粉溶液或 0.1%的升汞($HgCl_2$)溶液或 2%次氯酸钠溶液、无菌水、工业酒精(用于酒精灯)、NAA 和 KT 溶液。

四、实验材料

以一年生拟叶尚未展开的石刁柏的嫩茎为实验材料。

五、操作步骤与方法

(一)茎段培养的一般程序

1. 外植体的选取和消毒:在外植体选择方面,就木本植物来说,茎段培养一般采用幼嫩的一年生茎段培养比多年生茎段容易成功。取生长健壮、无病虫、正在生长的幼嫩茎段进行培养。茎的基部比顶部切段成活率低,侧芽比顶芽的成活率低,所以应优先利用顶部的外植体,但是每个新梢仅一个顶芽,也应利用腋芽,茎上部的腋芽培养效果也很好。植物的芽有休眠期和生长期之别,不应当在休眠期取外植体,否则成活率甚低。对于带有变态茎(球茎、鳞茎)的球根类花卉的茎段培养,其繁殖可用分球或鳞片进行离体培养,达到大量增殖的目的。球根类通常是在地下培育,污染率比较高。

2. 接种:在无菌条件下,用无菌的小刀将茎段切成 0.5～1.0 cm 的带节切段,若是鳞茎则切取带小段鳞片的底盘再切开底盘,使每块底盘上都带有腋芽。然后接到培养基上。

3. 培养基:依据培养材料和外植体种类来选择不同的培养基。经培养后茎段的切口特别是基部切口上会长出愈伤组织,呈现稍许增大。而芽开始生长,有时出现丛生芽,从而得到无菌苗。

一般情况下,将经过表面消毒的茎段在无菌条件下,切成几厘米长带节的茎段,接种在固体培养基上。经过培养后,带芽茎段可由腋芽直接萌发成苗,或经诱导脱分化形成愈伤组织,再经过再分化形成不定芽。把再生苗进行切割,转接到生根培养基上培养,便可得到完整的植株。

不同部位茎段消毒需要的时间不相同。可以采用次氯酸钠溶液、升汞、饱和漂白粉等消毒液。不带腋芽的茎段一般先在两端切口处边缘形成白色突起,形成愈伤组织,以后从突起部位可能形成不定芽。茎段愈伤组织的形成和不定芽的产生与培养基中生长素和细胞分裂素的比例有关,在含高浓度生长素的培养基中,通过茎切段直接形成愈伤组织的频率较高;而在细胞分裂素浓度高的培养基中,通过愈伤组织形成不定芽的频率较高。

(二)石刁柏茎段培养技术

用茎段进行石刁柏的组织培养,有两种不同的途径:一是由顶芽或腋芽直接分化成苗,但繁殖系数相对较低;二是经愈伤组织增殖后形成苗,繁殖系数较高。采用带顶芽或腋芽茎段快速繁殖石刁柏技术要点见以下几点。

1. 外植体的取材和消毒:从田间剪取无病虫叶尚未展开的嫩茎,在自来水中冲洗 $40\sim50$ min 后,进行表面消毒,先用 70% 酒精消毒 3 min,移入饱和漂白粉溶液中浸约 10 min,并不断摇动,或用 0.1% $HgCl_2$ 消毒 8 min,或用 2% 次氯酸钠消毒 15 min,无菌水冲洗 $4\sim5$ 次,切成带 $1\sim2$ 个芽长约 1 cm 的茎段或者切成带 $1\sim2$ 个芽的圆片,接种到 $MS+0.1$ mg/L NAA$+0.1$ mg/L KT(或 $0.1\sim0.3$ mg/L BA)的培养基上诱导顶芽或腋芽重新发生新梢,带顶芽茎段培养应去掉外面的鳞片,接种 3 d 后,腋芽萌动,1 周后,腋芽伸长,4 周后,茎生长可达 5 cm,并在腋芽的芽节处形成芽丛。以后按一个侧芽为单位,将新梢切成小段,转入含有 0.1 mg/L NAA 和 1 mg/L KT 的 MS 培养基上诱导腋芽重新发生新梢,不断继代培养扩大无性系的繁殖。

2. 芽的增殖:将上述的芽丛切割接种,每个芽眼处又可形成芽丛,如此反复进行,继代繁殖,就能在较短时间内繁殖出大量嫩茎。芽增殖的条件为 $26\sim27$ ℃,每天光照 $14\sim16$ h,室内湿度控制在 60% 左右。以此程序反复培养以建立繁殖材料无性系,反复进行继代培养可以扩大繁殖无性系。

3. 生根:当丛生茎小苗长到 $4\sim5$ cm 高时,转移到 $MS+0.1$ mg/L NAA 培养基上生根,1 周后嫩茎基部形成愈伤组织,培养 $8\sim10$ 周后生根。石刁柏试管苗生根的难易程度主要受基因型和外植体来源的影响。此外,NAA、IBA 和 IAA 3 种生长素配合使用时,生根效果优于单独使用。在生根培养基中添加 PP_{333} 50 mg/L 或吡啶醇 0.5 μmol/L 对生根有明显的促进作用。

4. 移栽:把生根的完整植株移栽到草炭和蛭石(1:1)或园土:沙:草炭(2:1:1)的混合基质中,可以移栽到苗床或营养钵中,植株的移栽保持温度25~27 ℃,湿度高于90%,并注意通风,生长2~3周即可成活,在温室中生长2个月左右即可移栽到露地。

在以石刁柏茎段为外植体进行苗木快速繁殖的过程中,除采用以上方法外,也可以采用去掉顶芽带有多个腋芽的无激素的 MS 基本培养基直接进行扦插,获得无根试管苗,再通过常规扦插技术进行苗木生产;或采用带顶芽和多个腋芽的茎段,接种到含有细胞分裂素(如 6-BA 或 KT)的培养基中进行苗木的快速繁殖,再采用常规扦插技术进行石刁柏苗木的快速繁殖。

六、提示注意

褐变对于木本植物,特别是对于一些含酚类物质较多的木本植物来说是一个常见问题,可以采用以下措施来防止褐变和有害物质的积累。

(1)在培养基中加入适量活性炭(0.5%~1%),可以吸附部分有害物,降低酚类物质的不利影响。

(2)向培养基中加入抗变色剂,如 5% 的 H_2O_2、0.2~0.4 mg/L 维生素 C、0.7% PVP (聚乙烯吡咯烷酮)等。

(3)降低培养室的光强度,可以降低酚类物质的氧化速度。

七、思考题

(1)简述石刁柏茎段培养的意义和基本原理。
(2)简述石刁柏茎段培养的一般程序和具体方法。

实验四　香蕉快繁技术

一、实验目的及意义

在香蕉生产中应用的生物技术主要是通过香蕉组织培养,提供优良品种种苗。目前具有商品价值的香蕉栽培品种几乎全部是三倍体,由于没有种子,给繁殖和育种带来困难。香蕉组织培养技术对香蕉生产尤其是对国内近 20 年香蕉生产发展的突飞猛进起了十分关键的作用,香蕉组织培养技术的应用使大规模商品化香蕉生产成为可能。由于香蕉组培苗具有繁殖速度快、不带病毒、高产优质、生长成熟一致、性状稳定和便于运输等优点,所以目前生产上采用的香蕉种苗 90% 以上是组培苗。

二、实验原理

香蕉吸芽是在植株生长到一定大小时(吸芽苗植后长出叶 16 片左右,试管苗植后长出叶 21 片左右),从球茎中心柱分支形成的腋芽萌发发育而成的后代,其维管束与原球茎是相通的。采用生物工程先进技术,取香蕉吸芽苗生长点作为培养材料,然后接入有培养基的瓶子内,经过一段时间的培养诱导,培养出可用于增殖培养的无菌材料,再移入增殖培养基中进行多次的继代增殖培养,然后把增殖芽转入生根苗培养基中培养,生成完整根系的小植株。

三、实验仪器与药品

1. 玻璃仪器:不同规格的棕色和无色广口瓶(用于存放培养基母液)、用于灭菌的 100 mL 烧杯若干、150 mL 或 200 mL 培养瓶若干、试管、灭菌培养皿若干、量筒(量取培养基母液等)、容量瓶(配制和存放培养基母液)、不同规格的移液管。

2. 设备和用具:仪器设备包括超净工作台、冰箱、微波炉或恒温水浴、抽滤灭菌装置、电磁炉、高压灭菌锅、pH 计(或 0～14 pH 试纸)、0.1 g 托盘天平、0.01 g 和 0.000 1 g 分析天平。用具包括枪式镊子、手术剪、手术刀、搪瓷锅(或 1 000 mL

烧杯)、酒精灯、酒精棉球、吸管等。

3. 所需培养基:诱导培养基 MS+5 mg/L 6-BA+10 mg/L Ad+3%蔗糖+0.7%琼脂,pH 5.8;继代培养基 MS+5 mg/L 6-BA+10 mg/L Ad+3%蔗糖+0.7%琼脂,pH 5.8;生根培养基 1/2 MS+0.2 mg/L NAA+1 mg/L IBA+1%活性炭+3%蔗糖+0.7%琼脂,pH 5.8。

4. 消毒剂等其他试剂:75%酒精、0.1%的升汞($HgCl_2$)溶液或 5%次氯酸钠溶液、无菌水、工业酒精(用于酒精灯)、活性炭、腺嘌呤(Ad)、6-BA、IBA 和 NAA溶液。

四、实验材料

一般于春暖季节,香蕉开始生长后,于晴天到蕉田选取产量高、无病虫害的蕉茎,挖取其健壮的侧芽作为实验材料。

五、操作步骤与方法

1. 外植体初处理和灭菌:将吸芽外层苞片仔细剥去,经自来水冲洗干净后,保留顶芽和侧芽原基,切割成约 2 cm 长、2 cm 直径的圆柱。在超净工作台上将切好的吸芽先放入 75%的乙醇溶液中浸泡 30 s 后,用无菌水洗净,再放入 0.1%$HgCl_2$ 或 5%次氯酸钠溶液中 12~20 min 后,用无菌水冲洗 5~7 次。

2. 外植体切割及接种:在超净工作台上将已灭菌的吸芽置于无菌垫纸上,用事先已灭菌的手术刀、镊子取吸芽中心材料,并将其均匀切成 4 小块,接种于事先准备好的诱导培养基中。基部切口应插入培养基内。培养温度为(30±2)℃。前期暗培养,待有芽分化后弱光照。

3. 继代培养:每 30 d 继代增殖一次。接种时,用手术刀将丛生芽以 2~3 个芽为一个单位分开,同时为减弱顶端优势,促进基盘腋芽生长,切割时将主茎上部的大部分假茎叶切去。随着继代次数的增加,6-BA 的用量要逐渐降低,Ad 在继代3~4 次后不再使用,最后一次继代可以添加少量的 NAA,以便于生根和提高生根率。

4. 生根培养:当全部增殖芽达到一定的数量时就必须部分或全部转入生根培养。接种时,将芽单个切开,并大小分级,把全部芽(或选择大芽)插入生根培养基中。同一瓶材料中,不能培养生根的,继续接入增殖培养基中进行继代培养。生根后将瓶苗放到光线较好的地方培养,并经常转动瓶身,让苗均匀受光,炼出的瓶苗健壮,不弯曲,不徒长。待长出完整的根系后即可出瓶假植。

六、提示注意

(1)在整个材料处理过程中要动作迅速,减少暴露在空气中的时间,减少因褐变而导致诱导的失败。

(2)随着光线的增强,芽的增殖减少,但芽较健壮;反之,芽的增殖较多,但芽较弱。

(3)为保证种性不受影响,减少变异率,继代次数宜控制在 10 代以内,最多不得超过 15 代。

七、思考题

(1)简述香蕉快繁的基本步骤。
(2)香蕉快繁中有哪些注意事项?

第四章

植物茎尖
分生组织培养

实验一　植物茎尖分生组织培养的基本技术

一、实验目的及意义

植物病毒病是限制农业生产的重要因素之一。大多数营养繁殖的植物,感染病毒后,其营养繁殖的特性使病毒长期积累导致作物低产、品质不佳和品种退化。对植物病毒进行有效检测、控制,培育无病毒苗,实施农作物无病毒化栽培,是预防植物病毒病的根本途径。植物茎尖分生组织培养是许多植物脱除病毒的重要手段,也是生产上用于防治植物病毒病的主要技术。本实验的主要目的是让学生了解植物茎尖分生组织培养脱毒基本原理,熟练掌握植物茎尖脱毒的基本操作程序,了解植物病毒常规检测方法。

二、实验原理

病毒在植物体内通过维管束进行长距离转移,通过胞间连丝进行胞间转移。植物茎尖分生组织区域没有维管束,病毒只能通过胞间连丝传递。该区域生长素浓度高,新陈代谢旺盛,病毒增殖与移动速度不及茎尖分生组织细胞分裂和生长快。越靠近茎尖区域,病毒感染越少,茎尖生长点(0.1~1 mm)区域几乎不含或很少含有病毒。

茎尖分生组织培养的实质就是以不含病毒颗粒或病毒颗粒含量甚少的 0.1~0.5 mm 的茎尖分生组织作为外植体,进行微繁殖,获得无毒植株。有些病毒也能侵染植物茎尖分生组织区域。通过对茎尖分生组织培养所用材料进行热处理,即在适宜的恒定高温或变温和一定光照条件下,处理一段时间,可使病毒钝化失活。热处理与茎尖分生组织培养脱毒相结合,可以提高脱毒率。

三、实验仪器与药品

MS 等组织培养的基本培养基配方所需各种药品、次氯酸钠、酒精、无菌水、漩涡混合仪、恒温光照培养箱、磁力搅拌器、pH 计、天平、超净工作台、光学显微镜、玻璃器皿、移液器、高压灭菌锅、电子天平、磁力搅拌器、解剖针、解剖刀、镊子、培养容器等。

四、实验材料

盆栽带毒植株或田间植株,或其顶芽与侧芽。

五、操作步骤与方法

(一)热处理

待脱毒植物材料在室内发芽,在 $36\sim38$ ℃光照 $55\ \mu\mathrm{mol}/(\mathrm{m}^2 \cdot \mathrm{s})$ 条件下盆栽培养 2 周。

(二)表面消毒

选取合适顶芽与侧芽,用干净的剪刀剪下并清洗干净,用 75% 的酒精消毒 30 s,用消毒过的解剖刀切除外层芽鞘,剥除芽鞘数片后,再将新芽的上半部一并切除,再用 2.5% 次氯酸钙或次氯酸钠溶液处理 15 min,取出后用无菌蒸馏水清洗 $3\sim5$ 次,用无菌滤纸吸去多余水分备用。

(三)茎尖分生组织剥离

在双筒解剖镜下,切除叶片使芽体暴露,用解剖刀剥掉幼叶,最顶端部位就是茎尖生长点分生组织,用手术刀将生长点切下,一般保留 $1\sim2$ 个叶原基。

(四)茎尖分生组织培养

将剥离的茎尖立即放入液体培养基中或接种到固体培养基上培养。培养条件为 25 ℃,光照 16 h,液体培养需将培养容器放置在 $80\sim120$ r/min 的摇床上培养。

平均 $2\sim3$ 周进行一次继代培养,$5\sim7$ 周可获得单个小植株。茎尖分生组织培养根据培养基因脱毒对象不同而异。多以 MS 培养基作为基本培养基附加适宜的激素组合。

甘薯茎尖分生组织培养常用的培养基:MS＋0.2 mg/L IAA＋0.5 mg/L 6-BA;MS＋0.5 mg/L KT＋0.2 mg/L IAA;MS＋1.0 mg/L 6-BA＋0.01 mg/L

NAA$+1.0$ mg/L GA$_3$。

通过茎尖分生组织培养获得的脱毒苗,必须针对特定的病毒进行严格的检测,确认脱毒后才能进一步进行快速繁殖,用于生产实践。

(五)脱毒苗的检测

目前常用植物病毒检测技术包括指示植物法与血清学方法。

1. 指示植物法:利用病毒在其他植物上出现的病毒特征作为鉴别病毒种类的标准,这种专用于产生病毒症状特征的寄主即为指示植物,又称鉴别寄主。症状分两种类型:一种是接种后产生系统的症状,并扩张到非接种的部位;另一种是只在接种部位产生局部病斑,根据病毒的类型而出现坏死、退绿或环状病斑。指示植物有荆芥、千日红、昆诺阿藜和各种烟草等。指示植物法操作简便易行,而且成本低,结果准确、可靠,但所需时间较长,对大量样品的检测比较困难。例如,可以长春花[*Catharanthus roseus*（L.）Don]、芦柑实生苗作为柑橘黄龙病的指示植物。巴西牵牛(*Ipomoea setosa* Ker.)、苋菜、黎等作为甘薯病毒的指示植物。

检测程序:从被鉴定植物上取 1～3 g 幼叶,在 pH 7.0 的磷酸缓冲液中研磨至匀浆,用两层纱布过滤,去渣。在指示植物叶面上涂抹或喷洒滤液。指示植物在无蚜虫的环境中培养,保温 15～25 ℃。接种 2～6 d 后观察有无病毒症状出现。

2. 血清学方法:植物病毒可作为一种抗原,注射到动物体内即产生抗体。抗体存在于血清之中称为抗血清。不同病毒产生的抗血清都有各自的特异性,用已知病毒的抗血清来鉴定未知病毒,这种抗血清就成为高度专一性的试剂,特异性高。常用的血清学检测方法有 ELISA 或 Dot-ELISA 检测法等。血清学检测法是目前使用最广泛和较为可行的方法,可用于大批量样品的检测。

此外,尚有电镜技术、定量聚合酶链式反应(Q-PCR)及目视化生物芯片技术等现代生物学技术也可用于植物病毒检测。

六、提示注意

(1)茎尖分生组织培养时,外植体越小脱毒效果越佳,但成活越难;过大则不能保证完全除去病毒。剥离茎尖分生组织大小要适宜,通常保留 1～2 个叶原基。

(2)在茎尖分生组织剥离过程中,可视植物种类、芽鞘与幼叶层数情况,对顶芽或侧芽消毒 1～3 次。

(3)脱毒苗病毒检测中应根据病毒种类选择合适的指示植物或抗血清。

七、思考题

(1)为什么茎尖分生组织培养可获得无病毒苗？茎尖分生组织培养脱毒和花粉培养脱毒有何区别？

(2)影响茎尖分生组织培养脱毒效果的因素有哪些？

(3)常用植物病毒检测技术有哪些？

实验二　草莓茎尖脱毒

一、实验目的及意义

草莓(*Fragaria ananassa*)是多年生宿根草本植物,在我国栽培范围广泛,经济效益较高,主要以匍匐茎繁殖,栽培过程中很容易受到一种或一种以上病毒的侵染。目前已报道的可侵染草莓的病毒有 20 多种。草莓病毒侵染草莓后,主要表现为叶片失绿、畸形、生长量减少、植株矮化、产量下降、品质变劣等现象,严重时可引起毁灭性灾害。因此,利用茎尖分生组织培养获得脱毒苗对草莓生产的产量和质量都具有重要意义。

二、实验原理

病毒在感染病株上分布得并不一致,在老叶片及成熟的组织和器官中病毒含量较高,而幼嫩及未成熟的组织和器官病毒含量较低,生长点(0.1～1.0 mm 区域)则几乎不含或含病毒很少。因为病毒的增殖运输速度与茎尖细胞分裂生长速度不同,病毒向上运输速度慢,而分生组织细胞繁殖快,这样就使茎尖部分的细胞没有病毒。这就是利用茎尖分生组织进行草莓脱毒的原理。因此,茎尖培养脱毒效果的好坏与茎尖大小呈负相关,茎尖越小,脱毒效果越好;而培养茎尖的成活率的高低则和茎尖的大小呈正相关,茎尖越小成活率越低,具体应用时既要考虑脱毒效果又要考虑成活率,因此,一般情况下切取 0.2～0.3 mm 带一两个叶原基的茎尖作为培养材料较好。

三、实验仪器与药品

双筒解剖镜、超净工作台、解剖针、解剖刀、镊子、玻璃皿、高压灭菌锅、三角瓶等。MS 等组织培养基本培养基配方所需各种药品、6-BA、IAA、次氯酸钠、酒精、无菌水。

四、实验材料

田间生长健壮的草莓匍匐茎。

五、操作步骤与方法

（一）取材

取材时间为草莓匍匐茎的生长旺季，即每年的 8 月份，取材母株需进行杀菌，每周用 500 倍甲基托布津处理一次。取田间生长健壮的匍匐茎顶端 4～5 cm 长的芽子，注意选择无病无虫株。如果取材的量比较大，可以将其茎下端浸入清水置于 4 ℃冰箱中保存，最长可以保存 1 周，中间需换水几次。

（二）消毒

用手剥去匍匐茎顶端芽的外层大叶，在自来水下冲洗 0.5～1 h，然后在 75％的酒精中漂洗 1 min，用无菌水冲洗 3 遍，再用 2％的次氯酸钠消毒 10 min，在消毒过程中需要不停地振荡，然后再用无菌水冲洗 3～5 次。置于灭过菌的玻璃皿上。

（三）茎尖分生组织剥离

材料消毒后，将其置于超净工作台上的双筒解剖镜下，在 30 倍下即可见，用解剖针一层层剥去幼叶和鳞片，露出生长点，一般保留一两个叶原基，用解剖刀切 0.2～0.3 mm，立即放入三角瓶培养基中。

（四）茎尖分生组织培养

草莓茎尖的分化培养基为 MS＋0.5 mg/L 6-BA ＋3％蔗糖＋0.7％琼脂，光照强度 40～55 μmol/(m^2 · s)，光照时间为 14 h/d；培养温度为(23±2)℃。培养 26 d，统计繁殖系数。26 d 继代一次。转入生根培养基 1/2 MS＋0.2 mg/L IAA＋1.5％蔗糖＋0.7％琼脂，pH 5.8，生根。

（五）草莓脱毒苗的炼苗及移栽

待草莓无菌苗的根长到 1～2 cm 长，将三角瓶上的覆盖物揭掉，在光照培养室内炼苗 1～2 d，在此过程中，要注意保持培养室中的湿度。然后将根部的培养基洗净,移栽到装有蛭石和草炭(1∶2)的培养钵中,注意保持空气湿度,1周就可以成活。

(六)病毒检测

1. 用指示植物检测病毒:采用指示植物检测病毒一般都用小叶嫁接方法。在嫁接前1～2个月,先将生长健壮的指示植物单株栽于盆中,成活后要注意防治蚜虫。从被鉴定植物上取1～3 g幼叶,在pH 7.0的磷酸缓冲液中研磨至匀浆,用两层纱布过滤,去渣。在指示植物叶面上涂抹或喷洒滤液,保温15～25 ℃。接种2～6 d后观察有无病毒病症状出现。

2. 分子生物学检测病毒:即利用RT-PCR检测病毒的存在。利用已经分离到的病毒及其基因序列合成RT-PCR反应的引物,提取待测草莓脱毒植株的RNA,利用反转录酶获得其cDNA,再进行PCR反应,琼脂糖凝胶电泳,观察有无目的片段,有目的片段即脱毒不成功。

六、提示注意

(1)将茎尖组织切下后应尽快放到培养基上,防止其过度失水降低成活率。

(2)将脱毒苗移入培养基的前几天,要保持100％的空气湿度,这是保证移栽苗成活的关键。

七、思考题

(1)简述利用植物茎尖培养脱除植物病毒的原理。

(2)影响茎尖分生组织培养脱毒效果的因素有哪些?

实验三　马铃薯茎尖脱毒

一、实验目的及意义

马铃薯($Solanum\ tuberosum$)是一种全球性的重要作物,在我国分布也很广,种植面积占世界第二位。由于其生长期短,产量高,适应性广,营养丰富,又耐贮藏运输,是一种重要的粮蔬两用作物。马铃薯在种植过程中极易感染病毒,危害马铃薯的病毒有 17 种之多。马铃薯是无性繁殖作物,病毒在母体内增殖、转运和积累于所结的薯块中,并且世代传递,逐年加重,降低其产量和品质。利用茎尖分生组织离体培养技术对已感染的良种进行脱毒处理,获得无病毒的马铃薯植株,对马铃薯增产效果极为显著。

二、实验原理

寄生在马铃薯块茎中的病毒,随着块茎芽眼萌发长成植株的生长过程,也在马铃薯植株体内进行病毒粒子的复制繁殖,但病毒在马铃薯植株内的分布是不均匀的。据研究,在代谢活跃的茎尖分生组织中没有病毒。可能是由于茎尖分生组织中的细胞分裂速度很快,超过病毒粒子的复制速度,使病毒粒子在复制过程中得不到营养而受到抑制。也可能是由于分生组织中某些高浓度的激素抑制了病毒。以上原因的机理尚未搞清,但通过对茎尖(带有 $1\sim2$ 个叶原基,小于 0.2 mm)组培苗进行病毒检测未发现带有病毒,而大于 0.2 mm 的茎尖却常能检测出病毒。这点便成为茎尖脱毒组培繁殖无病毒株的重要依据。为了提高马铃薯的脱毒效率,可以采用对外植体材料进行热处理。

三、实验仪器与药品

双筒解剖镜、超净工作台、解剖针、解剖刀、镊子、玻璃器皿、高压灭菌锅、三角瓶等。MS 等组织培养基本培养基配方所需各种药品、6-BA、NAA、次氯酸钠、酒精、无菌水。

四、实验材料

马铃薯植株的腋芽和顶芽。

五、操作步骤与方法

(一)取材

在马铃薯生长季节,选取生长势旺盛、无明显病害虫害的植株,取其腋芽和顶芽。顶芽的茎尖生长要比取自腋芽的快,成活率也高。为了容易获得无菌的茎尖,应把供试植株种在无菌的盆土中,放在温室进行栽培。对于田间种植的材料,还可以切取插条,在实验室的营养液中生长。由这些插条的腋芽长成的枝条,要比直接取自田间的枝条污染少得多。

(二)灭菌

切取 2～3 cm 的壮芽,去掉所有叶片,用自来水充分洗净,并连续冲洗 0.5～1 h。然后用 75% 的酒精漂洗 1 min,用无菌水冲洗 3 遍,再用 2% 的次氯酸钠消毒 10 min,在消毒过程中需要不停地振荡,然后再用无菌水冲洗 3～5 次。置于灭过菌的工具皿上。

(三)脱毒材料的热处理

于 10 倍解剖镜下,用解剖刀切取 1～1.5 mm 的茎尖,将取下的茎尖接种在 MS 培养基上,于 25 ℃ 每天光照 16 h 的培养室培养。待茎尖长至 1 cm 时转入光照培养箱培养,以每天 16 h 光照,36 ℃ 的高温处理 6～8 周。

(四)茎尖剥离

在超净工作台上,在 40 倍解剖镜下,用解剖针小心除去茎尖周围的小叶片和叶原基,暴露出顶端圆滑的生长点,用解剖刀细心切取所需的茎尖分生组织,最后只保留带一个叶原基的生长点,大小为 0.1～0.2 mm。切取的茎尖分生组织随即接种到马铃薯茎尖培养基(MS＋0.5 mg/L NAA＋3% 蔗糖＋0.7% 琼脂,pH 5.8),以切面接触琼脂,封严瓶口置于培养室进行离体培养。

(五)茎尖培养

茎尖培养条件:温度 23～25 ℃,光照强度 25～50 μmol/(m² • s),光照时间为每天

16 h 左右,在正常条件下,经过 30～40 d 的培养可见到茎尖有明显的增长,继代 2～3 次,然后将其移入生根培养基(1/2 MS＋1.5％蔗糖＋0.7％琼脂,pH 5.8)生根。

(六)脱毒苗的炼苗及移栽

待无菌苗的根长到 1～2 cm 长,将培养瓶上的覆盖物揭掉,在光照培养室内炼苗 1～2 d,在此过程中,要注意保持培养室中的湿度。然后将根部的培养基洗净,移栽到装有蛭石和草炭(1:2)的培养基中,注意保持空气湿度,1 周就可以成活。

(七)病毒检测

1. 用指示植物检测病毒:采用指示植物检测病毒一般都用小叶嫁接方法。在嫁接前 1～2 个月,先将生长健壮的指示植物单株栽于盆中,成活后要注意防治蚜虫。从被鉴定植物上取 1～3 g 幼叶,在 pH 7.0 的磷酸缓冲液中研磨至匀浆,用两层纱布过滤,去渣。在指示植物叶面上涂抹或喷洒滤液,保温 15～25 ℃。接种 2～6 d 后观察有无病毒病症状出现。

2. 分子生物学检测病毒:即利用 RT-PCR 检测病毒的存在。利用已经分离到的病毒及其基因序列合成 RT-PCR 反应的引物,提取待测马铃薯脱毒植株的 RNA,利用反转录酶获得其 cDNA,再进行 PCR 反应,琼脂糖凝胶电泳,观察有无目的片段,有目的片段即脱毒不成功。

3. 血清学检测:即 ELISA 病毒检测技术,这种方法快速简便,灵敏度高。

六、提示注意

(1)一次消毒的芽不能太多,以免消毒后材料放置时间太长,茎尖发生褐变,影响成活率。

(2)茎尖的大小是影响成苗的直接因素,同时也是影响脱毒效果的重要因素,茎尖越小,成苗率越低而脱毒率越高,因此,在茎尖培养中要在保证存活的情况下,尽量剥较小的茎尖进行培养,以保证脱毒效果,实验显示,带一个叶原基的茎尖是比较合适的茎尖大小,还应注意的是,茎尖的大小和品种以及发芽状态有关,同一品种顶芽的茎尖较大,侧芽较单薄。

七、思考题

(1)影响茎尖分生组织培养脱毒效果的因素有哪些?
(2)常用植物病毒检测技术有哪些?

第五章
植物单倍体细胞培养

实验一　甘蓝型油菜小孢子培养及植株再生

一、实验目的及意义

1982 年德国 Lichter 通过甘蓝型油菜游离小孢子培养首次获得单倍体植株。由于甘蓝型油菜游离小孢子的分离技术简单,通过游离小孢子培养技术获得胚状体和再生苗的效率高,因此该技术一出现就受到了各国油菜育种家的普遍青睐。把小孢子培养技术大规模地应用到大田种植的甘蓝型油菜中有着重要的意义。

二、实验原理

花药是花的雄性器官,花药培养属器官培养;花粉是单倍体细胞,花粉培养与单细胞培养相似,花药和花粉都可以在培养过程中诱导单倍体细胞系和单倍体植株。1964 年,Guha 和 Maheshwari 将毛叶曼陀罗的成熟花粉培养在适当的培养基上,发现花粉能转变成活跃的细胞分裂状态,从药室中长出胚状体,最终得到胚状体植株,使细胞全能性理论在生殖细胞水平上得到验证。单倍体植物的最大特点是高度的不孕性,这是由于它只有一套染色体,没有同源染色体,在减数分裂时只有单倍体,无法进行联会,造成染色体行为的不规则,形成的大孢子或小孢子染色体不齐全,因此完全失去有性生殖的能力。但是如果将单倍体植物的染色体数目加倍,即可获得加倍单倍体植株(Doubled Haploid,简称 DH 植株),即纯合二倍体植株或纯系。快速获得纯系在育种上具有广泛的应用价值。单倍体对植物遗传育种有重要意义,其主要用途如下。

(1)通过单倍体培养和染色体加倍可快速获得异花授粉作物的自交系和无性系。

(2)通过单倍体培养中的变异创造新的种质资源。

(3)诱变单倍体可迅速发现隐性突变。

(4)理论研究。单倍体与二倍体杂交得到的非整倍体有助于解决测定连锁群,二倍体的染色体组成分,基因剂量的作用等一些问题。

三、实验仪器与药品

1. 玻璃仪器：100 mL 烧杯若干、150 mL 或 200 mL 培养瓶若干、试管、灭菌培养皿若干、量筒、容量瓶、不同规格的移液管。

2. 设备和用具：仪器设备包括超净工作台、冰箱、微波炉或恒温水浴、真空泵和抽滤灭菌装置、电磁炉、高压灭菌锅、pH 计、0.000 1 g 分析天平。用具包括枪式镊子、手术剪、酒精灯、吸管和营养钵等。

3. 培养基：NLN 培养基、B_5 培养基。

4. 消毒剂等其他试剂：70％酒精、6％次氯酸钠溶液或 0.1％的升汞（$HgCl_2$）溶液、无菌水、95％酒精、草炭、蛭石等。

四、实验材料

甘蓝型油菜种子。

五、操作步骤与方法

（1）甘蓝型油菜种子播种在草炭/蛭石营养钵中。

（2）实验材料种植于温室中。温室条件为 16 h 光照，光照强度约为 200 $\mu mol/$（m^2·s），温度为 25 ℃/20 ℃（白天/夜间）。

（3）出苗后每天浇水施肥。对于冬性品种，在 3～5 叶期进行春化（4 ℃，8 周）。

（4）当植株第一朵花开放时，可以用于小孢子培养的供试材料。可以连续取材 2 周时间，其间将开放的花朵和幼荚除去。

（5）含有成胚小孢子的花蕾尺寸随供试材料基因型与生长环境条件不同有所改变。一般条件下，含有成胚小孢子的花蕾尺寸不长于 4.5 mm，外观呈绿色半透明状。选取 3.5～4.5 mm 花蕾放入不锈钢小篮中，在 6％的次氯酸钠溶液中表面消毒 10～15 min，之后用无菌水漂洗 3～5 次，每次 5 min。

（6）将无菌花蕾移入研钵中，加入 4 ℃的 B_5 培养基研磨。之后将研磨物用 50 μm 尼龙网过滤。

（7）过滤之后的小孢子倒入离心管中，在 800～1 000 r/min 条件下离心 5～8 min。为确保花粉的纯净，可以重复一次离心过程。

（8）将纯净小孢子悬浮在 NLN 培养基中，培养密度为 75 000～100 000 个/mL，小孢子密度可以用血球计数器测定。

（9）将 10 mL 含有适当密度小孢子的 NLN 培养基倒入直径 6 cm 的培养皿，双层封口膜封口，置于黑暗条件下 30 ℃ 静止培养 14 d 之后，将培养皿移到慢速摇床上（60 r/min）继续培养 7 d。小孢子培养 2～3 d 后出现第一次细胞分裂（图 5-1A），之后经历球形胚（图 5-1 B）、鱼雷形胚（图 5-1 C），形成子叶形胚（图 5-1 D、E）。

A.游离小孢子培养 3～5 d 后出现第一次细胞分裂（300×）；B～D.持续细胞分裂，形成球形胚（175×）、鱼雷形胚（100×）和子叶形胚（40×）；E.大量形成的子叶形胚；F.再生植株。

图 5-1　油菜（*Brassica rapa* L.ssp.*oleifera* cv.Cv-2）
小孢子培养及植株再生过程（Guo and Pulli，1996）

(10)将胚状体移入 B_5 固体培养基培养 $30\sim40$ d,培养条件为 $27\ ℃$,12 h 光照,光照强度为 $70\ \mu mol/(m^2 \cdot s)$。

(11)将生根良好的幼苗(图 5-1F)移栽到含有草炭/蛭石营养钵中。新移栽的幼苗注意浇水和保湿。

(12)将成活幼苗的根部浸泡在 0.3% 秋水仙碱溶液中 $1.5\sim3$ h 进行染色体加倍。

六、思考题

(1)简述血球计数器的使用方法。
(2)如何确定合适的灭菌时间?

实验二 烟草花药培养及植株再生

一、实验目的及意义

单倍体植株是进行遗传研究和单倍体育种的重要材料,目前,烟草花药培养是产生单倍体植株的最有效方法。

二、实验原理

同本章实验一中的实验原理。

三、实验仪器与药品

1. 玻璃仪器:直径 6 cm 玻璃培养皿、灭菌培养皿若干、量筒、容量瓶、不同规格的移液管。

2. 设备和用具:仪器设备包括超净工作台、冰箱、微波炉、高压灭菌锅、pH 计、0.000 1 g 分析天平。用具包括尖头镊、酒精灯、吸管和营养钵等。

3. 培养基:Nitsch (1967)配方、蔗糖 30 g/L、琼脂 0.8%、pH 5.8。

4. 消毒剂等其他试剂:70%酒精、0.1%的升汞($HgCl_2$)溶液、无菌水、95%酒精、滤纸、草炭、蛭石等。

四、实验材料

烟草二核早期的花蕾。

五、操作步骤与方法

1. 烟草植株种植于温室,温室条件为 16 h 光照,光照强度约为 200 $\mu mol/(m^2 \cdot s)$,温度为 25 ℃/20 ℃(白天/夜间)。

2. 取花药发育到二核早期的烟草花蕾,将萼片与花瓣等长的花蕾置于铺有湿滤纸的培养皿内,在 5 ℃ 冰箱内处理 2～3 d 后,除去萼片,在 70％ 酒精中停留 0.5 min,再放入 0.1％ $HgCl_2$ 液中消毒 8 min,用无菌水洗涤 3～4 次后,用尖头镊剥开花瓣,取出花药(注意不得损伤花药,除尽花丝)。

3. 基本培养基中大量元素、微量元素、有机成分采用 Nitsch（1967）配方,30 g/L 蔗糖,0.8％琼脂,pH 5.8。花药培养使用直径 6 cm 玻璃培养皿,每皿接种花药 16 个,按 4×4 方阵排列。接种后置光照 40 μmol/(m^2·s)、12 h,温度(26±1)℃的人工日光管照明培养室培养。

4. 待花药出苗后移栽到营养钵中。温室条件为 16 h 光照,光照强度约为 200 μmol/(m^2·s),温度为 25 ℃/20 ℃(白天/夜间)。

六、思考题

(1)如何确定烟草花蕾的取材时期?

(2)为什么要对材料进行低温预处理?

实验三　水稻花药培养及植株再生

一、实验目的及意义

水稻是世界上主要的粮食作物之一,也是重要的模式植物之一。水稻花药培养指离体培养水稻花药或花粉粒,诱导小孢子形成愈伤组织进而分化成完整的水稻植株。在水稻花药培养研究中,我国学者于 1974 年研制了 N_6 培养基,此后曾广泛地开展旨在提高花培成效的基础研究。在杂交稻恢复系选育方面,花药培养已得到广泛应用。花培在常规稻育种中,已育成多个生产上推广的花培品种。花培还可与其他生物技术相结合,如花培用于转基因水稻目标性状的纯合、抗病育种等。

二、实验原理

同本章实验一中的实验原理。

三、实验仪器与药品

1. 玻璃仪器:试管或小三角瓶、灭菌培养皿若干、量筒、容量瓶、不同规格的移液管。

2. 设备和用具:仪器设备包括超净工作台、冰箱、微波炉或恒温水浴、高压灭菌锅、pH 计、0.000 1 g 分析天平。用具包括枪式镊子、手术剪、酒精灯、吸管和营养钵等。

3. 培养基:愈伤组织诱导培养基(N_6＋2 mg/L 2,4-D＋1.0 mg/L NAA＋0.5％ LH);分化培养基[(N_6＋(1～2) mg/L KT＋0.25～0.5 mg/L NAA＋3％麦芽糖,pH 5.8～6.0)]。

4. 消毒剂等其他试剂:0.1％ I-KI 溶液、新洁尔灭消毒液、70％酒精、0.1％的升汞($HgCl_2$)溶液、无菌水、95％酒精、滤纸、草炭、蛭石等。

四、实验材料

花粉单核中期的水稻植株。

五、操作步骤与方法

(1)花药取自田间正常生长的水稻植株。花药培养的适龄期,根据多年的经验,以花粉发育至单核中期最好,不仅诱导绿苗率高,而且二倍体组织受到抑制不能成苗。这一花药适龄期的田间参考标准大体是:顶部第 2 叶的叶鞘距离剑叶约 3 cm,但每一品种和同一品种的不同生长季,都要经过镜检校正。

(2)采集的稻穗应立即携回实验室放入冰箱,5~10 ℃低温下保存。低温预处理的实验表明,以 8 ℃低温处理 12 d 最好,但处理期间必须注意稻穗的保鲜(保湿),为此,须将包装穗子的塑膜袋口扎紧。

(3)采集的稻穗低温预处理之后剥取其幼穗花序,依次从花序上、中、下三部位剥取花药,用 0.1% I-KI 溶液染色后镜检,细胞核处于周边即单核靠边期的花药就是单核中、晚期花药。

(4)将穗子自袋内取出后,最好先在新洁尔灭消毒液里浸泡一下,立即放入预先开机 15 min 的超净工作台内,在超净工作台内剥出穗子,按序号放入 50 mL 大试管中,随即注入 0.1% 的升汞溶液消毒 10 min,以无菌水冲洗 3 次。

(5)将吹干的穗子上的小穗逐一剪入预先热压灭菌且垫有干净滤纸的培养皿中,然后左手持小穗基梗,右手拿预先灭菌的锋利小剪,将颖壳连花药自其花丝顶端剪入培养皿的滤纸上,然后用灭菌的小镊子镊住颖壳顶部,开口向管内,轻轻敲进装有愈伤组织诱导培养基(N_6＋2 mg/L 2,4-D＋1.0 mg/L NAA＋0.5% LH)的试管或小三角瓶中,放于 26~27 ℃恒温箱中避光培养。大试管接种 20 枚花药,25 mL 三角瓶接种 50 枚花药,塞上棉塞。

(6)芽的分化。将愈伤组织转移到分化培养基[N_6＋(1~2) mg/L KT＋(0.25~0.5) mg/L NAA＋3% 麦芽糖,pH 5.8~6.0]上进行分化培养。分化期间温度为 23~25 ℃,并保持 30 μmol/(m^2 · s)的光照 9~11 h。

(7)壮苗与移栽。分化出的绿苗转移至改良 White 培养基上进行壮苗培养,也可先用培养液砂培后炼苗移栽。

六、思考题

(1)为什么在诱导愈伤时期需要暗培养?

(2)如何提高移栽苗的成活率?

实验四　甜菜雌性单倍体的离体诱导

一、实验目的及意义

通过花粉（花药）培养获得单倍体的方法是最为普遍的，但在雄性配子诱导反应较差的那些基因型中未授粉子房或胚珠培养能补充或者代替花粉（花药）培养方法。在离体条件下未受精胚囊细胞产生单倍体植株的现象称为"离体雌核发育（in vitro gynogenesis）"。植物离体雌核发育最初主要是未授粉胚珠或子房的培养，近年来有越来越多的研究者通过培养花蕾甚至花序来获得雌性单倍体，目前离体雌核发育应用得最成功的植物是甜菜，其次是洋葱、非洲菊、烟草等。

二、实验原理

"雌核发育（gynogenesis）"一词是指在离体条件下由未授粉胚囊产生单倍体胚和植株的过程。对未传粉子房或胚珠培养时，由胚囊细胞不经受精发育成胚或植株的遗传效果与此相似，故也称为雌核发育。该项研究成功的意义在于开辟了单倍体育种的另一途径，这对于花粉培育尚未获得成功和雄性不育的物种尤为重要。

三、实验仪器与药品

1. 玻璃仪器：直径 5 cm 的培养皿、100 mL 烧杯若干、不锈钢小篮、试管、灭菌培养皿若干、量筒、容量瓶、不同规格的移液管等。

2. 设备和用具：仪器设备包括超净工作台、冰箱、微波炉或恒温水浴、体视显微镜、电磁炉、高压灭菌锅、pH 计、0.000 1 g 分析天平。用具包括枪式镊子、手术剪、酒精灯、吸管和营养钵等。

3. 培养基：B_1 培养基、B_2 培养基、B_3 培养基、B_4 培养基、配方见表 5-1。

4. 消毒剂等其他试剂：70%酒精、3%次氯酸钠溶液、无菌水、0.2%秋水仙碱和 0.25% DMSO 溶液、95%酒精、草炭、蛭石等。

表 5-1　甜菜子房培养中所用 $B_1 \sim B_4$ 培养基

培养基成分	B_1 培养基	B_2 培养基	B_3 培养基	B_4 培养基
MS 基本成分	标准	标准	标准	减半
琼脂糖/(g/L)	5.8			
琼脂/(g/L)		9	9	9.5
蔗糖/(g/L)	80	20	30	30
6-BA/(μmol/L)	1.33			
2,4-D/(μmol/L)	0.23			
Kinetin/(μmol/L)		0.93	2.32	
NAA/(μmol/L)		0.54		
IBA/(μmol/L)			2.46	24.6
pH	5.8	5.8	5.8	5.8

四、实验材料

甜菜未开花的花蕾。

五、操作步骤与方法

(1)将甜菜植株种植在直径 15 cm 的营养钵中,移入生长温室,温室环境温度为(17±3)℃,16 h 光照,光照强度约为 200 μmol/(m² · s)。每天浇水施肥。

(2)采收还没有开花的花序,用于子房培养的供试材料。可将花序插入盛有清水的烧杯中置于 4～8 ℃冰箱中存放。

(3)选取没有开放的花蕾放入不锈钢小篮中,在 3％的次氯酸钠溶液中表面消毒 5 min,之后用无菌水漂洗 3～5 次,每次 5 min。

(4)在超净工作台中的体视显微镜下剥取子房,将剥取的子房接种于 B_1 培养基,直径 5 cm 的培养皿内可接种 20 个子房。双层封口膜封口,置于黑暗条件下 30 ℃静止培养。

(5)培养 30～60 d 以后,将产生的胚状体转入含有 B_2 培养基的试管中,培养条件为 25 ℃,16 h 光照,光照强度为 50 μmol/(m² · s)。

(6)每隔 3～4 周,将新产生的胚状体和芽转入新鲜的 B_2 培养基。

(7)将生长旺盛的芽转入含有预生根培养基 B_3 的培养瓶中,2～3 周以后转入含有生根培养基 B_4 的培养瓶中生根。之后每 6～8 周继代一次直至根系发育完全。将生根良好的幼苗移栽到含有草炭/蛭石营养钵中。新移栽的幼苗注意浇水和保湿。将成活幼苗的根部浸泡在 0.2% 秋水仙碱和 0.25% DMSO 溶液中 5 h,进行染色体加倍。

(8)待加倍后的植株恢复生长后进行春化处理 14 周,春化处理条件为 5 ℃,16 h光照,光照强度为 60 μmol/(m^2·s)。春化后的植株经适应性生长 2 周后可移入生长温室,适应性生长条件为 12 ℃,16 h 光照,光照强度为 60 μmol/(m^2·s)。

六、思考题

(1)为什么要进行生根预培养?

(2)简述染色体加倍的原理。

实验五　大麦小孢子培养及植株再生

一、实验目的及意义

中国利用花药离体培养产生加倍单倍体植株（DHs）技术进行品种改良已取得巨大成就，并处于世界领先地位。大麦小孢子离体培养是真正意义上的单倍体细胞培养，它在学术和应用上有花药培养不可替代的价值，因而备受国内外研究者的重视。

二、实验原理

同本章实验一中的实验原理。

三、实验仪器与药品

1. 玻璃仪器：直径 9 cm 培养皿、直径 6 cm 一次性无菌培养皿、100 mL 烧杯若干、150 mL 或 200 mL 培养瓶若干、试管、灭菌培养皿若干、量筒、容量瓶。

2. 设备和用具：仪器设备包括超净工作台、冰箱、微波炉或恒温水浴、高压灭菌锅、pH 计、0.000 1 g 分析天平、血球计数器、移液器。用具包括枪式镊子、手术剪、酒精灯、吸管和营养钵等。

3. 培养基：改良 FHG 诱导培养基、FHG 分化培养基、MS 再生培养基、配方见表 5-2。

4. 消毒剂等其他试剂：醋酸洋红溶液、0.3 mol/L 甘露醇、凯福捷、70％酒精、3％次氯酸钠溶液、无菌水、95％酒精、草炭、蛭石等。

四、实验材料

小孢子发育处于单核早期、中期的麦穗。

表 5-2 大麦小孢子培养及植株再生用培养基   mg/L

培养基成分	改良 FHG 诱导培养基	FHG 分化培养基	MS 再生培养基
大量元素			
KNO_3	1 900	1 900	1 900
NH_4NO_3	165	165	1 650
KH_2PO_4	170	170	170
$MgSO_4 \cdot 7H_2O$	370	370	370
$CaCl_2 \cdot 2H_2O$	440	440	440
微量元素			
$Fe\text{-}Na_2 \cdot EDTA$	40	40	37.3
$MgSO_4 \cdot 5H_2O$	22.3	22.3	22.3
H_3BO_3	6.2	6.2	6.2
$ZnSO_4 \cdot 7H_2O$	8.6	8.6	8.6
$CoCl_2 \cdot 6H_2O$	0.025	0.025	0.025
$CuSO_4 \cdot 5H_2O$	0.025	0.025	0.025
$Na_2MoO_4 \cdot 2H_2O$	0.25	0.25	0.25
KI			0.83
其他成分			
谷氨酸	750		146
脯氨酸		690	
干酪素水解物		1 000	
肌醇	100	250	100
维生素 B_1	0.4	0.1	0.4
烟酸		0.5	0.5
维生素 B_6		0.5	0.5
蔗糖			30 000
麦芽糖	62 000	30 000	
PAA	10		
IAA			1
BAP	1	0.4～1	
Kinetin			1
植物凝胶	3 000	3 000	3 000
pH	5.8	5.8	5.8

注:引自 Kasha et al.,2003。

五、操作步骤与方法

(1)大麦花粉培养供体植株种植于温室中。温室条件为 16 h 光照,光照强度为 350～400 μmol/(m^2 · s),温度为 20 ℃/15 ℃(白天/夜间)。

(2)用醋酸洋红溶液染色后镜检,细胞核处于单核中、晚期花粉适合花粉培养。将穗中部花粉处于单核中、晚期的大麦穗剪下,插入盛有清水的烧杯中,置于 4 ℃冰箱存放。

(3)将麦穗在 3% 的次氯酸钠溶液中表面消毒 10～15 min,之后用无菌水漂洗 3～5 次,每次 5 min。

(4)将麦穗放入直径 9 cm 培养皿,倒入 10～15 mL 0.3 mol/L 甘露醇在 4 ℃冰箱内进行预处理 3～5 d。

(5)在无菌条件下将麦穗剪成 2～3 cm 小段,放入经冰箱预冷的粉碎机盛物杯内,加入 0.3 mol/L 冰温甘露醇至盛物杯体积一半,在中低速条件下粉碎 5～10 s。粉碎时间过长、速度过高会损伤小孢子,降低其活性。

(6)将粉碎混合物用 100 μm 尼龙网过滤,可用 0.3 mol/L 冰温甘露醇淋洗 1～2 次。过滤之后的小孢子倒入离心管中,在 900 r/min 条件下离心 5 min。为确保小孢子的纯净,可以重复 1～2 次离心过程。

(7)将纯净小孢子悬浮在改良 FHG 诱导培养基中,用吸管将小孢子悬浮液移入直径 6 cm 一次性无菌培养皿内,双层封口膜封口,皿内最终改良 FHG 诱导培养基体积为 2～2.5 mL,小孢子培养密度为 100 000 个/mL,小孢子密度可以用血球计数器测定。另外,改良 FHG 诱导培养基中可加入 200 μg/mL 凯福捷(Cefotaxime,sigma C-7039)用以控制污染。

(8)培养皿置于黑暗条件下 25 ℃静止培养 21～28 d。之后,一些生长较快的胚状体(1～2 mm)可直接移入 MS 再生培养基。对于大部分较小的胚状体,移入 FHG 分化培养基 1～2 周,使其继续生长,之后移入 MS 再生培养基。培养条件为 25 ℃,8 h 光照,光照强度为 50 μmol/(m^2 · s)。

(9)将生根良好的幼苗(3～4 叶)移栽到含有草炭/蛭石营养钵中。新移栽的幼苗注意浇水和保湿。大麦小孢子培养获得的植株大多具有良好的可育性,一般不需要进行染色体加倍。

六、思考题

(1)简述离心过程中的技术要点。

(2)游离小孢子时的注意事项有哪些?

第六章

原生质体培养、
融合及植株再生

实验一　水稻原生质体培养及植株再生

一、实验目的及意义

水稻(*Oryza sativa*)是世界重要的粮食作物,全世界约有 120 个国家种植水稻。由于植物病害及常规育种的局限性,致使品质下降,抗性降低,产量受到很大影响。水稻的近缘或远缘种具有一些优良性状,如抗病、抗虫、抗逆等。将这些性状导入水稻,是培育水稻高产、抗病品种的有效途径。由于原生质体是一种优越的单细胞体系,是应用于外源基因导入、体细胞杂交等的理想受体,因而原生质体培养及植株再生体系的建立是水稻进行遗传改良的一项非常重要的技术。

二、实验原理

利用建立胚性细胞系来制备原生质体,是禾本科作物原生质体培养获得再生植株的重要方法。建立胚性细胞系首先要从具有分化潜力大的外植体(如未成熟胚、幼花序、幼叶或成熟胚诱导愈伤组织)中选择,选出胚性细胞系用以制备原生质体,进行培养才能得到再生植株。这是禾本科作物原生质体培养中要注意的重要环节之一。另外,选择合适的基因型和合适的培养基与培养技术也是非常重要的。本文以水稻为例介绍原生质体培养再生植株的基本方法和过程。

三、实验仪器与药品

实验室要具备常规的植物细胞和组织培养仪器。药品除了常规的植物组织培养药品外,还需要纤维素酶(cellulase onozuka RS)和果胶酶(pectorlase Y23)等酶制剂(过滤灭菌)、MES、琼脂糖(低熔点)、甘露醇等。原生质体清洗溶液为 CPW溶液(配方同上,其中含 0.5 mol/L 甘露醇)。

四、实验材料

成熟水稻种子脱去外壳后,置于 70% 的酒精中搅拌 3 min,然后取出米粒用无菌水冲洗后用 2% 次氯酸钠消毒 15~20 min,最后用无菌水冲洗 3 次。将吸干表面水分的米粒接种在愈伤组织诱导培养基上。愈伤组织诱导培养基的组成:MS 培养基,2 mg/L 2,4-D,3% 蔗糖。15~20 d 后将新形成的愈伤组织从母体上切下,转入愈伤组织继代培养基进行增殖培养后作为建立悬浮细胞系的起始材料。愈伤组织继代培养基的组成:MS,1 mg/L 2,4-D,0.5 mg/L BA,1 mg/L NAA,3% 蔗糖。

五、操作步骤与方法

(一)悬浮细胞系的建立

从继代培养的愈伤组织中挑选生长旺盛、色泽淡黄而又呈颗粒状的愈伤组织,接入悬浮培养基(N_6,1.5 mg/L 2,4-D,0.2 mg/L ZT,2 g/L 脯氨酸)进行液体悬浮培养。培养温度为 27 ℃,振荡速度为 120 r/min,培养初期 7~10 d 继代 1 次,以后 5~7 d 继代 1 次,待悬浮系基本建成后,3~4 d 继代 1 次。

(二)原生质体分离和纯化

取已建立的悬浮细胞系 1 g 左右,放入 10 mL CPW 盐配置的酶液中,酶液组成为:2% (W/V)Cellulase Onozuka RS,0.1% (W/V)Pectorlase Y23,5 mmol/L MES,0.5 mol/L 甘露醇,pH 5.6。将酶混合液放在平台摇床上(60 r/min)酶解 3~4 h,酶解完成后,用孔径为 60 μm 过滤网除去未完全消化的残渣,然后倒入 10 mL 离心管在 900 r/min 条件下离心 5 min,用吸管吸去上清液,加入 CPW 洗液,将离心下来的原生质体重新悬浮在洗液中,相同条件下再次离心,弃上清液,如此重复 3 次。最后用液体原生质体培养基清洗 1 次,水稻原生质体的培养通常采用 KPR 培养基,用血球计数板将原生质体密度调整到 $(0.5~1.0) \times 10^5$ 个/mL。水稻原生质体的培养可以采用液体浅层培养、琼脂糖包埋培养和固-液双层培养,其中固-液双层培养的具体操作为:在 60 mm×5 mm 的培养皿内,先放入 1 mL 含 1% 琼脂糖的原生质体培养基,待其冷却凝固后,再加入含有适当密度的原生质体的液体培养基 0.5~0.7 mL。将培养皿用封口膜封口后培养。

(三)愈伤组织分化与植株再生

原生质体经过 4～5 周的培养能够形成肉眼可见的小愈伤组织,挑选直径为 1～2 mm 的愈伤组织转移到含 8％蔗糖的 N_6 基本培养基上诱导体细胞胚胎的发生。转移后大约 15 d 有部分愈伤组织分化出具有盾片和胚芽鞘的胚状体,然后进一步萌发为小植株。

六、提示注意

(1)建立起生长旺盛、细胞质浓厚、分散程度好的悬浮细胞培养物是获得高质量原生质体的基础。在这方面,选择适宜的悬浮培养基,加入适当的附加物及掌握合适的游离时期都是很重要的。

(2)植板密度对原生质体培养影响很大,过高过低的植板密度都不利于原生质体的培养。

七、思考题

(1)建立胚性细胞系在水稻原生质体培养再生植株中有何作用?

(2)原生质体的密度对培养有何影响?

实验二　普通小麦和簇毛麦细胞融合及植株再生

一、实验目的及意义

小麦(*Triticum aestivum*)是重要粮食作物,其遗传改良的研究一直受到全世界科学家们的关注。由于细胞融合可以打破依赖有性杂交重组基因创造新种的界限,大大地扩大了遗传物质的重组范围,成为农作物创造远缘杂种的重要途径之一。

二、实验原理

植物细胞融合可分为对称融合和非对称融合。对称融合一般是指种内或种间完整原生质体的融合,可产生核与核、胞质与胞质间基因组重组的对称杂种,并可发育为遗传稳定的异源双二倍体杂种植株。远缘种、属间经对称融合产生的杂种细胞在发育过程中,常发生一方亲本的全部或部分染色体以及胞质基因组丢失或排斥的现象,形成核基因组不平衡或一部分胞质基因组丢失的不对称杂种。非对称融合是指用物理或化学方法处理亲本原生质体,使一方细胞核失活,或也使另一方胞质基因组失活,再进行原生质体融合,这样得到的融合后代只具有一方亲本的细胞核,形成不对称杂种。本实验以普通小麦(*Triticum aestivum*)与簇毛麦(*Haynaldia villosa*)不对称体细胞杂交为例介绍农作物细胞融合及植株再生的基本过程。

三、实验仪器与药品

常规组织和细胞培养仪器与药品、纤维素酶(Onozuka RS)及果胶酶(Pectolyase Y23)等酶制剂、聚乙二醇(PEG)、甘露醇、葡萄糖、甘氨酸、谷氨酰胺、水解酪蛋白、葡聚糖硫酸钾、牛血清蛋白等。

四、实验材料

普通小麦济南 177 和簇毛麦的幼胚。

五、操作步骤与方法

(一)胚性愈伤组织的诱导和胚性悬浮系的建立

在无菌条件下将幼胚挑出,接种在加 2 mg/L 2,4-D 的 MB 培养基上诱导愈伤组织,然后在相同的培养基上每 15～20 d 继代培养 1 次。当愈伤组织上长出淡黄颗粒或粉粒状容易分散的结构时,可放在成分相同的液体培养基中悬浮培养,7 d 为一个继代周期。待培养物形成生长快、分散性好的胚性细胞系时,可用于原生质体的分离和培养。本实验采用的细胞融合受体材料普通小麦济南 177 为细胞悬浮系(由于长期继代分化能力已基本丧失)。供体材料为簇毛麦幼胚诱导产生的胚性愈伤组织(可以再生,但其原生质体不能持续分裂)。

(二)原生质体的分离和纯化

分别取继代培养 4～5 d 的悬浮细胞和胚性愈伤组织,按材料：酶液＝1：2 的体积比加入酶液。酶液成分为:2% Onozuka RS,0.5% Pectolyase Y23,0.6 mol/L 甘露醇,0.3%葡聚糖硫酸钾,0.5%牛血清蛋白,pH 5.8。混合物在 25 ℃黑暗条件下保温 2～4 h。分离的原生质体用 300 目不锈钢网过滤,离心收集。用含 0.6 mol/L 甘露醇＋5 mmol/L $CaCl_2$ 洗液洗涤 2 次后,再用原生质体培养液洗涤 1 次,然后将原生质体密度调整到 $1×10^6$ 个/mL 备用。

(三)原生质体融合

供体原生质体的紫外线处理:先在玻璃培养皿上平铺一层供体原生质体,然后在强度为 360 $\mu W/cm^2$ 的紫外线条件下处理 30 s,再将制备好的受体与紫外线处理过的供体原生质体以 1：1 比例混合,采用 PEG 诱导融合法进行原生质体的融合。

(四)原生质体培养及再生

将以上经过融合处理的原生质体用 P_5 培养基进行浅层培养。P_5 培养基组成:MS 大量和微量元素,维生素 B_5,2 mg/L 甘氨酸,146 mg/L 谷氨酰胺,500 mg/L 水解酪蛋白,0.5 mol/L 葡萄糖,10 g/L 蔗糖,1 mg/L 2,4-D。原生质体经过培养后分裂形成的小愈伤组织或体细胞胚在 MB 培养基上增殖。MB 培养基的组成为:MS 大量和微量元素,维生素 B_5,2 mg/L 甘氨酸,146 mg/L 谷氨酰胺,300 mg/L 水解酪蛋白,300 g/L 蔗糖,1 mg/L 2.4-D。然后转移到含 1 mg/L IAA+1 mg/L 玉米素的 MB 培养基上分化出再生植株,部分无根的植株转入含 0.5 mg/L NAA 的 MB 培养基上诱导生根。

六、提示注意

原生质体融合方法主要有:高 pH、高浓度的钙离子法、聚乙二醇(PEG)法及电融合法,每种方法都有其特点,因此,在能得到满意的融合率的前提下,应尽量降低 PEG 的浓度。

七、思考题

(1)怎样获得高质量的植物原生质体?
(2)植物原生质体融合过程中应注意哪些问题?

实验三 烟草叶肉细胞原生质体的游离与融合

一、实验目的及意义

原生质体融合是一种较新的远缘杂交方法,为人们提供新的育种方法。两个亲缘关系较远的植株用一般杂交方法是不容易成功的,而用细胞融合的方法却可能成功。首先,两个原生质体融合形成异核体,异核体再生出细胞壁,进行有丝分裂,再发生核融合,产生杂种细胞,由此可培养新的杂种。通过本实验的学习,可以掌握植物叶肉细胞原生质体分离技术和植物叶肉细胞原生质体 PEG 融合技术。

二、实验原理

植物的细胞壁主要由纤维素、半纤维素和果胶质构成。一般而言,纤维素占细胞壁干重的 $25\%\sim50\%$,半纤维素占细胞壁干重的 53% 左右,果胶质一般占细胞壁的 5% 左右,根据不同的植物细胞特性,选择不同的纤维素酶、果胶酶,有的材料需加入半纤维素酶,可有效地去除细胞壁,而不伤害细胞本身,从而获得大量去壁的原生质体。然后用电激、振动、PEG 等方法将原生质体融合,在融合过程中,细胞核也会融合,融合后的细胞体积膨大一些。表现出两种植物体的性状。

常用的化学融合方法有高 pH,高 Ca^{2+} 法和聚乙二醇(PEG)法。高 pH,高 Ca^{2+} 法诱导原生质体融合的基本原理是中和原生质体表面所带的电荷,使原生质体的质膜紧密接触,从而有利于质膜的接触融合。PEG 处理原生质体可以使原生质体聚集促进融合。

三、实验仪器与药品

超净工作台、低速离心机、控温摇床、手术刀、镊子、培养皿等。基本培养基、甘露醇、Cellulase Onzuka R-10、Macerozyme R-10、PEG 等。

四、实验材料

烟草无菌苗叶片。

五、操作步骤与方法

(一)原生质体的分离与纯化

将 1 g 幼嫩植株的叶片用手术刀切成细丝,移入到经过微孔过滤器 (0.22 μm)过滤灭菌的 10 mL 酶溶液(表 6-1)中,在(27±1)℃、黑暗条件下以 40 r/min 的速度振荡处理 6~8 h,酶解后,用 0.4 mm 孔径的不锈钢网筛过滤原生质体酶解液,以除去组织碎片。然后将滤液小心地置于 20%蔗糖溶液上,在 350g 下离心 10 min。收集原生质体,用原生质体培养基(表 6-2)洗涤 1 次,并将原生质体悬浮于培养基中。

表 6-1　酶溶液的组成

组　成	浓　度
Macerozyme R-10/%	0.5
Cellulase Onozuka R-10/%	1.0
D-mannitol/(mol/L)	0.45
KH_2PO_4/(mg/L)	27.2
KNO_3/(mg/L)	101.0
$CaCl_2 \cdot 2H_2O$/(mg/L)	1 480.0
$MgSO_4 \cdot 7H_2O$/(mg/L)	246.0
KI/(mg/L)	0.16
$Cu_2SO_4 \cdot 5H_2O$/(mg/L)	0.025
pH	5.8

注:引自陈名红,2006。

表 6-2　原生质体培养基组成

组　成	浓　度
D-mannitol/%	10
KH_2PO_4/(mg/L)	27.2
KNO_3/(mg/L)	101.0
$CaCl_2 \cdot 2H_2O$/(mg/L)	1 480.0
$MgSO_4 \cdot 7H_2O$/(mg/L)	246.0
KI/(mg/L)	0.16
$Cu_2SO_4 \cdot 5H_2O$/(mg/L)	0.025
pH	5.8

注:引自陈名红,2006。

(二)原生质体融合和培养

原生质体融合采用 PEG,高 Ca^{2+},高 pH 法。以 1∶1 的比例将烟草叶肉原生质体进行混合,将原生质体混合液滴于无菌干燥的培养皿底部,在其上迅速滴加 PEG 融合液(表 6-3),处理 10 min。融合处理后,将融合原生质体用原生质体培养基轻轻洗涤 2 次,(27±1)℃、黑暗条件进行液体浅层培养。

表 6-3　PEG 融合液的组成

组　成	浓　度
PEG 6 000/%	30.0
$Ca(NO_3)_2 \cdot 5H_2O$/(mol/L)	0.1
D-mannitol/(mol/L)	0.5
pH	9.0

六、提示注意

(1)选取生长旺盛、生命力强的组织和细胞是获得高活力原生质体的关键,并影响着原生质体的复壁、分裂、愈伤组织形成乃至植株再生。叶片一般使用田间生长植株的幼嫩叶片或在新鲜培养基上继代培养一定时期的试管苗。

(2)叶片和下胚轴等组织切成小块放入酶液中后,可真空抽滤,使酶液渗入组织中,提高酶解效率。

七、思考题

(1)简述原生质体分离的方法。

(2)简述原生质体融合的方法。

第七章
植物种质离体保存

实验一 苹果低温离体保存技术

一、实验目的及意义

植物低温保存技术是植物种质资源离体保存中限制生长保存的方法之一,在影响离体保存的因素中,培养中的环境温度是影响低温保存最重要的因素之一,降低培养温度也是植物组织培养物缓慢生长保存最常用的方法。植物低温保存技术经过几十年的发展,技术上较完善,基本上可保证有较高的存活率,是最简单而有效的方法,在植物种质资源保存中已被广泛应用,但该方法工作量大,仅可作为植物种质资源的短期和中期保存方法。

本实验以苹果低温保存技术为例,掌握植物组织培养和低温保存的操作技术;了解不同植物对低温的敏感性,理解低温保存技术的基本原理和植物细胞全能性。

二、实验原理

植物低温保存技术的基本原理是通过降低温度来减缓植物组织、细胞的生长,又不致死亡,以达到延长保存的目的。多数植物的培养体最佳生长温度为 $20\sim25\ ℃$,当降至 $0\sim12\ ℃$ 时生长速度明显下降;少数热带种类最佳生长温度为 $30\ ℃$,一般在 $15\sim20\ ℃$ 时会降低生长速度。

三、实验仪器与药品

1. **仪器设备**:高压灭菌锅(器)、光照培养箱、振荡培养箱、天平、酸度计、超净工作台等。
2. **器械及用具**:解剖镜、镊子、手术刀、接种针、细菌过滤器、记号笔等。
3. **玻璃器皿**:三角瓶、培养瓶、培养皿、量筒、容量瓶等。
4. **药品**:MS 培养基、6-BA、NAA、蔗糖、琼脂、酒精、无菌水、次氯酸钠等。

四、实验材料

苹果茎尖。

五、操作步骤与方法

(一)培养基的制备

1. 母液的配制:苹果试管苗的基本培养基是 MS 培养基,按其性质和含量来分主要由以下几部分组成:①无机营养,包括大量元素和微量元素;②有机物质;③铁盐;④碳水化合物;⑤天然复合物;⑥激素;⑦琼脂(固体培养基);⑧其他添加物。在培养基的配制中,对各组分的成分,常先要按其需用量扩大一定倍数,配制成母液。配制母液时应注意以下两个方面。

(1)配制大量元素母液时,为了避免产生沉淀,各种化学物质必须充分溶解后才能混合,同时混合时要注意先后顺序,把钙离子(Ca^{2+})、锰离子(Mn^{2+})、钡离子(Ba^{2+})和硫酸根(SO_4^{2-})、磷酸根(PO_4^{3-})错开,以免形成硫酸钙、磷酸钙等沉淀,并且各种成分要慢慢混合,边混合边搅拌。

(2)各类激素用量极微,其母液一般配制成 $0.1\sim1$ mg/mL。有些激素配制母液时不溶于水,需经加热或用少量稀酸、稀碱及 95%酒精溶解后再加水定容。所用的激素类的溶解方法如下。NAA:先用热水或少量 95%酒精溶解;6-BA:要先溶于 1 mol/L 盐酸。

2. 培养基的配制、分装及灭菌:待 3%蔗糖全部溶解后,用 1 mol/L 的 NaOH 或 HCl 调酸碱度至 pH 5.8,加入琼脂粉(5 g/L),加热使琼脂粉完全溶化,蒸馏水补齐溶液体积,分装在三角瓶或培养瓶中,高压灭菌。不耐高温的培养基成分,需过滤灭菌。

(二)外植体取材、消毒及接种

1. 取材与消毒:取材春季新梢或温室取材时应选取无病、无虫、生长健康的茎尖作为外植体。外植体表面消毒的一般程序为:外植体→自来水多次漂洗→消毒剂处理→无菌水反复冲洗→无菌滤纸吸干。消毒用 2%次氯酸钠 15 min。

2. 无菌操作:

(1)接种室消毒。超净工作台面用 70%酒精擦拭,打开紫外灯照射 20 min,进行无菌室及超净工作台杀菌。

（2）材料的接种。操作人员接种前必须剪除指甲，并用肥皂水洗手，接种前用70％酒精擦拭，接种时最好戴口罩。在解剖镜下剥取离体茎尖。接种时，必须在近火焰处打开培养容器的瓶口，并使瓶倾斜（瓶口低，瓶底高），以免空气中的微生物落入瓶内。

（三）无菌培养与低温处理

苹果茎尖诱导芽的基本培养基为 MS＋2 mg/L BA。

试管苗的继代培养基为 MS，0.5 mg/L BA，0.05 mg/L NAA。接种后材料放入培养室或培养箱内培养，培养温度为（25±2）℃，光周期 8 h 光照/16 h 黑暗，光照强度 30 μmol/(m² · s)。室温条件下培养的试管苗，在 5 ℃条件下进行低温培养，并以室温条件下培养为对照。

（四）观察记载

培养 30 d、60 d、90 d、120 d、150 d、180 d，定期观察和记录生长情况及存活率。

六、思考题

（1）理解低温条件下离体保存种质资源的原理。
（2）简述低温离体保存种质资源操作应注意的问题。

实验二　马铃薯试管苗保存技术

一、实验目的及意义

　　马铃薯是粮菜兼用的重要作物,但对于马铃薯等无性繁殖作物,繁殖器官体积大,含水量高,贮藏过程中易发芽,需年年田间种植,并且为大株行距作物,占地面积大,还易受病毒侵染造成退化,因此,用常规方法保存数量极大的马铃薯种质是非常困难的事情。采用组织培养技术建立无菌试管苗保存马铃薯种质,免去了大田种植保存的费工费时以及危险性,贮藏空间小,繁殖系数高,并且便于提供原种、地区间发放和国际间交流。因此,试管苗保存是当前保存种质既经济又实用的方法。

　　通过马铃薯试管苗保存的实验,掌握植物试管苗保存的操作技术,了解植物生长抑制剂或渗透压调节剂等在植物种质资源离体保存中的作用,理解改变培养基成分、添加植物生长抑制剂或渗透压调节剂等延长植物种质资源保存的基本原理。

二、实验原理

　　在植物种质资源离体保存中,改变培养基成分、添加植物生长抑制剂或渗透压调节剂等,使细胞生长速率降至最低限度,而达到延长种质资源保存的目的。植物生长发育状况依赖于外界养分的供给,如果养分供应不足,植物生长缓慢,植株矮小。通过调整培养基的养分水平,可有效地限制细胞生长,另外,在培养基中添加一些高渗化合物,如蔗糖、甘露醇、山梨醇等,也是一种常用的缓慢生长保存手段,这类化合物提高了培养基的渗透势负值,造成水分逆境,降低细胞膨压,使细胞吸水困难,减弱新陈代谢活动,延缓细胞生长。不同植物培养物保存所需要渗透物质含量不一样,但试管苗保存时间、存活率、恢复生长率受培养基中高渗物质含量影响的变化趋势基本相同,呈抛物线形。一般情况下,这类化合物在保存早期对试管苗存活率影响不大,但随着时间的延长,对延缓培养物生长,延长保存时间的作用愈加明显。

三、实验仪器与药品

1. 仪器设备：高压灭菌锅（器）、光照培养箱、振荡培养箱、天平、酸度计、超净工作台等。
2. 器械及用具：镊子、手术刀、接种针、细菌过滤器、记号笔等。
3. 玻璃器皿：三角瓶、培养瓶、培养皿、量筒、容量瓶等。
4. 药品：MS 培养基、6-BA、NAA、GA、脱落酸、甘露醇、酒精、无菌水、次氯酸钠、蔗糖、琼脂等。

四、实验材料

马铃薯幼苗。

五、操作步骤与方法

（一）培养基的制备

1. 母液的配制：马铃薯试管苗的基本培养基是 MS 培养基，按其性质和含量来分主要由以下几部分组成。①无机营养，包括大量元素和微量元素；②有机物质；③铁盐；④碳水化合物；⑤天然复合物；⑥激素；⑦琼脂（固体培养基）；⑧其他添加物。在培养基的配制中，对各组分的成分，常先要按其需用量扩大一定倍数，配制成母液。配制母液时应注意以下两个方面。

（1）配制大量元素母液时，为了避免产生沉淀，各种化学物质必须充分溶解后才能混合，同时混合时要注意先后顺序，把钙离子（Ca^{2+}）、锰离子（Mn^{2+}）、钡离子（Ba^{2+}）和硫酸根（SO_4^{2-}）、磷酸根（PO_4^{3-}）错开，以免形成硫酸钙、磷酸钙等沉淀，并且各种成分要慢慢混合，边混合边搅拌。

（2）各类激素用量极微，其母液一般配制成 0.1～1 mg/mL。有些激素配制母液时不溶于水，需经加热或用少量稀酸、稀碱及 95% 酒精溶解后再加水定容。所用的激素类的溶解方法如下。NAA：先用热水或少量 95% 酒精溶解；6-BA：要先溶于 1 mol/L 盐酸；GA：少量 95% 酒精溶解；脱落酸：少量 95% 酒精溶解；甘露醇：可在热水中或用力振荡溶解。

2. 培养基的配制、分装及灭菌:待 3% 蔗糖全部溶解后,用 1 mol/L 的 NaOH 或 HCl 调酸碱度至 pH 5.8,加入琼脂粉(5 g/L),加热使琼脂粉完全溶化,蒸馏水补齐溶液体积,分装在三角瓶或培养瓶中,高压灭菌。不耐高温的培养基成分,需过滤灭菌。

(二)外植体取材、消毒及接种

1. 取材与消毒:选取大田或温室无病、无虫、生长健康的马铃薯茎尖为外植体。外植体表面消毒的一般程序为:外植体→自来水多次漂洗→消毒剂处理→无菌水反复冲洗→无菌滤纸吸干。消毒用 2% 次氯酸钠 15 min。

2. 试管苗的培育:将消过毒的马铃薯茎尖接种在 MS+(0.1~0.5) mg/L BAP +0.5 mg/L GA+0.01 mg/L NAA 的培养基上,置光照强度在 40~80 μmol/(m² · s),16 h/d 或昼夜连续光照下培养。经过 3 个月左右,小苗在试管里长到 3~5 cm 高的苗用于实验。

(三)培养基中添加脱落酸和甘露醇等的处理

1. 培养基中添加脱落酸和甘露醇的处理:马铃薯茎尖培养试管苗切断,接种在 MS 培养基上进行脱落酸和甘露醇的处理。

脱落酸的处理浓度:1 mg/L、3 mg/L、5 mg/L、8 mg/L。甘露醇的处理浓度:1%、2%、4%、6%。

2. 加入不同量的培养基的处理:试管苗接种在 3.0 cm×20 cm 规格试管中的 MS 培养基上。每个试管中 MS 培养基的加入量为 5 mL、10 mL、15 mL、20 mL。

(四)观察记载

培养 30 d、60 d、90 d、120 d、150 d、180 d,定期观察和记录生长情况及存活率。

六、思考题

(1)理解不同植物生长抑制剂或渗透压调节剂等对离体保存种质资源的作用原理。

(2)为什么培养基加入量不同会影响种质资源的离体保存?

实验三　大蒜茎尖玻璃化法超低温保存技术

一、实验目的及意义

大蒜是我国重要蔬菜作物,在我国栽培广泛,遍布全国各地,并且是我国主要出口创汇蔬菜作物之一。由于大蒜主要靠播种蒜瓣繁殖,用种量大,生长周期长,田间繁殖易受气候、栽培条件和病虫害影响,造成品种混杂、退化,甚至丢失。离体保存植物种质资源安全、可靠、无病虫危害,尤其适用于无性繁殖的作物。利用超低温保存技术长期安全保存大蒜种质资源及建立大蒜离体保存基因库,对大蒜植物资源的保存和利用具有极其重要的意义。

通过大蒜茎尖玻璃化法超低温保存的实验,掌握植物超低温保存的操作技术;了解植物在超低温条件(一般指液氮低温,-196 ℃)下长期保存种质资源的优点,理解玻璃化法超低温下长期保存植物种质资源保存的基本原理。

二、实验原理

超低温保存是目前植物种质资源长期稳定保存的理想方法。在超低温(一般指液氮温度,-196 ℃)条件下,细胞的全部代谢活动和生长过程都停止进行,而细胞活力和形态发生的潜能可保存,这样可保持种质的遗传稳定性,因而可以达到长期保存植物种质资源的目的。玻璃化法超低温保存技术就是将细胞或组织置于由一定比例的渗透性和非渗透性保护剂组成的玻璃化溶液中,使细胞及其玻璃化溶液在足够快的降温速率下过冷到玻璃化转变温度,而被固化成玻璃态(或非晶态),并以这种玻璃态在超低温下达到长期保存。

三、实验仪器与药品

1. 仪器设备:高压灭菌锅(器)、光照培养箱、振荡培养箱、液氮罐、天平、酸度计、超净工作台等。
2. 器械及用具:镊子、手术刀、接种针、细菌过滤器、记号笔等。

3. 玻璃器皿：三角瓶、培养瓶、培养皿、量筒、容量瓶等。

4. 药品：MS 培养基、PVS_2（玻璃化溶液为甘油和乙二醇）、液氮、酒精、无菌水、次氯酸钠、蔗糖、琼脂等。

四、实验材料

大蒜。

五、操作步骤与方法

(一)培养基的制备

1. 母液的配制：大蒜试管苗的基本培养基是 MS 培养基，按其性质和含量来分主要由以下几部分组成：①无机营养，包括大量元素和微量元素；②有机物质；③铁盐；④碳水化合物；⑤天然复合物；⑥激素；⑦琼脂（固体培养基）；⑧其他添加物。在培养基的配制中，对各组分的成分，常先要按其需用量扩大一定倍数，配制成母液。配制大量元素母液时，为了避免产生沉淀，各种化学物质必须充分溶解后才能混合，同时混合时要注意先后顺序，把钙离子（Ca^{2+}）、锰离子（Mn^{2+}）、钡离子（Ba^{2+}）和硫酸根（SO_4^{2-}）、磷酸根（PO_4^{3-}）错开，以免形成硫酸钙、磷酸钙等沉淀，并且各种成分要慢慢混合，边混合边搅拌。

2. MS 培养基的配制、分装及灭菌：待 3% 蔗糖全部溶解后，用 1 mol/L 的 NaOH 或 HCl 调酸碱度至 pH 5.8，加入琼脂粉（5 g/L），加热使琼脂粉完全溶化，蒸馏水补齐溶液体积，分装在三角瓶或培养瓶中，高压灭菌。

(二)外植体取材、消毒及预培养

1. 取材及消毒：选取无病、无虫、生长健康的大蒜茎尖为外植体。外植体表面消毒的一般程序为外植体→自来水多次漂洗→消毒剂处理→无菌水反复冲洗→无菌滤纸吸干。用 2% 次氯酸钠消毒 15 min。

2. 试管苗的预培养：选择消过毒的大蒜茎尖为材料进行预培养。

(1)低温锻炼。新鲜的大蒜先在 7 ℃下存贮 1 个月，以打破休眠备用。

(2)预培养。基本实验程序是先在超净工作台上剥取已消毒的大蒜茎尖 5～8 mm，接种在 MS 培养基（pH 5.8）上，在 20 ℃下预培养，建立无性繁殖系。通过预培养为 1 d、3 d、5 d 和 7 d 的天数处理，预培养基 MS 中蔗糖的浓度为 0.3 mol/L、

0.7 mol/L、0.9 mol/L 条件下进行处理。

(三)玻璃化保护剂处理

首先切取经过不同预培养天数处理的茎尖长度为 1.5～2.5 mm、3.0～3.5 mm 和 4.0～4.5 mm 的材料,在 20 ℃下用 60% PVS$_2$(0.15 mol/L 蔗糖液体培养基与 PVS$_2$ 溶液体积比为 40:60)溶液进行玻璃化预处理,再在 0 ℃下用 PVS$_2$(300 g/L 甘油＋150 g/L 乙二醇＋150 g/L DMSO,以含 0.4 mol/L 蔗糖的 MS 液体培养基配制)。60% PVS$_2$ 和 PVS$_2$ 的不同处理时间组合为 60% PVS$_2$:0 min、5 min、15 min、30 min、60 min;PVS$_2$:5 min、15 min、30 min、60 min。

(四)材料的冷冻保存和化冻洗涤

1. 将玻璃化保护剂处理过的材料,在冷冻管中换上新鲜的 PVS$_2$,装入纱布袋,迅速放入液氮中,保存 2 d 至 1 个月。

2. 冻存一定的时间后取出茎尖,37 ℃水浴解冻 2 min,再转到室温下用 MS 液体培养基(1.2 mol/L 蔗糖,pH 5.8)洗涤 2 次,每次 10 min。

(五)恢复培养

将茎尖转至不同的恢复培养基中进行恢复培养。在 MS＋0.3 mol/L 蔗糖的固体培养基(4 g/L 琼脂,pH 5.8)上暗培养 4 d,再转到 MS＋0.1 mol/L 蔗糖培养基(7 g/L 琼脂,pH 5.8)上,在正常光照、(20±2)℃条件下恢复培养。

(六)观察记录和检测茎尖成活率

大蒜茎尖经过冻存 2 d 或 1 个月后取出,再进行恢复培养后 15 d、30 d、45 d,定期观察和记录生长情况及检测茎尖成活率。

六、思考题

(1)简述玻璃化法超低温长期保存植物种质资源的作用原理。

(2)在超低温保存中,进行玻璃化保护剂处理对种质资源的离体保存有何影响?

(3)和其他植物种质资源离体保存方法比较,为什么超低温方法保存植物种质资源,其保持种质的遗传稳定性最好?

第八章
植物人工种子

实验一　烟草人工种子制作

一、实验目的及意义

掌握用于植物体细胞胚人工种子制作的愈伤组织与不定芽的诱导、体细胞胚胎发生与植株的再生、烟草体细胞胚人工种子制作的原理和方法；熟悉和掌握烟草人工种子的制作流程。

二、实验原理

人工种子(artificial seeds)又称合成种子(synthetic seeds)或体细胞种子(somatic seeds)。人工种子的概念首先是 1978 年由 Murashige 在第四届国际植物组织细胞培养大会上提出的。他认为随着组织培养技术的不断发展，可以用少量的外植体同步培养出众多的胚状体，这些胚状体被包埋在某种胶囊内使其具有种子的功能，可以直接用于田间播种。日本学者 Kamada 在 1985 年首先将人工种子的概念延伸，认为使用适当的方法包埋组织培养所获得的具有发育成完整植株的分生组织(芽、愈伤组织、胚状体和生长点等)，可取代天然种子播种的颗粒体均为人工种子。中国科学家陈正华等将人工种子的概念进一步扩展为：任何一种繁殖体，无论是涂膜胶囊中包埋的、裸露的或经过干燥的，只要能够发育成完整植株的均可称之为人工种子。人工种子的结构示意图如图 8-1 所示。

人工种子的优点主要是：第一，通过组织培养的方法可以获得数量很多的胚状体(1 L 培养基中可产生 10 万个胚状体)，而且繁殖速度快，结构完整。第二，可根据不同植物对生长的要求配置不同成分的"种皮"。第三，在大量繁殖苗木和用于人工造林方面，人工种子比采用试管苗的繁殖方法更能降低成本，而且可以直接播种，减少了试管苗移栽在操作和管理上的困难，可以实现机械化操作和常规的田间管理。第四，在无性繁殖植物中，有可能建立一种高效快速的繁殖方法，它既能保持原有品种的种性，又可以使之具有实生苗的复壮效应；体细胞胚是由无性繁殖体系产生的，可以对优异杂种种子不通过有性制种而快速获得大量种子，因此可以固定杂种优势；对于一些不能正常产生种子的特殊植物材料如三倍体、非整倍体、基

图 8-1　人工种子的结构示意图

因工程植物等,有可能通过人工种子在短期内加大繁殖应用。第五,可以在人工种子中加入某些农药、菌肥、有益微生物、激素等。第六,胚状体发育的途径可以作为高等植物基因工程和遗传工程的桥梁。第七,人工种子可以贮藏,因而可以周年生产,避免了试管苗应用中由于季节性生产而带来的诸多矛盾。第八,人工种子可以长距离运输,因此,人工种子可以建立相对集中的大型生产企业,实现资源和技术优化。

根据包裹繁殖体的不同可将人工种子分为体细胞胚人工种子和非体细胞胚人工种子。以体胚为繁殖体包裹制作而成的人工种子称体细胞胚人工种子;而以不定芽、腋芽、茎节段、原球茎、发根、愈伤组织等制作而成的人工种子称为非体细胞胚人工种子。人工种子研制操作程序大致包括:外植体的选择和消毒;愈伤组织的诱导;体细胞胚的诱导;体细胞胚的同步化;体细胞胚的分选;体细胞胚的包裹(人工胚乳);包裹外膜;发芽成苗实验;体细胞胚变异程度与农艺研究。

三、实验仪器与药品

1. 仪器:显微镜、高压灭菌设备、超净工作台、滴管、培养瓶等。

2. 药品:以附加 20 g/L 蔗糖的 MS 液体培养基配制海藻酸钠和羧甲基纤维素钠溶液、pH 5.8;氯化钙溶液。

不同成分的培养基见以下几种。

(1)MS_0:MS 培养基上附加 30 g/L 蔗糖和 7.5 g/L 琼脂粉。

(2)MC_1:MS 培养基上添加 0.4 mg/L 2,4-D、0.8 mg/L 6-BA、20 g/L 蔗糖、3 g/L 活性炭(AC)和 7.5 g/L 琼脂粉。

(3)MC$_2$：MS 培养基上添加 0.4 mg/L 2,4-D、0.4 mg/L NAA、0.8 mg/L 6-BA、20 g/L 蔗糖、3 g/L 活性炭和 7.5 g/L 琼脂粉。

(4)MB$_1$：MS 培养基上添加 0.2 mg/L IAA、3.0 mg/L 6-BA、20 g/L 蔗糖和 7.5 g/L 琼脂粉。

(5)MB$_2$：MS 培养基上添加 0.1 mg/L NAA、0.5 mg/L 6-BA、20 g/L 蔗糖和 7.5 g/L 琼脂粉。

(6)MB$_3$：MS 培养基上添加 0.5 mg/L IAA、2.0 mg/L KT、20 g/L 蔗糖和 7.5 g/L 琼脂粉。

(7)愈伤组织的继代培养基：MS 培养基上添加 2.0 mg/L IAA、1.0 mg/L 6-BA、20 g/L 蔗糖、3 g/L 活性炭和 7.5 g/L 琼脂粉。

(8)诱导体胚分化的培养基：MS 培养基上添加 2.0 mg/L NAA、0.5 mg/L 6-BA、20 g/L 蔗糖、2 g/L 活性炭和 7.5 g/L 琼脂粉。

(9)诱导体胚成熟的培养基：MS 培养基上添加 40 g/L 蔗糖和 7.5 g/L 琼脂粉。

(10)不定芽预生根培养基：MS 培养基上添加 1 mg/L IAA，附加 20 g/L 蔗糖和 7.5 g/L 琼脂粉。

本实验所用的培养基，高压灭菌前 pH 调到 5.8，121 ℃高压灭菌 20 min。

四、实验材料

烟草种子。

五、操作步骤与方法

1. 愈伤组织与不定芽的诱导：

(1)种子的无菌萌发：用 75％酒精浸泡种子 1～2 min，接着用 1 g/L HgCl$_2$ 浸泡 7～8 min，再用无菌水冲洗 3～5 次，无菌滤纸吸干残留的水，播种于 MS$_0$ 培养基上。45 d 左右，小苗长到 3～4 片叶子时取其叶片作为外植体(种子的无菌萌发每隔 2 周播种一次)。

(2)愈伤组织的诱导与继代：将叶片切成约 0.7 cm × 0.7 cm 大小，接种于 MC$_1$ 和 MC$_2$ 培养基上诱导愈伤组织。待叶片完全脱分化为愈伤组织后，将愈伤组织分切成小块接种于继代培养基上进行增殖和胚性的诱导。

(3)不定芽的诱导与生根：将叶片愈伤组织分别接种于 MB$_1$、MB$_2$、MB$_3$ 培养基上进行不定芽的诱导。将诱导产生的不定芽接种于生根培养基（MS_0）进行生根培养。

（4）培养条件：光照时间为 12～16 h/d,光照强度 40 μmol/($m^2 \cdot$ s)；温度为（25±2）℃；培养室湿度为 70%～75%。

2. 体细胞胚胎发生与植株的再生：

（1）体细胞胚胎的诱导：将愈伤组织接种于诱导体胚分化的培养基上诱导烟草体细胞胚发生。

（2）植株再生：从愈伤组织上切下长至心形胚阶段的体胚,接种于诱导体胚成熟的培养基中,接种约 25 d,30% 左右的体胚可发育至成熟胚。体胚一旦成熟,只要接种于 MS_0 上就能从胚根处长出根,待根长到 2 cm 左右（约需 3 d）,就开始长出叶片形成完整的植株。

3. 人工种子的包裹：

1）不定芽的预生根处理：将叶片诱导的不定芽接种在预生根培养基上 5 d,诱导根原基分化。

2）人工种子的包裹：本研究采用两种人工种子包裹系统进行包裹。

（1）海藻酸钙球法：将植物材料（烟草的体细胞胚或腋芽）与 50 mL 一定浓度的海藻酸钠溶液混合,并用玻璃棒搅匀；用口径为 5 mm 的滴管将含有包裹物的海藻酸钠溶液吸起,滴入 100 mL 的 100 mmol/L 的氯化钙溶液中进行离子交换 20 min,形成白色半透明且具有一定硬度的人工种子；倒掉氯化钙溶液,用无菌去离子水冲洗 2 遍。

（2）中空海藻酸钙球法：参考 Patel（2000）方法。先将包裹物与 50 mL 含有 100 mmol/L 氯化钙的 20 g/L 羧甲基纤维素钠溶液混合,搅匀；接着用口径为 4.5 mm 的滴管将含有包裹物的羧甲基纤维素钠溶液吸起滴入到 100 mL 的 1.5% 的海藻酸钠溶液中,进行离子交换 10 min,在这个过程中要不断地振荡海藻酸钠溶液；而后用无菌去离子水冲洗 2 遍,洗掉未交换的海藻酸钠溶液,防止人工种子相互黏附。最后,将包裹完成的空心球用 100 mL 的 100 mmol/L 的氯化钙进行固化 20 min,再用无菌去离子水冲洗 2 遍。按这种方法包裹成的人工种子由中心液体的核心和表面的海藻酸钙膜组成。膜的厚度可以通过改变离子交换的时间来进行调整。用上述方法制成的人工种子膜的厚度一般为 0.2～0.3 mm。此时的人工种子是一种胶囊状结构,将其晾干后可贮存或播种。

4. 人工种子的贮藏与萌发：将包裹好的人工种子播种于附加 20 g/L 蔗糖的 MS 固体培养基和湿润的滤纸上,培养第 7 天、第 30 天时统计发芽率和转株率。发芽率＝（发芽的种子/播种数）×100%；转株率＝（发芽并长根的种子数/播种数）×100%。

六、提示注意

（1）叶片在培养基上的放置形式对愈伤组织或不定芽的诱导至关重要。如果叶片平放在培养基上，大部分叶片在 7 d 左右就开始变黄死亡，只有少数能成活。接种时将叶片竖起插在培养基上就能克服上述问题，提高诱导率。

（2）叶片接种 1 周后，伤口处开始膨大，并脱分化长出愈伤组织，35 d 后叶片完全脱分化成愈伤组织，愈伤组织在质地上存在较大的差异。诱导出的愈伤组织主要有 3 类：第一类呈水渍状，透明，质地松散；第二类为黄绿色，块状，质地密实；第三类为淡黄色，颗粒状，质地紧实。第一类、第二类为非胚性愈伤组织；第三类为胚性愈伤组织。据此，我们主要对第三类愈伤组织进行继代和体细胞胚胎的诱导。

（3）不同细胞分裂素对烟草愈伤组织体胚的诱导起到不同的作用。例如，针对云 85 烟草品种而言，6-BA 优于 KT，KT 优于 ZT。

（4）不同品种在诱导体细胞胚胎分化能力上也存在着较大的差异，本实验所列数据均针对云 85 烟草品种。

（5）光照有利于烟草愈伤组织体胚的诱导。

（6）叶片诱导出的愈伤组织未经继代无法诱导体胚分化，继代一次的愈伤组织，分化出体胚的能力最强，诱导率达 63.2%。

（7）海藻酸钠浓度低于 15 g/L 时，用氯化钙进行离子交换时难以形成颗粒状小球；当海藻酸钠浓度大于 20 g/L 时，随着浓度的提高，发芽率和转株率都急剧下降。

（8）采用中空海藻酸钙包埋方法（液固双层包裹）包裹时，羧甲基纤维素钠溶液与海藻酸钠溶液之间要存在一定的浓度差，含包裹基质的羧甲基纤维素钠才能完全浸没在海藻酸钠溶液中，从而保证由里向外络合时形成的海藻酸钙膜的完整性。例如，海藻酸钠浓度为 15 g/L 时羧甲基纤维素钠的浓度要为 20 g/L。

（9）两种包裹方法对人工种子的发芽率及转株率的影响差别不大，只是人工种子外观形态上存在一定的差异。海藻酸钙球包埋而成的人工种子直径平均为（5.0±0.2）mm，很容易形成蝌蚪状的尾巴；而以中空海藻酸钙球包埋形成的人工种子为半透明状，直径平均为（6.0±0.2）mm，形状比较圆，一般不形成蝌蚪状的尾巴。

七、思考题

（1）人工种子制作的关键步骤有哪些？
（2）为什么人工种子在现阶段还没有大面积推广应用？

实验二　胡萝卜人工种子制作

一、实验目的及意义

掌握用于植物体细胞胚人工种子制作的胚状体的诱导和筛选方法；掌握胡萝卜人工种子制作的原理和方法。

二、实验原理

同本章实验一。

三、实验仪器与药品

1. 仪器：滴管、高压灭菌设备、超净工作台、培养瓶等。
2. 药品：不同成分的培养基。

（1）$1/4MS_0$：浓度为 1/4 的不含激素的 MS 培养基。

（2）去分化培养基：MS 培养基上添加 2 mg/L 2,4-D、20 g/L 蔗糖、3 g/L 活性炭和 7.5 g/L 琼脂粉。

（3）MS_{2D} 液体培养基：MS 培养基上添加 2 mg/L 2,4-D、20 g/L 蔗糖。

（4）愈伤组织的继代培养基：MS 培养基添加 2 mg/L 2,4-D、20 g/L 蔗糖、7.5 g/L 琼脂粉。

（5）以附加 20 g/L 蔗糖的 MS 液体培养基配制海藻酸钠和羧甲基纤维素钠溶液，pH 5.8；氯化钙溶液。

本实验所用的培养基，高压灭菌前 pH 调到 5.8，121 ℃高压灭菌 20 min。

四、实验材料

胡萝卜种子。

五、操作步骤与方法

1. 种子的无菌萌发：用 75% 酒精浸泡种子 5 min，然后在 10%（V/V）的次氯酸钠溶液中消毒 20～30 min，再用无菌水冲洗 3～5 次，无菌滤纸吸干残留的水，播种于 1/4 MS_0 培养基上。

2. 愈伤组织的诱导与继代：当种子萌发出幼苗时，将幼苗的下胚轴、子叶和根分别切成 2～3 mm 的小段。将其培养在 MS ＋ 2 mg/L 2,4-D 去分化培养基上，比较不同外植体诱导效果。

3. 培养条件：光照时间为 12～16 h/d，光照强度 40 $\mu mol/(m^2 \cdot s)$，温度为 (25±2)℃，培养室湿度为 70%～75%。

4. 胚状体的诱导：2～3 周后，在固体去分化培养基上产生愈伤组织，并进行继代培养。当愈伤组织呈现松散、生长速度较快时，将愈伤组织悬浮到液体 MS＋2,4-D 培养基上。每周继代 1 次，并除去大的愈伤组织块，直到形成非常均匀的细胞系。去掉激素，使其在 MS_0 液体培养基上悬浮培养，很快形成大量胚状体。下胚轴愈伤组织呈黄色、松散易碎，将去分化培养基上产生的下胚轴愈伤组织悬浮 MS_{2D} 液体培养基上，经过几次继代培养，逐渐产生颗粒细小、均匀一致的细胞系，在显微镜下观察均为几十个细胞的细胞团。然后将其转入 MS_0 液体培养基，再经过悬浮培养，产生大量均匀一致的适于包埋的胚状体。在胚状体长度介于 1～2 mm 之间进行人工种子包埋，效果最好。胚状体过小，则人工种子发芽慢且不整齐；过大，则本身已发芽。同时在 MS_{2D} 液体培养基上进行悬浮培养的细胞系不断继代，不断转到 MS_0 液体培养基上，可不断产生胚状体进行包埋。

5. 胚状体的筛选：当胚状体长到一定程度时，用过滤法筛选胚状体。

6. 人工种子的包裹：本研究采用两种人工种子包裹系统进行包裹。将筛选的胚状体悬浮于藻朊酸钠凝胶中，把胚状体与凝胶一起滴入 0.1 mol/L $CaCl_2$ 溶液中，便可形成人工种子小球。藻朊酸钠浓度在 1%～2% 均可形成适宜于胚状体发芽的球。浓度过低，人工种子硬度差；过浓则人工种子的发芽速度有所减慢。有的厂家生产的藻朊酸钠凝固能力较差，其浓度需要加大到 5% 方可形成较硬的人工种子。在 $CaCl_2$ 溶液中凝固时间以 30 min 为宜，再增加浸泡时间，人工种子的硬度并不再明显地增加。

7. 人工种子的贮藏与萌发：在常温下人工种子会自动发芽，低温可有效地抑制发芽。在 4 ℃ 条件下，人工种子贮存 1 个月后发芽率仍然正常，超过 1 个月，某些人工种子时常有轻微的萌动。低温和干燥相结合则能有效地延长人工种子的贮存期。将干燥脱水度达 67% 的人工种子,贮存于 2 ℃ 低温中,60 d 后取出做发芽试验,发芽率仍可达 100%,但贮存在 15 ℃ 中 60 d 后则只有 4% 的能发芽。实验发现人工种子内的胚状体在用氯化三苯基四氮唑(TTC)染色时,随着发芽能力的降低其染色度亦相应降低,这说明 TTC 染色法,有可能用作人工种子及胚状体贮存过程中发芽能力测定的简易方法。将包裹好的人工种子播种于附加 20 g/L 蔗糖的 MS 固体培养基和湿润的滤纸上,培养第 7 天、第 30 天时统计发芽率和转株率。发芽率=(发芽的种子/播种数)×100%;转株率=(发芽并长根的种子数/播种数)×100%。

六、提示注意

(1)外植体在培养基上的放置形式对愈伤组织或不定芽的诱导至关重要。如果叶片平放在培养基上,大部分叶片在 7 d 左右就开始变黄死亡,只有少数能成活。接种时将叶片竖起插在培养基上就能克服上述问题,提高诱导率。

(2)外植体接种 1 周后,伤口处开始膨大,并脱分化长出愈伤组织,数天后完全脱分化成愈伤组织,愈伤组织在质地上存在较大的差异。诱导出的愈伤组织主要有 3 类:第一类呈水渍状,透明,质地松散;第二类为黄绿色,块状,质地密实;第三类为淡黄色,颗粒状,质地紧实。第一类、第二类为非胚性愈伤组织;第三类为胚性愈伤组织。据此,我们主要对第三类愈伤组织进行继代和体细胞胚胎的诱导。

(3)海藻酸钠浓度低于 15 g/L 时,用氯化钙进行离子交换时难以形成颗粒状小球;当海藻酸钠浓度大于 20 g/L 时,随着浓度的提高,发芽率和转株率都急剧下降。

七、思考题

(1)胡萝卜人工种子制作的要点有哪些?
(2)怎样测定人工种子的质量?

第九章

植物细胞
培养与次生代谢

实验一　烟草愈伤组织的诱导和培养

一、实验目的及意义

植物愈伤组织的诱导和培养在植物科学的基础研究和应用研究中都具有重要的意义。通过本实验,可以初步掌握植物外植体材料消毒、接种的无菌操作技术,愈伤组织的诱导方法和愈伤组织继代培养的方法。

二、实验原理

植物组织与细胞培养是应用无菌操作的方法培养离体的植物器官、组织或细胞的过程。如果组织培养使用的植物材料是带菌的,在接种前就必须选择合适的消毒剂对植物外植体进行表面消毒,获得无菌材料进行组织培养,这是取得植物组织培养成功的基本前提和重要保证。由于植物细胞具有全能性,外植体在合适的培养基上通过脱分化,形成一种能迅速增殖的无特定结构和功能的细胞团——愈伤组织(callus)。植物生长调节剂如 2,4-D 等是诱导外植体形成愈伤组织的重要因素。图 9-1 为烟草叶片外植体诱导愈伤组织及其再生的过程。

三、实验仪器与药品

无菌吸水纸、一次性手套、脱脂棉花、标签纸、记号笔、超净工作台、酒精灯、烧杯、镊子、剪刀、解剖刀等。1‰氯化汞($HgCl_2$)、75％乙醇、无菌水、吐温-20(Tween-20)、愈伤组织诱导培养基 MS-1(MS 基本培养基、1 mg/L 2,4-D、0.1 mg/L KT、8 g/L 琼脂,其配制方法见第一章的实验三)。

图 9-1　烟草叶片愈伤组织诱导,植株分化与植株再生

四、实验材料

烟草无菌苗或盆栽苗。

五、操作步骤与方法

(1)接种前,用75％的乙醇棉球擦拭超净工作台台面,将培养基及接种用具放入超净工作台台面,打开超净工作台紫外灯,照射 20～30 min,然后开送风开关,之后关闭紫外灯,通风 20 min 后,再开日光灯即可进行外植体的消毒和接种等无菌操作。

(2)如果采用烟草盆栽苗,首先进行灭菌操作。取新鲜幼嫩的烟草叶片,用自来水冲洗干净,用75％乙醇溶液浸泡 30 s 后,移入添加 1～2 滴吐温-20 的 1‰氯化汞溶液中分别浸泡 5 min、10 min 和 15 min。用无菌水洗涤 4 次,无菌纸吸干水分后,置于经灭菌处理的培养皿中。使用镊子、剪刀和解剖刀时,应先在酒精灯火焰上炽烧片刻,充分冷却后,再将幼嫩的烟草叶片剪(切)成 1.5 cm×1.5 cm 大小见方小片。以上操作都要求在酒精灯火焰旁边进行。如果采用的是无菌苗可以直接进行剪切,省去了灭菌的步骤。

(3)用无菌的镊子将烟草叶片接种至盛愈伤组织诱导培养基 MS-1 的培养皿中,每皿接种 3～4 块,封口后,贴上标签,注明姓名、接种日期、培养基的名称和材

料的名称。

（4）将上述接种烟草叶片的植外体的培养皿置于培养箱中或组织培养室内进行暗培养，培养温度 25 ℃。

（5）每隔一段时间（2～5 d）观察并记录烟草愈伤组织在外植体上的形成、愈伤组织的生长动态、愈伤组织的颜色、污染情况。

（6）小心地将诱导形成的愈伤组织从外植体上分离，转到新鲜的培养基上，经过 5～7 次继代培养，可获得生长迅速、质地疏松的烟草愈伤组织。诱导的愈伤组织有多方面的用途，如原生质体的制备和细胞融合、细胞大量培养与次生代谢产物的生产、细胞的遗传转化、植株的再生、种质资源的保存、细胞的生理生化研究等。

六、提示注意

（1）氯化汞（HgCl$_2$）为剧毒性药物，需要现配现用，使用时要小心。如果没有烟草材料，也可以用其他植物材料代替，建议用一些草本双子叶植物材料。

（2）观察烟草叶片外植体接种培养 2～6 d 后的污染情况，并统计被污染的外植体数，计算污染率及确定合理的外植体灭菌时间。如果培养材料大部分发生污染，说明消毒剂浸泡的时间短；若接种材料虽然没有污染，但材料已发黄或变黑，组织变软，表明消毒时间可能太长，组织被破坏死亡；接种材料若没有出现污染，材料生长正常，则表明此时为消毒剂最适宜的消毒时间。

七、思考题

（1）观察并逐日记录外植体产生愈伤组织的情况，包括出现愈伤组织前后外植体的形态变化，愈伤组织出现的时间以及愈伤组织的形态特征（包括愈伤组织的颜色、质地和色泽等）。并依下面公式计算外植体的愈伤组织诱导率。

$$诱导率 = \frac{形成愈伤组织的材料数}{总接种材料数} \times 100\%$$

（2）为什么常在消毒液中加入 1～2 滴表面活性剂（如吐温）？

（3）为什么外植体在用消毒剂消毒后，再用无菌水洗涤干净？

（4）通过哪些措施来防止微生物对接种工具、接种材料的污染？

（5）在植物组织培养中，哪些因素可导致污染的发生？

（6）哪些因素影响植物愈伤组织的诱导和培养？

实验二　植物悬浮细胞系的建立

一、实验目的及意义

　　植物悬浮培养的细胞具有生长迅速、代谢均匀一致的特点，同时生长环境易于控制。由于培养的细胞对外界的各种反应比较灵敏，植物悬浮培养细胞已成为代谢、生理生化、分子生物学研究的理想材料，同时还可用于突变体筛选、次生代谢产物的生产等领域。通过学习，使学生了解和掌握植物细胞悬浮培养的原理和操作技术。烟草（*Nicotiana tubacum* Linn.）为茄科经济作物，同时也是植物分子生理生化研究中一种重要的模式植物。丹参（*Salvia miltiorrhiza* Bunge）为唇形科药用植物，建立悬浮体系，对其构建分离纯化其药用物质体系具有重要意义。

二、实验原理

　　植物细胞悬浮培养（plant cell suspension culture）是将游离的单细胞和小细胞团在不断振荡的液体培养基中进行培养。用于悬浮培养的细胞和细胞团既可来自培养的愈伤组织，也可以通过物理或化学方法从植物的组织或器官中获得。本实验所用的悬浮培养细胞来自疏松的愈伤组织。

　　植物细胞悬浮培养系统要求：①细胞培养物分散性好，细胞团较小；②细胞形状和细胞团大小均匀一致；③细胞生长迅速。

　　所采用的液体振荡培养具有以下重要作用：①振荡可以对培养液中的细胞团施加一种缓和的流变力，使它们破碎成小细胞团和单细胞；②振荡有利于细胞在培养基中均匀分布，有利于培养基与细胞间的物质交换；③培养液的流动有利于培养基和容器内的空气通过气液界面之间进行气体交换，保证细胞呼吸所需的氧气，使细胞能迅速生长，同时也有利于二氧化碳的排除。

三、实验仪器与药品

　　超净工作台、恒温振荡器（摇床）、高压灭菌锅、培养室（培养箱）、无菌量筒

（50 mL）、镊子、酒精灯、培养基（MS 基本培养基＋1.0 mg/L 2,4-D,pH 5.8,其配制方法见第一章的实验三,MS-3)、三角瓶（100 mL）、封口膜、油性标记笔、无菌蒸馏水。

四、实验材料

（1）烟草愈伤组织。
（2）丹参愈伤组织。

五、操作步骤与方法

1. 烟草、丹参等愈伤组织的诱导、驯化培养：由植物的根、茎、叶等外植体诱导出愈伤组织,然后将愈伤组织从外植体上分离出来,反复继代,进行驯化培养,获得生长迅速、新鲜幼嫩、颗粒小、疏松易碎、外观湿润、均匀一致、白色或淡黄色的愈伤组织。愈伤组织一般在 25 ℃下暗培养,每 30 d 继代 1 次。用于本实验的材料为烟草或丹参的愈伤组织。

2. 愈伤组织的接种：作为悬浮培养的接种材料应该是处于旺盛生长期的愈伤组织,液体培养基成分一般与诱导愈伤组织的培养基成分相同,但不加琼脂。在 100 mL 三角瓶中加入 20 mL 液体培养基（培养液的体积一般为三角瓶体积的 1/3）,每瓶接种约 2 g 疏松易碎的愈伤组织,在液体培养基中用接种铲（或镊子）将愈伤组织块捣碎。然后将三角瓶封口后放入摇床上进行振荡培养,培养条件为 25 ℃、120 r/min、黑暗。

3. 继代培养：每隔 7 d 或 14 d 可继代培养 1 次。继代培养时先将培养瓶静置一段时间,大的细胞团就会沉在瓶的底部,吸取中部的细胞悬浮液到新的培养瓶中,加入 2～4 倍体积的新鲜培养基。

六、提示注意

如果缺乏丹参或烟草的愈伤组织,也可以用其他植物材料（如人参、红花等）的愈伤组织材料代替。

七、思考题

(1)绘出细胞悬浮培养操作程序图,你认为哪些步骤可以改进? 如何改进?

(2)植物悬浮细胞是否可以在静止状态下进行培养而不需要振荡(摇动)?

(3)试比较在液体培养中进行的细胞悬浮培养和在固体培养基上进行的愈伤组织培养的异同。

(4)哪些因素影响植物细胞悬浮培养?

实验三　植物细胞生长量的测定

一、实验目的及意义

在植物愈伤组织和细胞悬浮培养中，随时监测细胞的增殖和细胞团的生长状态是非常必要的，通过对培养细胞和细胞团的生长量进行测定，可以有效地筛选最适宜于培养细胞增殖和生长的培养基化学组成、渗透压和酸碱度（pH）；可以监测培养细胞和悬浮细胞在整个培养世代中细胞数目增长情况和一个培养世代（培养周期）所需要的时间，是确定继代培养和注入新鲜培养基的依据。

二、实验原理

植物细胞增殖的测定指标有：细胞计数、细胞体积、细胞重量、有丝分裂指数等。

计算悬浮细胞数即细胞计数（cell number），通常用血球计数板。细胞体积在一定范围内，反映可悬浮细胞数目的增殖状态。一般培养的细胞增殖速度越快，细胞体积（重量）越小。

细胞重量测定分鲜重测定和干重测定。愈伤组织干鲜重和细胞数目有一定的关系，故愈伤组织干鲜重可以作为测定细胞数目的一种间接方法。

有丝分裂指数是指，在一个细胞群体中，处于有丝分裂的细胞数占总细胞数的百分率。分裂指数越高，说明细胞分裂速度越快；相反则越慢。有丝分裂指数，只反映群体中每个细胞分裂所需时间的平均值。

三、实验仪器与药品

离心机（2 000g）、尼龙网、显微镜（带目镜和物镜测微尺）、刻度离心管、注射器、0.000 1 g 分析天平、吸管、血球计数板、酒精灯（架）、恒温水浴、试管（10 mm×100 mm）、细胞计数器、载玻片、超滤器、盖玻片、刀片等。

5%三氧化铬、8%三氧化铬、1 mol/L HCl、1%结晶紫水溶液、1%果胶酸、乳酰丙酸苔红素、65%甲酸、45%乙酸、封片胶及孚尔根染色系列药品等。

四、实验材料

供试材料为:植物愈伤组织、悬浮培养细胞。

五、操作步骤与方法

(一)培养细胞的计数

采用血球计数板测定细胞数目,但在选购血球计数板时,一定要注意血球计数板凹槽深度,其深度一定要大于被检细胞的直径。血球计数板是一个特制的载玻片(图 9-2)。每个划线区,由"井"字形粗线分成 9 个区域。每个区域长 1 mm,宽 1 mm,面积 1 mm²。"井"字形中央的一个区域由双线划出 25 个大格,每个大格又用单线划出 16 个小格,即每个区域分成 400 个小格(25×16＝400)。每个小格的面积为 1/400 mm²。计数板上凹槽深度为 0.1 mm。细胞计数时,一般每次计 25 个大格中的细胞数目。这个区域中,液体的体积是 0.1 mm×1 mm² ＝ 0.1 mm³(即0.1 μL 或 10^{-4} mL)。在每 25 个大格中,细胞数不应少于 50～100 个。

图 9-2　血球计数板的构造(引自孙敬三、朱至清,2006)

1. 悬浮培养细胞计数的操作步骤:
(1)吸取 1 滴细胞悬浮液滴至计数板上。

(2)将盖玻片由一边向另一边轻轻盖上,再用两只拇指紧压盖玻片两边,使盖玻片和计数板紧密结合,以防形成气泡。

(3)数分钟后,细胞沉降至载玻片表面,即可在显微镜下计数。

(4)每个样品计数 6 个重复,然后平均,最后算出单位体积中的细胞数量。

2. 愈伤组织细胞的计数:愈伤组织鲜重和细胞数目有一定的关系,故愈伤组织鲜重可以作为测定细胞数目的一种间接方法。但是由于测量时的来回搬动,很容易造成污染,从而造成材料的损失。可以先将愈伤组织离析软化成单细胞,然后再进行统计。方法步骤如下。

(1)愈伤组织先用 1 mol/L HCl 在 60 ℃下水解预处理,需注意愈伤组织的取样时间,通常在细胞数目急速增加,每个细胞平均重量或体积急剧下降时取样,才有较好的准确性。

(2)加入 5%三氧化铬,两倍于细胞体积的溶液。在 20 ℃下离析 16 h,也可以增加三氧化铬浓度、提高温度来缩短离析时间。如用 8%三氧化铬在 70 ℃条件下,离析 2～15 min。值得注意的是:由于愈伤组织细胞在取样时,处于不同生长周期,故离析时间有长、短之区别,只有靠经验确定。三氧化铬浓度过高,处理时间过长,会导致细胞破裂,从而减少细胞数目。

(3)将离析软化的细胞,迅速冷却,然后强力振动 10 min,使其分散,然后用蒸馏水洗 3 次备用。

(4)用含有 0.03 mol/L 的 EDTA、1%结晶紫水溶液(pH=10)对上述离析后的细胞进行染色 10 min。然后用蒸馏水仔细洗涤数次。

(5)将洗涤后的细胞放入装有 2 mL 蒸馏水的小试管中,用玻璃棒搅动,使细胞分散,形成悬浮液。

(6)用血球计数板计数每块愈伤组织的细胞数目,按以下公式计算:

$$\text{每块愈伤组织的细胞数目} = \frac{\text{离析液的总体积}}{\text{血球计数板上格子的总体积}} \times \frac{\text{计数板上所测细胞总数}}{\text{愈伤组织的块数}}$$

采用自动计数器统计数目,为了便于识别,需用结晶紫将细胞染成紫色。

愈伤组织离析软化的方法有多种,除上述介绍的外,还可以用 0.1%果胶酸(W/V),在 pH 3.5 室温条件下处理 16 h,可使愈伤组织细胞得到很好的游离。再用 pH 8.0 的 EDTA,在 40 ℃下,保温 2 h 来离析软化愈伤组织细胞。愈伤组织经过各种方法游离软化后,如若悬浮细胞密度太高,可以作适当稀释。然后用吸管或注射器,吸出一定体积,在血球计数板上计数。

(二)培养细胞体积的测定

培养细胞体积的测量,最简便的方法是取 15 mL 悬浮培养细胞,放入刻度离心管中,2 000g 离心 5 min。以每毫升培养液中细胞体积的毫升数来表示。这种方法简便,但太过于粗放。

采用显微测微尺直接测量细胞体积精确度较高。显微测微尺(图 9-3)分接物测微尺(或称镜台测微尺)和接目测微尺(或称目镜测微尺)。接物测微尺是一块特制的载玻片,其中央有刻度,每格长度为 0.01～0.1 mm(本实验采用的接物测微尺每小格为 0.01 mm),用来校准并计算出,在某一物镜下,接目测微尺每小格的长度。接目测微尺是可放入目镜内的圆形玻片,其中央刻有 50 等份或 100 等份的小格。每小格长度,随目镜、物镜的放大倍数而变动。操作步骤如下。

1. 放置接目测微尺:旋开接目透镜,将接目测微尺放在接目透镜的光栅上,注意刻度向下,然后将接目透镜插入镜筒。

2. 放置接物测微尺:将接物测微尺放在载物台上,然后调节焦距,使之通过目镜能看清接物测微尺的刻度,并清晰地辨认接物测微尺的刻度。

3. 校准接目测微尺的长度:在低倍显微镜下,移动镜台测微尺和转动接目测微尺,使两者刻度平行,并使两者间某段起、止线完全重复。数出两条重合线之间的格数,即可求出接目测微尺每格的相应长度。接目测微尺与接物测微尺两者重合点的距离越长,所测得的数字越准确。用同样的方法分别测出高倍物镜和油镜下接目测微尺每格的相应长度。

4. 计算接目测微尺每格的长度:例如,测得某显微镜的接目测微尺 50 格相当于接物测微尺 7 格,则接目测微尺每格长度为:

$$\frac{7 \text{ 格} \times 10 \ \mu m}{50 \text{ 格}} = 1.4 \ \mu m$$

5. 细胞体积测量:取下接物测微尺将悬浮细胞或原生质体或组织切片(染色涂片)放在载物台上,通过调焦使物像清晰后,转动接目测微尺(或移动载玻片),测量细胞的长与宽各占几格。将测量得到的格数乘以接目测微尺每格的长度,即可求得细胞的体积。

注意事项:

(1)载物台上接物测微尺刻度是用加拿大树胶和圆形盖玻片封合的。当除去松柏油时,不宜使用过多的二甲苯,以避免盖玻片下的树胶溶解。

(2)取出接目测微尺,将目镜放回镜筒,用擦镜纸擦去接目测微尺上的油渍和手印。如用的是油镜应按油镜使用方法处理镜头。

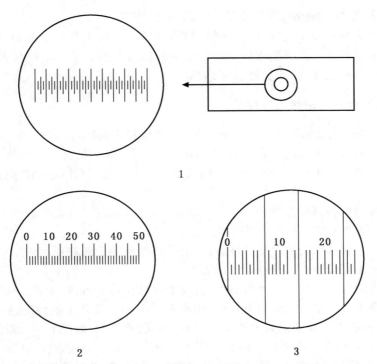

1. 镜台测微尺及其放大部分；2. 接目测微尺；3. 镜台测微尺和接目测微尺的刻度相重叠

图 9-3 测微尺(引自周维燕,2001)

(三)培养细胞重量的测定

1. **鲜重测定**(采用直接称重法)：

(1)来自固体培养基的材料,取出后洗去琼脂并用滤纸吸干水分,然后直接用分析天平称重。

(2)来自液体悬浮液培养基的细胞,可放入已知重量的尼龙网上过滤。过滤后用水冲洗,除去培养基,然后离心除去水分。称重后的重量减去尼龙网重量即为悬浮细胞的鲜重。

2. **干重测定**：

(1)将愈伤组织从培养基取出,放入称量瓶内于 60 ℃烘箱内烘 12～24 h(或冰冻干燥 24～48 h,因材料大小、厚薄而定)取出,冷却后立即称量。

(2)悬浮培养细胞,经抽滤法去除培养基并收集在预先称好重量的超滤器上。再用水洗数次,用抽滤器抽干细胞表面水分。然后置于 60 ℃烘箱内烘 12～24 h

（或冰冻干燥 24～48 h），取出冷却后立即称量。

（3）细胞鲜重和干重的称量，一般用 0.000 1 g 分析天平。干重和鲜重的表示方法，一般以每 10^6 个细胞或每毫升悬浮培养物重量来表示。最后获得的结果需要减去称量瓶、尼龙网（或抽滤器）的重量。

（四）有丝分裂指数的测定

1. 愈伤组织细胞有丝分裂指数的测定（孚尔根染色法）：
（1）先将愈伤组织用 1 mol/L HCl 在 60 ℃下水解后染色。
（2）在载玻片上，按常规作镜检，随机查 500 个细胞，统计处于有丝分裂各时期的细胞数目。
（3）根据调查有丝分裂各时期的细胞数目，计算出有丝分裂指数。
2. 悬浮培养细胞有丝分裂植物的测定：
（1）取一定体积的悬浮培养细胞，离心后将细胞吸于载玻片上。
（2）加 1 滴乳酰丙酸苔红素于细胞上。
（3）将细胞片在酒精灯上微热后，再盖上盖玻片，轻击盖玻片。
（4）将盖玻片用力轻轻揭下，用乙醇将盖玻片和载玻片上的细胞洗一下，然后将盖玻片安放在一片新的载玻片上。而原来的载玻片上，则盖上一片新的盖玻片，并用 Euparal 封固。也可以先将悬浮培养细胞用 65％甲酸固定 24 h（按 1∶1 的体积加入悬浮液和固定液）。固定后将悬浮细胞离心后吸于载玻片上，加 1 滴乳酰丙酸苔红素，微热，加盖盖玻片后放 10～15 min，再制片。制片过程除细胞放于 45％乙酸以及片子用褐色胶接剂封固外，其他的步骤同上（此种片子可放置 2 周，以作观察用）。

由上述方法制成的片子，用油镜观察（约 1 250 倍），检查 1 000 个细胞，随后计算出分裂指数。

六、提示注意

植物细胞增殖测定的具体方法可参考一些专门的书籍。

七、思考题

（1）植物细胞增殖有哪些测定指标？
（2）衡量细胞重量有鲜重和干重两种测定方法，你认为哪种方法比较准确？

实验四　植物细胞活力的测定

一、实验目的及意义

在细胞悬浮培养中,通过对培养细胞和细胞团活力进行测定,可以有效地了解细胞的生长和活力状态。在进行原生质体培养之前,常常需要测定原生质体的活性,了解所制备原生质体的质量。

二、实验原理

细胞(或原生质体)活力的测定采用的方法有:荧光素二乙酸酯法(FDA法)、三苯四唑氯还原法(TCC法)、伊凡蓝染色法(Evans blue法)、中性红染色法(NR法)、噻唑蓝法(MTT法)、XTT法、台盼蓝法(TB法)等。采用血细胞计数板,在显微镜下观察,细胞活力以活细胞数占总观察数的百分数表示。

三、实验仪器与药品

离心机($2\,000g$)、尼龙网、显微镜(带目镜和物镜测微尺)、刻度离心管、荧光显微镜、注射器、$0.000\,1\,g$分析天平、吸管、血球计数板、酒精灯(架)、恒温水浴、试管($10\,mm \times 100\,mm$)、细胞计数器、载玻片、超滤器、盖玻片、刀片等。

0.02%荧光素二乙酸酸酯(FDA)溶液、0.001%的氯代三苯基四氮唑(TCC)溶液、洋红($0.005\% \sim 0.01\%$)、甲基蓝($0.005\% \sim 0.01\%$)、伊凡蓝($0.005\% \sim 0.01\%$)等。

四、实验材料

(1)植物悬浮培养细胞。
(2)植物原生质体。

五、操作步骤与方法

(一)荧光素二乙酸酯法

荧光法(荧光素双醋酸酯法,即 FDA 法)。荧光素二乙酸酸酯(FDA)本身无荧光,非极性,可以自由透过原生质膜进入细胞内部。进入细胞后由于受到活细胞中酯酶的水解,而产生有荧光的极性物质——荧光素,则不能自由出入原生质膜。故在荧光显微镜下,可观察到具有荧光的细胞,表明该细胞是有活性的细胞。相反,不具有荧光的细胞是无活力的细胞。具体操作步骤如下。

(1)吸取 0.5 mL 已制备好的细胞(或原生质体)悬浮液放入 10 mm×100 mm 小试管中,加入 0.5 mL 0.02% 的 FDA 溶液,使 FDA 最后的浓度达 0.01%。混匀并在常温下作用 5 min。

(2)荧光显微镜观察,激发滤光片为 QB_{24},压制滤光片为 TB,经观察发出绿色荧光的细胞为有活力的细胞,不产生荧光的细胞为无活力的死细胞。

(3)活力统计,细胞活力是用有活力的细胞数占总观察细胞数的百分数来表示。

$$细胞活力 = \frac{活细胞数目}{总观察细胞数目} \times 100\%$$

注意:含叶绿素的细胞由于受叶绿素的干扰,有活力的细胞可发出黄绿色荧光而不是绿色荧光。无活力的细胞,则发出红色荧光。

(二)噻唑蓝法

有活力的细胞(或原生质体)由于细胞中的脱氢酶将淡黄色的 MTT 还原成蓝紫色的化合物甲臜(Formazane),据此可测定细胞的活力。MTT 在水中具有较好的溶解性,而甲臜不溶于水,易溶于乙醇、异丙醇、二甲基亚砜(DMSO)等有机溶剂,通过多孔板分光光度计(酶标仪)依颜色深浅可测定出吸光度值。由于生成甲臜的量与反应的活细胞数量成正比,因此,吸光度值的大小可以反映活细胞的数量和活性程度。

1. 材料准备:制备悬浮(单)细胞悬液(或者制备原生质体悬液)。

2. 配制 MTT 溶液:MTT 用 pH 7.2、0.2 mol/L 的磷酸缓冲液(PBS)配制成 0.5 mg/mL 的溶液。

3. 取 0.5 mL 的细胞(或原生质体)悬液于试管中,然后加入 0.5 mL 的 MTT 溶液,常温下作用 10 min。

4. 将细胞悬浮液放在显微镜下观察,统计显蓝紫色的细胞数目,按下列公式计算细胞活力。

$$细胞活力 = \frac{显蓝紫色的细胞数}{观察细胞总数} \times 100\%$$

(三)氯代三苯基四氮唑还原法

有活力的细胞(或原生质体)由于氧化还原酶的活性,将氯代三苯基四氮唑(2,3,4-triphenyl tetrazolium chloride, TTC)还原成红色,据此可测定细胞的活力。一般可在显微镜下观察视野中显红色的细胞数目,计算活细胞的百分率。还可以用乙酸乙酯提取红色物质,用分光光度计在 520 nm 测定光吸收值,计算细胞的相对活力。

1. 材料准备:制备悬浮(单)细胞悬液(或者制备原生质体悬液)。

2. 配制 TTC 溶液:用蒸馏水将 TTC 配制成 0.001% 的溶液。

3. 取 0.5 mL 的细胞(或原生质体)悬液于试管中,然后加入 0.5 mL 的 TTC 溶液,常温下作用 5 min。

4. 将细胞悬浮液放在显微镜下观察,统计显红色的细胞数目,可按下列公式计算细胞活力。

$$细胞活力 = \frac{显红色的细胞数}{观察细胞总数} \times 100\%$$

(四)染色法

有活力的细胞(或原生质体)具有选择性吸收外界物质的特性。当用染色剂处理时,活细胞拒绝染色剂的进入,因此染不上颜色;死细胞可吸附大量染色剂而染上颜色。统计未染上颜色的细胞数目,就可计算出它的活力。具体操作步骤如下。

1. 材料准备:制备悬浮(单)细胞悬液(或者制备原生质体悬液)。

2. 配制染色剂,如洋红、甲基蓝、伊凡蓝(Evans blue)等,择其一配制浓度为 0.005%～0.01%。

3. 将染色剂滴加在材料上染色,数分钟后,即可观察统计。注意染色时间不可过长,否则有活力的细胞也会染上一些颜色,从而会影响统计的准确性。

4. 统计未染色细胞,可按下列公式计算细胞活力。

$$细胞活力=\frac{未染色的细胞数}{观察细胞总数}\times100\%$$

六、提示注意

　　植物细胞的活力测定方法同样可用于原生质体的活力测定。植物细胞或原生质体活力测定的具体方法可参考一些专门的书籍。关于细胞或原生质体活力的测定,可选择某一种方法;或者同时采用几种活力测定方法,然后对结果进行比较。

七、思考题

　　(1)用于植物细胞(或原生质体)活力测定的方法有哪些?
　　(2)简述 TTC 法、FDA 法、MTT 法以及染色法测定细胞活力的原理。

实验五　植物细胞系的筛选与保存

一、实验目的及意义

筛选是植物细胞选育与改良的基本方法。通过各种方法获取的植物细胞往往不均一，会显示出不同的特性（如抗旱性、抗盐性、抗病性、生长速率的差异、化学成分的差异等），需要将具有优良特性的所需细胞系选择出来。植物细胞在培养过程中会发生变异，也需要对植物细胞进行筛选，将有利的变异细胞选出，把不利的变异细胞去除，来获得实验所需要的细胞系。通过本实验学习和了解植物细胞系的筛选与保存的原理和方法。

二、实验原理

本实验是针对高含量次生代谢产物的植物细胞株进行筛选。筛选高产细胞系，以大幅度提高有用次生代谢产物的含量，这是细胞大量培养中降低成本和提高生产率的重要途径之一。高产细胞系可以根据细胞表现型（如某一酶的活性、有些次生代谢产物常常会呈现一定的颜色等）的不同进行筛选，也可以通过测定单细胞克隆的次生代谢产物含量来进行。本实验具体采用目测法筛选高产细胞系。目测法筛选指标主要是颜色和形状，颜色为次生代谢产物直接表现出来的颜色，形态特征是指次生代谢产物直接影响的植物细胞系的形态特征。

三、实验仪器与药品

摇床、网筛、三角瓶、标签纸、记号笔、超净工作台、酒精灯、烧杯、镊子、液氮罐、培养箱、0 ℃冰箱、−10 ℃冰箱、−40 ℃冰箱、水浴锅、分光光度计。

MS 培养基、蔗糖、甘油、葡萄糖、山梨醇、甘露糖、聚乙二醇（PEG）、二甲基亚砜（DMSO）、0.4％的 TTC 试剂、pH 7.0 的 0.1 mol/L 的磷酸缓冲液。

四、实验材料

(1)紫草(*Lithospermum erythrorhizon* Sieb. et Zucc.)或新疆紫草(*Arnebia euchroma* Johnst.)细胞系。

(2)东北红豆杉(*Taxus cuspidata* Sieb. et Zucc.)细胞系。

五、操作步骤与方法

(一)采用目测法进行高色素含量紫草细胞系的筛选步骤

(1)第一步筛选固体培养的愈伤组织,反复选择紫红色深的愈伤组织,获得高产系 A1。

(2)将高产系 A1 进行液体悬浮培养,离心后收集单细胞。

(3)将 A1 高产系单细胞转到固体培养基上克隆,进行第二步筛选,获得高产细胞系。

(4)如果条件允许,可以采用化学分析法验证目测法的结果,本实验可采用比色法或 HPLC 法进行化学分析验证。

(二)东北红豆杉高产细胞系的超低温保存步骤

1. 材料的选择:以培养10~15 d处于对数生长状态的红豆杉愈伤组织作为冷冻材料。

2. 预备培养:将培养材料分别转入含有 4%、6%、8%蔗糖的 MS 改良液体培养基中培养,在各种浓度下培养 4 d、6 d、8 d、10 d、12 d、14 d、16 d。

3. 冷冻保护剂的预处理:设计多种组合的冷冻保护剂。①不同含量的糖、糖醇或醇类物质,包括甘油、葡萄糖、山梨醇、甘露糖、PEG 与 10% DMSO 分别组合作为冷冻保护剂。②DMSO＋山梨醇＋PEG 多种成分的复合保护剂。将约 100 mg 预培养后的材料置于冷冻保藏管内,加入冷冻保护剂,使之浸没愈伤组织,密封保存管,在 0 ℃下静置预处理 30 min。

4. 降温冷冻程序:将完成预处理后的材料分别采取快速冷冻、慢速冷冻和逐步冷冻 3 种方法处理。①快速冷冻。将植物材料从 0 ℃或者其他预处理温度直接投入液氮中保存的方法。降温速度为 1 000 ℃/min。②慢速冷冻。将预处理后的材料先缓慢降温至 −40 ℃,降温速率约为 1 ℃/min,放置 180 min,然后投入液氮。

③逐步冷冻。将预处理后的材料降温至－10 ℃,保留 30 min,再缓慢降至－40 ℃,放置 180 min,然后投入液氮。

5. 解冻和洗涤:材料经液氮保存后,取出并立即投入 37 ℃水浴中解冻,待保存管内的冰刚融化,立即加入等体积新鲜 MS 改良液体培养基(含 3％蔗糖)进行冲洗,然后吸去培养液,再用同样的方法洗涤 2 次,每次停留 10 min。

6. 细胞活力测定:解冻后的愈伤组织可用氯化三苯基四氮唑还原法(TTC 法)测定其生活力。称取 100 mg 洗涤后的愈伤组织,加入 0.4％的 TTC 试剂和 pH 7.0 的 0.1 mol/L 的磷酸缓冲液各 2.5 mL,在黑暗下于 27 ℃放置 24 h 后倒掉 TTC 液,用蒸馏水洗涤 3 次。再加入 95％乙醇 5 mL,于 60 ℃水浴 30 min,用紫外分光光度计在 485 nm 处测定光吸收值。用吸收值表示各处理的愈伤组织在超低温保存后的细胞活力。

六、提示注意

对于高含量次生代谢产物植物细胞株的筛选,应根据代谢产物的化学性质确定筛选方案。本实验如果缺乏紫草细胞系,也可以采用人参(*Panax ginseng*)(五加科)或紫苏(*Perilla frutescens*)(唇形科)愈伤组织进行花色苷类化合物高产细胞系的筛选。对于超低温保存高产细胞系,如果实验室没有东北红豆杉细胞系,也可以采用其他细胞系代替。

七、思考题

(1)简述目测法筛选高产细胞系的原理。
(2)简述植物细胞系超低温保存的原理。

实验六　植物培养物次生代谢产物的含量分析与分离纯化

一、实验目的及意义

植物培养过程中会产生很多种类的次生代谢物质,需要采用一定的物理方法将我们所需要的代谢物质分离纯化出来,进行后续的加工。因此,分离纯化技术往往是获得所需次生代谢物质的关键技术步骤。通过本实验学习和了解植物次生代谢产物提取、分离纯化与分析的原理与方法。

二、实验原理

植物细胞培养物获得的次生代谢产物种类繁多,大多数存在于细胞内。要获得植物细胞次生代谢物,首先要进行细胞破碎,然后采用特殊的溶剂,将所需的次生代谢物质提取出来,再采用生化分离技术,使目的产物与杂质分开,从而获得符合研究或使用要求的次生代谢产物。提取和分离植物次生代谢产物的方法主要有细胞破碎、次生代谢物的提取、沉淀分离、萃取分离、层析分离、结晶、浓缩与干燥等。次生代谢产物的分析包括定性分析和定量分析。

三、实验仪器与药品

摇床、三角瓶、烘箱、旋转薄膜蒸发仪、高效液相色谱仪、紫外-可见分光光度计、分液漏斗、正相硅胶层析柱、反相硅胶层析柱、薄层层析硅胶板、层析缸。

大孔吸附树脂、乙醇、甲醇、石油醚(60～90 ℃)、氯仿、高氯酸、香草醛、冰醋酸、人参二醇单体、各种人参皂苷标准品、人参总皂苷。

四、实验材料

人参属细胞系,如人参(*Panax ginseng*)、三七(*Panax notoginseng*)、西洋参

（*Panax quiquefolium*）的细胞系等。

五、操作步骤与方法

1. 细胞培养物的准备：通过细胞大规模培养（摇床培养或生物反应器培养），获得人参鲜细胞。将人参细胞进行冰冻干燥，称重 W_1。

2. 粗提物的制备：将冰冻干燥的人参细胞碾粹，用甲醇回流提取，甲醇滤液浓缩后，得甲醇提取物，称重 W_2。

3. 将甲醇提取物用热水混悬，用石油醚（60～90 ℃）萃取，去除极性弱的成分。

4. 水层部分过大孔吸附树脂（D101）柱，先用水冲洗，然后用 30％乙醇冲洗，最后用 80％乙醇冲洗，将 80％乙醇冲洗部分浓缩，称重 W_3。

5. 采用香草醛-高氯酸反应，在 560 nm 处进行分光光度比色，即可测定 W_3 中的总皂苷含量，通过 W_1、W_2 和 W_3 之间的关系，可以求出人参细胞中总皂苷的含量。

6. 提取物中单一皂苷成分的分析：采用薄层层析（TLC），并与标准品对照，即可定性了解提取物的单一皂苷成分。也可以采用高效液相色谱（HPLC），分析单一的皂苷成分的含量。

7. 单一皂苷成分的分离：通过反复的硅胶柱层析（包括正相和反相硅胶），葡聚糖凝胶柱层析，即可获得单一的皂苷成分，还可以通过波谱解析和化合物的理化性质，进一步解析化合物的结构。

六、提示注意

如果实验室没有人参属的细胞系，可以采用其他植物细胞系，如丹参细胞系，再根据细胞系中的次生代谢产物丹参酮（tanshinone）类化合物的结构和性质，确定合适的提取、分离、纯化和分析的方案。

七、思考题

（1）画出人参皂苷的分离纯化流程图。

（2）根据分光光度法的有关数据计算出人参细胞中总皂苷的含量。

（3）简述植物培养物次生代谢产物提取和分离纯化的方法原理。

（4）植物次生代谢产物的分析方法有哪些？

实验七　植物细胞培养合成次生代谢产物的调节

一、实验目的及意义

植物细胞的生长常常受到各个因素的影响,进而影响其产生次生代谢物质的产量和质量。这些因素包括环境因素和营养因素。通过调节这些因素,使植物细胞处于最适的产生次生代谢物质的生长状态,有利于提高次生代谢产物的产量和质量。通过本实验学习和了解影响植物细胞培养合成次生代谢产物的各种因素和方法。

二、实验原理

植物细胞生产次生代谢产物的过程受到诸多因素的影响。为了提高次生代谢产物的产量,首先要选育或选择使用优良的植物细胞系,保证植物细胞培养的培养基和培养条件符合植物细胞生长和新陈代谢的要求,还可以通过次生代谢物的前体物质、添加某些诱导剂进行调节,也可以在基因水平、酶活性水平上进行调节。

本实验采用实验培养基 pH 和不同激素浓度对新疆紫草培养细胞中色素合成的影响(方德秋等,1994)。

三、实验仪器与药品

摇床、40 目筛、改良 LS 培养基(生长培养基)、M-9 培养基(生产培养基)、6-糠氨基嘌呤(KT)、吲哚丁酸(IBA)、萘乙酸(NAA)、6-苄基腺嘌呤(BAP)、2,4-二氯苯氧乙酸(2,4-D)。

四、实验材料

新疆紫草(*Arnebia euchroma*)细胞系。

五、操作步骤与方法

1. 配制不同 pH 的生产培养基：基本培养基为附加 0.75 mg/L IAA 和 0.1 mg/L KT 的生产培养基，分别调节培养基的 pH 为 3.0、3.5、4.0、4.5、5.0、5.5、6.0、6.5、7.0、7.5、8.0。

2. 配制不同激素组合的生产培养基：按以下方案配制。

mg/L

激素	KT					BAP			
	0.0	0.1	0.5	1.2	2.0	0.1	0.5	1.2	2.0
2,4-D (0.2)									
NAA (0.2)									
IAA (0.2)									
IBA (0.2)									

3. 接种材料的准备：将生长旺盛的愈伤组织接入到附加有 0.2 mg/L IAA ＋0.5 mg/L KT 的生长培养基中，培养 3 代（每代 14 d）后，即可作为接种材料。

4. 将愈伤组织接种到不同的培养基中：接种量为鲜重 8 g /瓶，每 250 mL 体积的三角瓶盛 70 mL 生产培养基，在 25 ℃黑暗条件进行悬浮培养，摇床转速为110 r/min。

5. 收获培养物和进行成分分析：在生产培养基中培养 23 d 后，用 40 目筛过滤，收取鲜细胞，称鲜重。细胞在 60 ℃下烘干至恒重，碾碎，称干重。采用甲醇提取色素，用分光光度法测定含量。

六、提示注意

影响植物细胞合成次生代谢产物的因素很多，如 pH、光照、温度、诱导子、前体、培养方法、培养基的组成、搅拌速度、溶氧量等，实验时采用某一调节因子，进行实验。

如果实验室没有新疆紫草细胞株，可以采用人参（*Panax ginseng*）（对应的代谢产物为人参皂苷）、丹参（*Salvia miltiorrhiza*）（对应的代谢产物为丹参酮）、红豆杉（*Taxus sp.*）（对应的代谢产物为紫杉烷类化合物）细胞系进行次生代谢产物代谢调节的实验。在进行代谢调节实验之前，必须要建立对应的次生代谢产物的含量测定方法。

七、思考题

(1)影响植物次生代谢产物生物合成的因素有哪些？

(2)对实验结果进行分析和讨论。

实验八　植物细胞大规模培养生产次生代谢产物

一、实验目的及意义

传统的植物活性成分提取加工有以下几个方面的不足:一是受植物分布区域的限制;二是受季节、气候、病虫灾害等影响;三是占地面积大。采用植物细胞大规模培养技术生产有用成分的工业主要集中在一些价格高、产量低、需求量大的化合物,如药物、香料、食品添加剂、色素等。通过研发植物细胞生物反应工艺和大规模反应设备,提高这些次生代谢产物的产量和质量,降低其生产成本。通过本实验了解植物细胞大规模培养的生物反应器类型和大规模培养方法。

二、实验原理

植物细胞生物反应器是用于植物细胞大规模培养过程中必备的设备。依据其结构的不同,植物细胞生物反应器主要有机械搅拌式反应器、气升式反应器、鼓泡式反应器、填充床式反应器、流化床反应器、中空纤维反应器等(图9-4)。不同的生物反应器有不同的特点,在实际应用时,应当根据细胞种类和特性的不同进行设计和选择。

三、实验仪器与药品

摇床、生物反应器(发酵罐)、AG-7生长培养基、M-9生产培养基、植物次生代谢产物的提取分离和浓缩设备、有机溶剂等。

四、实验材料

新疆紫草(*Arnebia euchroma*)(紫草科)高产细胞系。

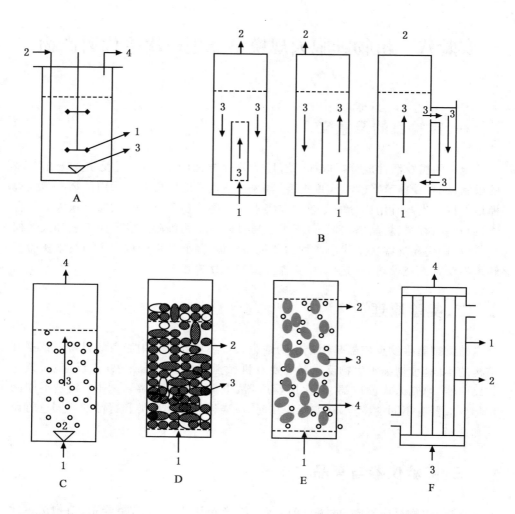

A.机械搅拌式生物反应器(1. 搅拌器,2. 进气口,3. 空气分布器,4. 出气口);B.气升式生物反应器(1. 进气口,2. 出气口,3. 气流循环方向);C.鼓泡式反应器(1. 进气口,2. 空气分布器,3. 气流方向,4. 排气口);D.填充床式反应器(1. 进液口,2. 排液口,3. 固定化细胞);E.流化床反应器(1. 流体进口,2. 流体出口,3. 细胞团或固定化细胞,4. 气泡);F.中空纤维反应器(1. 外壳,2. 中空纤维,3. 进液口,4. 排液口)。

图 9-4　生物反应器示意图(引自郭勇等,2004)

五、操作步骤与方法

本实验采用生物反应器两步法培养新疆紫草细胞生产萘醌类色素成分。

1. 植物细胞的摇床培养：将培养 15 d 左右的愈伤组织转至液体培养基中进行摇床培养，培养 2～3 代后，获得生长迅速、均匀、分散度好的新疆紫草细胞悬浮培养系。AG-7 培养基，摇床转速 110 r/min，(25±1)℃，暗培养。

2. 植物细胞的生物反应器培养：第一步培养是有效地促进细胞的生长，采用气升式生物反应器，将悬浮 2～3 代的细胞转入反应器中，采用生长培养基 AG-7，培养 12 d 左右；第二步培养是有效地促进紫草宁色素的生产，先滤去 AG-7 生长培养基，加入 M-9 生产培养基，培养 16 d 后收获。培养过程中定期取样，用于生物量及其他参数的测定。

3. 细胞培养物的收集：采用离心和过滤的方法收集培养细胞。

4. 次生代谢产物的提取：采用有机溶剂石油醚（60～90 ℃）提取和浓缩。

六、提示注意

如果实验室没有生物反应器，可采用摇瓶培养，在第一步培养后，将摇瓶中的培养基换成生产培养基，继续进行培养。如果实验室没有新疆紫草细胞系，可以采用其他植物细胞系，如人参细胞系，再根据细胞系中的次生代谢产物人参皂苷（ginsenosides）结构和性质，确定合适的提取、分离、纯化和分析的方案。

七、思考题

(1)生物反应器培养和摇床培养植物细胞有什么不同？

(2)采用植物细胞大规模培养技术生产次生代谢产物与野生或人工栽培相比有什么优越性？

第十章
核酸、蛋白质的提取和纯化

实验一　质粒 DNA 的提取以及纯化

一、实验的目的及意义

质粒是分子克隆中最常用的的载体,质粒的制备已经成为分子克隆中最基本的技术之一。对于已经转入宿主细胞的质粒 DNA 的制备主要包括三个步骤:细菌的培养、菌体的收获和裂解、质粒的分离和纯化。

本实验的主要目的是学习质粒 DNA 提取的基本原理,理解质粒 DNA 提取中各种试剂的作用,并掌握碱裂解法提取质粒 DNA。

二、实验原理

碱裂解法提取质粒利用的是共价闭合环状质粒 DNA 与线状的染色体 DNA 片段在拓扑学上的差异来分离它们。在 pH 介于 12.0～12.5 这个狭窄的范围内,线状的 DNA 双螺旋结构解开变性,在这样的条件下,共价闭环质粒 DNA 的氢键虽然断裂,但两条互补链彼此依然相互缠绕而紧密地结合在一起。当加入 pH 4.8 的醋酸钾高盐缓冲液使 pH 降低后,共价闭合环状的质粒 DNA 的两条互补链迅速而准确地复性,而线状的染色体 DNA 的两条互补链彼此已完全分开,不能迅速而准确地复性,它们缠绕形成网状结构。通过离心,染色体 DNA 与不稳定的大分子 RNA、蛋白质-SDS 复合物等一起沉淀,而质粒 DNA 却留在上清液中。

三、实验仪器和药品

恒温振荡培养箱、高速冷冻离心机、涡旋振荡器、水浴锅、1.5 mL 离心管、50 mL 离心管、不同型号吸头、微量移液器、微波炉、电泳仪、锥形瓶、离心机等。

试剂准备:

1. 溶液 I:50 mmol/L 葡萄糖、25 mmol/L Tris-HCl (pH 8.0)、10 mmol/L EDTA (pH 8.0)。1 mol/L Tris-HCl (pH 8.0)12.5 mL、0.5 mol/L EDTA (pH 8.0) 10 mL、葡萄糖 4.730 g、加 ddH$_2$O 至 500 mL。121～126 ℃高压灭菌 15 min,贮

存于 4 ℃。

2. 溶液 Ⅱ:0.2 mol/L NaOH、1% SDS、2 mol/L NaOH 1 mL、10% SDS 1 mL,加 ddH$_2$O 至 10 mL。使用前临时配置。

3. 溶液 Ⅲ:醋酸钾(KAc)缓冲液,pH 4.8。5 mol/L KAc 300 mL,冰醋酸 57.5 mL,加 ddH$_2$O 至 500 mL。4 ℃保存备用。

4. TE:10 mmol/L Tris-HCl(pH 8.0)、1 mmol/L EDTA(pH 8.0)。1 mol/L Tris-HCl(pH 8.0)1 mL、0.5 mol/L EDTA(pH 8.0)0.2 mL,加 ddH$_2$O 至 100 mL。121~126 ℃高压湿热灭菌 20 min,4 ℃保存备用。

5. 苯酚:氯仿:异戊醇(25:24:1)。

6. 乙醇(无水乙醇、70%乙醇)。

7. 50×TAE:Tris 碱 242 g、冰乙酸 57.1 mL、100 mL 0.5 mol/L EDTA(pH=0.8)。

8. 溴化乙锭(EB):10 mg/mL。

9. RNase A(RNA 酶 A):不含 DNA 酶(DNase-free)RNase A 的 10 mg/mL,TE 配制,沸水加热 15 min,分装后贮存于−20 ℃。

10. 6×loading buffer(上样缓冲液):0.25%溴酚蓝、0.25%二甲苯青 FF、40%(m/V)蔗糖水溶液。

11. 1% 琼脂糖凝胶:称取 1 g 琼脂糖于三角烧瓶中,加 100 mL 1×TAE,微波炉加热至完全溶化,冷却至 60 ℃左右,加 EB 母液(10 mg/mL)至终浓度 0.5 μg/mL(注意:EB 为强诱变剂,操作时戴手套),轻轻摇匀。缓缓倒入架有梳子的电泳胶板中,勿使其有气泡,静置冷却 30 min 以上,轻轻拔出梳子,放入电泳槽中(电泳缓冲液 1×TAE),即可上样。

四、实验材料

E.coli DH5α 受体菌,质粒 DNA。

五、操作步骤与方法

1. 挑取 LB 固体培养基上生长的单菌落,接种于 2.0 mL LB(含相应抗生素)液体培养基中,37 ℃,振荡培养过夜(12~14 h)。

2. 取 1.5 mL 培养物入微量离心管中,室温离心 8 000g,1 min,弃上清液,将离心管倒置,使液体尽可能流尽。

3. 将细菌沉淀重悬于 200 μL 预冷的溶液 I 中,剧烈振荡,使菌体分散混匀。

4. 加 300 μL 新鲜配制的溶液 II,颠倒数次混匀(不要剧烈振荡),并将离心管放置于冰上 2～3 min,使细胞膜裂解(溶液 II 为裂解液,故离心管中菌液逐渐变清)。

5. 加入 400 μL 预冷的溶液 III,将管温和颠倒数次混匀,见白色絮状沉淀,可在冰上放置 10 min。

6. 4 ℃离心 12 000g,10 min。

7. 小心移出上清液放于一新微量离心管中,加入 0.6 倍体积预冷的异丙醇,混匀,−20 ℃放置 20 min,4 ℃离心 12 000g,15 min。

8. 1 mL 预冷的 70%乙醇洗涤沉淀 1～2 次,4 ℃离心 8 000g,7 min,弃上清液,将沉淀在室温下晾干。

9. 沉淀溶于 20 μL TE(含 RNase A 20 μg/mL),37 ℃水浴 30 min 以降解 RNA 分子,−20 ℃保存备用。

10. 质粒 DNA 的电泳检测:取制备的质粒 DNA 1～2 μL,加适当 loading buffer 混匀上样,采用 1～5 V/cm 的电压,使 DNA 分子从负极向正极移动至合适位置,取出凝胶置紫外灯下检测,摄片。

六、注意事项

(1)本裂解法小量制备质粒 DNA 重复性好。若所提取质粒 DNA 不能被限制性内切酶切割,可通过酚/氯仿再次抽提,以清除杂质解决问题。

(2)加入溶液 I 后要充分悬浮。

(3)加入溶液 II 后要轻轻地颠倒混匀。

(4)酚/氯仿抽提后小心吸取上清液。

七、思考题

(1)使用碱裂解法提取质粒 DNA 时,溶液 I、溶液 II、溶液 III 的作用是什么?加入后,又分别产生哪些现象?

(2)列举碱裂解法提取质粒 DNA 的哪些步骤会影响 DNA 的产量和纯度?

(3)提取质粒 DNA 的一般原理是什么?

实验二　水稻基因组 DNA 的提取和纯化

一、实验的目的及意义

DNA 是遗传信息的携带者，是基因表达的物质基础。无论是进行 DNA 结构与功能的研究，还是进行基因工程研究，首先需要对 DNA 进行分离和纯化，核酸样品的质量将直接关系到实验的成败。

本实验的主要目的是学习了解植物基因组 DNA 分离的原理与方法。掌握 CTAB 法提取植物基因组 DNA 的方法与技术。

二、实验原理

由于植物细胞有细胞壁及其细胞内高含量的多糖物质，因此一般的提取真核细胞基因组 DNA 的方法用在植物细胞上并不十分有效。十六烷基三乙基溴化铵（Cetyltrimethyl ammonium bromide，CTAB）法是常用的提取植物细胞基因组 DNA 的方法。CTAB 是一种去污剂，可溶解细胞膜，它能与核酸形成复合物，在高盐溶液中（0.7 mol/L NaCl）CTAB-核酸复合物是可溶的，当降低溶液盐浓度到一定程度（0.3 mol/L NaCl）时从溶液中沉淀，通过离心就可将 CTAB-核酸的复合物与蛋白质、多糖类物质分开。最后通过乙醇或异丙醇沉淀 DNA。由于 DNA 不溶于 CTAB 而溶于乙醇或异丙醇，从而被除去。

三、实验仪器和药品

离心机、离心管、紫外分光光度计、微量移液器、吸头、吸水纸、水浴锅、研钵、电子天平、pH 计、高压灭菌锅、电泳仪及电泳槽等。

试剂准备：

1. CTAB（Cetyltrimethyl ammonium bromide）DNA 提取试剂：2%CTAB、100 mmol/L Tris-HCl pH 8.0、20 mmol/L EDTA pH 8.0、1.4 mol/L NaCl、2%PVP（灭菌后加入 2%PVP，使之充分溶解）。

2. 酚仿-异戊醇溶液：苯酚∶氯仿∶异戊醇＝25∶24∶1

苯酚 100 mL

氯仿 96 mL

异戊醇 4 mL

3. 氯仿-异戊醇溶液：氯仿∶异戊醇＝24∶1

氯仿 96 mL

异戊醇 4 mL

4. 10 mg/mL RNase A。

5. 异丙醇。

6. 70％乙醇。

7. TE Buffer（pH 8.0）：称取 1.211 g Tris，0.372 g $Na_2 \cdot$ EDTA，先用 800 mL 蒸馏水加热搅拌溶解，用盐酸调至 pH 8.0，再用蒸馏水定容至 1 000 mL。高压灭菌 20 min。

8. 琼脂糖。

9. TAE 缓冲液。

10. 10 × DNA 上样缓冲液。

四、实验材料

水稻叶片或幼茎。

五、操作步骤与方法

1. 将 10 mL CTAB 分离缓冲液加入 30 mL 的离心管中，置于 60 ℃ 水浴预热。

2. 称取 1.0～1.5 g 新鲜叶片，置于预冷的研钵内，倒入液氯，将叶片研碎。可重复数次，直至叶片成为很细的粉末，称重。

3. 将叶片粉末直接加入预热的 CTAB 分离缓冲液中，轻轻转动离心管使之混匀。

4. 样品于 60 ℃ 保温 30 min。

5. 加入 700 μL 酚仿，彻底混匀。

6. 12 000 r/min 离心 2 min，回收上层水相。

7. 加入 700 μL 氯仿-异戊醇溶液（24∶1），彻底混匀。

8. 12 000 r/min 离心 2 min,回收上层水相。

9. 加入 5 μL(10 mg/mL)RNase A,37 ℃放置 1 h。

10. 加入 700 μL 酚仿,彻底混匀。

11. 12 000 r/min 离心 2 min,回收上层水相。

12. 加入 700 μL 氯仿/异戊醇(24 : 1),彻底混匀。

13. 12 000 r/min 离心 2 min,回收上层水相。

14. 加入 490 μL 异丙醇,静置于室温 10 min。

15. 12 000 r/min 离心 15 min,弃去上清液。

16. 用 500 μL 70%乙醇洗涤,8 000 r/min 离心 2 min。

17. 再用 300 μL 70%乙醇洗涤,8 000 r/min 离心 2 min。

18. 置于空气中干燥。

19. 用 50 μL TE Buffer 溶解。

20. 取 1 μL 溶解产物进行 1%琼脂糖凝胶电泳。100 V 电压下电泳 30 min,之后在紫外灯下观察结果。

六、注意事项

(1)提取过程中的机械力可能使大分子 DNA 断裂成小片段,所以,为保证 DNA 的完整性,各步操作均应较温和,避免剧烈振荡。

(2)如果 DNA 沉淀呈白色透明状而且溶解后成黏稠状,说明 DNA 含有较多的多糖类物质,可以在取材前将植物放暗处 24 h,以达到去除淀粉的目的。

(3)沉淀 DNA 用 70%乙醇清洗 2 次或更多次,以除去 DNA 中含有的多糖或盐类。

(4)乙醇一定要吹干,否则电泳点样时样品上漂。

(5)若样品用于 PCR 扩增,最好用灭菌的双蒸水溶解,以免 TE 缓冲液中的成分影响 PCR。

七、思考题

(1)CTAB 提取缓冲液中,每种成分的作用是什么?

(2)无水乙醇和异丙醇沉淀 DNA 各有什么优点?

(3)如何防止 DNA 样品降解?

实验三　烟草叶片 RNA 的提取和纯化

一、实验的目的及意义

RNA 是基因表达的中间产物,同时也是 RNA 病毒的遗传物质,对 RNA 进行操作在分子生物学中占有重要地位。高纯度和完整的 RNA 是很多分子生物学实验所必需的,如 Northern 杂交、cDNA 合成及体外翻译等实验的成败,在很大程度上取决于 RNA 的质量。植物细胞内的 RNA 主要是 rRNA(占 $80\% \sim 85\%$)、tRNA 及小分子 RNA(占 $10\% \sim 15\%$)和 mRNA(占 $1\% \sim 5\%$)。rRNA 含量最丰富,由 28 S、18 S 和 5 S 几类组成。

本实验的目的在于了解真核生物基因组 RNA 提取的一般原理。掌握 Trizol 提取 RNA 的方法和步骤,并且了解 RNA 纯度的检测方法。

二、实验原理

Trizol 试剂是由苯酚和硫氰酸胍配制而成的单相的快速抽提总 RNA 的试剂,在匀浆和裂解过程中,能在破碎细胞、降解蛋白质和其他成分,使蛋白质与核酸分离,失活 RNA 酶,同时能保持 RNA 的完整性。在氯仿抽提、离心分离后,RNA 处于水相中,将水相转管后用异丙醇沉淀 RNA。

三、实验仪器和药品

天平、紫外分光光度计、电泳仪、离心管、移液器、吸头、离心机、低温冰柜($-80\ ℃$)、振荡器、研钵及研棒等。

试剂准备:

1. 无 RNA 酶的无菌水:用将高温烘烤的玻璃瓶(180 ℃,2 h)装蒸馏水,然后加入 $0.01\%(V/V)$ 的 DEPC,处理过夜后高压灭菌。

2.75％乙醇:用 DEPC 处理水配制 75％乙醇(用高温灭菌器皿配制),然后装入高温烘烤的玻璃瓶中,存放于低温冰箱。

3. 氯仿。

4. 异丙醇、无水乙醇。

5. Trizol 试剂。

四、实验材料

烟草叶片。

五、操作步骤与方法

1. 将枪头、研钵、研杵、EP 管、PCR 八连管于 121 ℃高压灭菌 1 h。

2. 取新鲜的烟草叶片 100 mg 左右,用液氮将生物材料急速冷冻,然后采用液氮研磨的方式在研钵里磨碎组织。如果不立即研磨,可以先将液氮冷冻处理的植物组织储存于 −80 ℃冰箱。

3. 将研磨破碎的组织转到 EP 管里,并立即加入 1 mL Trizol 试剂,剧烈振荡 15 s,然后在室温放置 5 min。

4. 4 ℃,12 000g 离心 5 min,将上清液转至另一洁净的 EP 管。

5. 加 0.2 mL 氯仿于 EP 管中,剧烈振荡 15 s,室温放置 3 min。

6. 4 ℃,12 000g 离心 15 min,将上清液转至另一洁净的 EP 管。

7. 加 0.5 mL 异丙醇于 EP 管,轻轻颠倒 EP 管 5 次,室温放置 5 min。

8. 4 ℃,12 000g 离心 5 min,弃上清液。

9. 加 1 mL 75%乙醇进行洗涤,轻轻颠倒 EP 管 5 次,4 ℃,12 000g 离心 3 min,弃上清液。

10. 让沉淀的 RNA 在室温下自然干燥约 5 min。

11. 加 30 μL DEPC 水,60 ℃温育 5 min,溶解 RNA 沉淀。

12. 将溶解好的 RNA 稀释 50 倍,用分光光度计测定 RNA 的浓度及 $OD_{260/280}$。

13. OD_{260}/OD_{280} 应为 1.7~2.1。低于 1.7,说明有蛋白和酚的污染;OD_{260}/OD_{230} 应大于 2.0,低于该值,说明有糖、盐、胍等小分子污染。OD_{260} 为 1 的溶液大约含 40 μg/mL RNA,故总 RNA 的浓度(μg/mL)=OD_{260}×40 μg/mL×稀释倍数。

14. 取 1 μL 溶解产物进行 1%琼脂糖凝胶电泳。100 V 电压下电泳 15 min,之后在紫外灯下观察结果。

六、注意事项

(1)实验前所有的用具和器皿均需用 0.05% 的 DEPC(焦碳酸乙二酯)水溶液处理 30 min 以上,实验中所使用的溶剂水也需加入 0.05% 的 DEPC,以抑制可能残存的 RNA 酶的活性。

(2)Trizol、DEPC 等有毒,与皮肤接触会引起伤害。操作过程戴手套,在通风条件下操作。

七、思考题

(1)说明实验中 DEPC 水处理的目的。

(2)简述防止 RNA 酶污染的措施。

实验四　小麦叶片总蛋白的提取

一、实验的目的及意义

蛋白质是生命的物质基础,是构成细胞的基本有机物,是生命活动的主要承担者。没有蛋白质就没有生命。因此,它是与生命及与各种形式的生命活动紧密联系在一起的物质。机体中的每一个细胞和所有重要组成部分都有蛋白质参与。

本实验的目的在于了解植物总蛋白的提取方法,掌握植物总蛋白提取的基本原理并熟练实验操作技术。

二、实验原理

蛋白质样品制备主要包括:破碎裂解组织细胞;使蛋白质从组织细胞中释放出来;除去非蛋白质组分如核酸和脂类等。Trition X-100,NP40 等去污剂能通过溶解细胞膜而使蛋白从细胞中释放出来。细胞中普遍存在的各种蛋白水解酶可导致蛋白质分解,因此,低温操作并加一些相应的蛋白酶抑制剂(如二异丙基氟磷酸 DFP、对氯高汞苯甲酸 PCMB、苯甲基磺酰氟 PMSF 等),金属螯合剂(EDTA 等),有益于保护目的蛋白的完整性。本实验采用 Tris-HCl 缓冲液提取,丙酮沉淀的方法制备叶片总蛋白的粗提物。

三、实验仪器和药品

仪器:研钵、离心管、枪头、微量移液器、紫外分光光度仪、高速冷冻离心机等。

试剂准备:

1. Tris-HCl 提取缓冲液:30 mmol/L Tris-HCl (pH 8.0)、1 mmol/L DTT、1 mmol/L EDTA、5 mmol/L $MgCl_2$、12 mg PVP/0.5 mL(研磨时加入)。

2. 丙酮溶液:含 10 mmol/L β-巯基乙醇。

四、实验材料

小麦叶片。

五、操作步骤与方法

1. 称取小麦叶片 0.5 g，剪碎，置于 −20 ℃预冷的研钵中。

2. 加入 2.5 mL Tris-HCl 提取缓冲液，冰上研磨成匀浆。

3. 取 1 mL 剪头的枪头将匀浆从研钵吸取到冰上的 1.5 mL 离心管中，4 ℃条件下 5 000 r/min 离心 10 min（如果转速更高、时间更长也可以，得到的蛋白质含量不同）。

4. 吸取 200 μL 上清液分装在 1.5 mL 离心管中，加入 1 mL 丙酮（含 10 mmol/L β-巯基乙醇），混匀，−20 ℃沉淀 1 h。

5. 沉淀以 10 000 r/min 离心 10 min，弃上清液。沉淀用 80% 丙酮洗两次后（每次 10 000 r/min 离心 3 min）在室温干燥 5～10 min，−20 ℃保存备用。

6. 另从第三步的上清液中取样 1～20 μL，加到 2 mL 的 30 mmol/L Tris-HCl 缓冲液中，放在比色皿中，测 OD_{260} 和 OD_{280}，记录数据（如果比色皿是 2 mL 容量，样品取量根据浓度而定，使 OD 在 0～1 之间）。

7. 根据公式计算蛋白质浓度：

$OD_{280}/OD_{260} < 1.5$ 时，用 Lowry-Kalokar 公式：

$$比色皿中溶液蛋白质含量（mg/mL）= 1.45\,OD_{280} \sim 0.74\,OD_{260}$$

$OD_{280}/OD_{260} > 1.5$ 时，用 Lambert-Beer 定律：

$$比色皿中溶液蛋白质含量（mg/mL）= OD_{280}/KL = (OD_{280}/6.3 \times 1) \times 10\ g/L$$

式中：K 为摩尔消光系数。

六、注意事项

植物总蛋白提取的所有过程均要求在操作中保存生物大分子结构的完整性。保存植物蛋白的活性，防止蛋白质变性及降解。因空间结构主要依靠氢键、盐键和范德华力的存在，遇酸、遇碱、高温、剧烈的机械作用及强烈的辐射等均可导致活性丧失。因此，选择的条件必须十分温和。同时应注意防止系统中重金属离子、细胞自身酶系及其他有毒物质的污染。

七、思考题

列举几种防止蛋白降解发生的必要措施和方法。

实验五　番茄果实总蛋白的提取

一、实验的目的及意义

蛋白质是生理功能的执行者,是生命现象的直接体现者,对蛋白质结构和功能的研究将直接阐明生命在生理或病理条件下的变化机制。蛋白质本身的存在形式和活动规律,如翻译后修饰、蛋白质间相互作用以及蛋白质构象等问题,仍依赖于直接对蛋白质的研究来解决。

本实验的目的在于掌握植物蛋白提取原理和方法,了解其意义及其应用价值。

二、实验原理

蛋白质能被某些有机溶液沉淀下来,一方面是由于甲醇、乙醇、丙酮等有机溶剂加入水中使容积介电常数降低,增加了相反电荷的吸引力;另一方面是因为这些有机溶剂是强亲水试剂,争夺蛋白质分子表面的水化水,破坏蛋白质胶体分子表面的水化层而使分子聚集沉淀。在等电点时沉淀效果更好。常温下有机溶剂可使蛋白质变性,低温条件下可减慢变形速度。因此用有机溶剂沉淀蛋白质时应在低温条件下进行。如利用丙酮沉淀蛋白质时,必须在 0～4 ℃低温下进行。蛋白质被丙酮沉淀后,应立即分离,否则蛋白质会变性。三氯乙酸(TCA)沉淀蛋白质主要基于以下几个方面的作用:在酸性条件下 TCA 能与蛋白质形成不溶性盐;TCA 作为蛋白质变性剂使蛋白质构象发生改变,暴露出较多的疏水性基团,使之聚集沉淀。

三、实验仪器和药品

仪器:1.5 mL 离心管、5 mL 离心管、移液器、冷冻高速离心机、冷冻干燥离心机等。

试剂:

1. 提取缓冲液 A:含有 10%三氯乙酸(Trichloroacetic acid,TCA)的丙酮溶液。
2. 提取缓冲液 B:0.07% β-巯基乙醇的丙酮溶液。

3. 蛋白裂解液:9 mol/L 尿素（urea）,4%(m/V)CHAPS,1%(m/V)二硫苏糖醇（DTT）,1%(m/V)蛋白酶抑制剂(a cocktail of protease inhibitor)。

4. PVPP。

四、实验材料

番茄果实。

五、操作步骤与方法

1. 将配好的提取缓冲液 A 和 B 置于−20 ℃ 预冷。

2. 取 2 g 番茄果实放入预冷研钵中,加入液氮,充分研磨至粉末状(加入少许 PVPP)。

3. 于 1.5 mL EP 管中加入 3 倍体积的提取缓冲液 A,将粉末加入 EP 管中,混匀后在−20 ℃ 的条件下过夜。

4. 将 EP 管放入冷冻离心机,调温至 4 ℃,40 000g 离心 1 h,弃上清液。

5. 将沉淀重悬浮于等体积的预冷的提取缓冲液 B 中,将 EP 管放入冷冻离心机,调温至 4 ℃,40 000g 离心 1 h(重复一次),弃上清液。

6. 将沉淀在室温空气中晾干。

7. 将沉淀用最小体积的裂解液充分溶解,其间可漩涡振荡助溶。

8. 将 EP 管放入冷冻离心机,调温至 15 ℃,40 000g 离心 1 h,上清液即为获得的蛋白质样品,可分装置于−80 ℃ 贮存备用,临时保存置于 4 ℃。

六、注意事项

(1)三氯乙酸(TCA)具有强腐蚀性,使用时需小心。

(2)提取最后一步(步骤 8)离心以没有沉淀为标准,可能需要多次。每次可能需要更长时间。

(3)蛋白质提取过程中需要注意对蛋白质的保护,有些蛋白质易被降解,可添加蛋白酶抑制剂、还原剂等,并尽量保持在低温条件下操作。

七、思考题

(1)TCA-丙酮的作用是什么？

(2)蛋白质变性和沉淀的关系是什么？

第十一章
目的基因的获得

实验一　聚合酶链式反应(PCR)

一、实验目的与意义

聚合酶链式反应(Polymerase Chain Reaction，PCR)，是一种应用广泛的分子生物学技术，用于体外扩增特异的 DNA 片段，可以看作是生物体外的特殊 DNA 复制。利用 PCR 技术可在短时间内获得数百万个特异的 DNA 序列的拷贝。PCR 技术在分子克隆、遗传病的基因诊断等方面已得到广泛的应用。近年来随着分子生物学技术的发展及科研实践的需要，涌现了一些新型的 PCR 技术，如反转录 PCR(Reverse Transcription PCR，RT-PCR)、巢式 PCR(Nested PCR)、多重 PCR(Multiplex PCR)、实时荧光定量 PCR(Real-time PCR)等。本实验的主要目的是掌握普通 PCR 技术的基本原理，掌握 PCR 技术的基本操作程序，了解常用的 PCR 技术及其应用。

二、实验原理

DNA 的半保留复制是生物进化和传代的重要途径。双链 DNA 在多种酶的作用下可以变性解旋成单链，在 DNA 聚合酶的参与下，根据碱基互补配对原则复制成同样的两分子拷贝。在实验中发现，DNA 在高温时也可以发生变性解链，当温度降低后又可以复性成为双链。因此，通过温度变化控制 DNA 的变性和复性，加入设计引物，DNA 聚合酶、dNTP 就可以完成特定基因的体外复制。

PCR 技术实际上是在模板 DNA、引物和 4 种脱氧核苷酸存在的条件下依赖于 DNA 聚合酶的酶促合成反应。PCR 技术的特异性取决于引物和模板 DNA 结合的特异性。反应主要分为三步。①变性：在高温条件下，DNA 双链解离形成两条单链 DNA；②退火：当温度突然降低时引物与其互补的模板在局部形成杂交链；③延伸：在 DNA 聚合酶、dNTPs 和 Mg^{2+} 存在的条件下，聚合酶催化以引物为起始点的 DNA 链延伸反应。以上三步为一个循环，即高温变性、低温退火、中温延伸三个阶段。每一个循环的产物可以作为下一个循环的模板，几十个循环之后，介于两个引物之间的特异性 DNA 片段得到了大量复制，数量可达到 10^7 个拷贝。

三、实验仪器与试剂

仪器：PCR 仪、离心机、移液器等。

试剂：$10 \times$ PCR Buffer（含 $MgCl_2$）、dNTPs 2.5 mmol/L、Taq 酶 5 U/μL、ddH_2O 等。

四、实验材料

提前制备的模板 DNA，合成的正反向引物 1 和 2（2 μmol/L）。

五、操作步骤与方法

（一）PCR 引物设计

PCR 反应中有两条引物，即 5′端引物和 3′端引物。设计引物时以一条 DNA 单链为基准（常以信息链为基准），5′端引物与位于待扩增片段 5′端上的一小段 DNA 序列相同；3′端引物与位于待扩增片段 3′端的一小段 DNA 序列互补。引物设计一般使用 Premier 5.0 进行设计。

引物设计的基本原则：

（1）引物长度：15～30 bp，常用为 20～25 bp。

（2）引物碱基：G+C 含量以 40%～60% 为宜，G+C 太少扩增效果不佳，G+C 过多易出现非特异条带。ATGC 最好随机分布，避免 5 个以上的嘌呤或嘧啶核苷酸的成串排列。

（3）引物内部不应出现互补序列。

（4）两个引物之间不应存在互补序列，尤其是避免 3′端的互补重叠。

（5）引物与非特异扩增区的序列的同源性不要超过 70%，引物 3′末端连续 8 个碱基在待扩增区以外不能有完全互补序列，否则易导致非特异性扩增。

（6）引物 3′端的碱基，特别是最末及倒数第二个碱基，应严格要求配对，最佳选择是 G 和 C。

（7）引物的 5′端可以修饰。如附加限制酶位点，引入突变位点，用生物素、荧光物质加入其他短序列，包括起始密码子、终止密码子等。

(二)PCR 反应体系

PCR 反应体系一般由 dNTP、引物、模板 DNA、Taq DNA 聚合酶及 PCR Buffer 组成。一般总体积 10～50 μL,依实验目的而定。反应体系加量一般遵从以下原则:

(1)dNTP 以等摩尔浓度配制,终浓度一般为 20～250 μmol/L。

(2)引物最终浓度一般为 0.1～0.5 μmol/L。

(3)模板 DNA 加量一般为 1～20 ng/μL。

(4)Taq DNA 聚合酶加量一般为 0.05～0.1 U/μL。

(5)10×PCR Buffer 则按照稀释倍数添加。

按要求加入上述 5 种试剂后,用 ddH$_2$O 补至终体积。混匀后短暂离心待反应。

(三)PCR 反应程序

目前,PCR 反应程序一般由以下几步组成:

(1)预变性:模板 DNA 完全变性与 PCR 酶的完全激活对 PCR 能否成功至关重要,建议加热时间参考试剂说明书,一般为 94 ℃加热 3～5 min。

(2)变性:循环中一般 94 ℃,30 s 足以使各种靶 DNA 序列完全变性,可能的情况下可缩短该步骤时间。变性时间过长损害酶活性,过短靶序列变性不彻底,易造成扩增失败。

(3)退火:退火温度需要从多方面去决定,一般根据引物的 Tm [$Tm = 4(G+C) + 2(A+T)$]值为参考,低于引物 Tm 5 ℃左右,在 50～65 ℃。退火时间一般为 30 s。

(4)延伸:引物延伸一般在 72 ℃进行(Taq 酶最适温度),延伸时间随扩增片段长短而定,一般设定为定为 1 min/kbp。

(5)最后延伸:在最后一个循环后,反应在 72 ℃维持 10～30 min,使引物延伸完全,并使单链产物退火成双链。

PCR 扩增主要循环为变性、退火和延伸三个步骤,循环数一般为 25～35 次,依据实验目的而定。

六、提示注意

(1)本实验所述反应体系、反应程序为 PCR 反应基本原则,具体实验体系、程序需根据实验材料实验目的进行设定。

（2）PCR 反应循环数不宜高于 35 个循环，循环数超过 30 个以后，DNA 聚合酶活性逐渐达到饱和，产物的量不再随循环数的增加而增加，出现了所谓的"平台期"。

七、思考题

（1）PCR 反应的原理是什么？
（2）PCR 技术在分子遗传学领域有哪些应用？
（3）列举常用的新型 PCR 技术及其应用。

实验二　烟草 *SGT1* 基因的 3′RACE 克隆

一、实验目的与意义

随着生物技术的不断发展,许多克隆新基因的方法和手段被开发出来,如图谱克隆技术、转座子标签技术、mRNA 差异显示技术、基因组减法技术以及 cDNA 文库筛选技术等。但这些方法大多实验周期长、技术步骤繁琐且工作量大。cDNA 末端快速扩增技术(Rapid Amplification of cDNA Ends,RACE)是一种基于 PCR 从低丰度的转录本中快速扩增 cDNA 的 5′和 3′末端的有效方法。该技术简单、快速、廉价,被广泛应用于克隆未知基因的全长。*SGT1* 是多种植物抗病基因介导的抗病信号途径的必要组件。*SGT1* 基因的突变或沉默会导致多种植物 *R* 基因介导抗病性的丧失。本实验的主要目的是掌握 RACE 技术的基本原理,掌握 3′RACE 技术的基本操作程序,了解基因克隆的常用方法。

二、实验原理

RACE 主要应用在已知某基因的部分序列的情况下。当已知中间部分序列时,以 RNA 为模板,以 GSPl(gene specific primer)或 oligo-d(T)为引物,通过反转录得到 cDNA,再得到 mRNA 两端核酸序列。当基因一端序列了解的情况下则采用一端 PCR(onesided PCR)或"锚定"PCR(anchored PCR)。一般情况下,采用 PCR 技术从成分复杂而且目的基因的分子相当少的混合物中扩增目的基因,需要两个能与被扩增序列两端特异结合的引物,然而正确扩增某一基因的未知序列,可利用的资料信息受到了严格的限制。3′RACE 和 5′RACE 方法为解决这一问题提供了有效的方法。

3′RACE 利用 mRNA 中的 poly(A)作为 PCR 扩增中的引物设计位置,在这一方法中,用反转录酶和经过改造过的 oligo-d(T)为该引物在 oligo-d(T)的 5′端加了一段特异的序列使 mRNA 反转录成 cDNA,再用能和目的基因已知序列特异配对的引物和 5′端的特异序列,对特定的 cDNA 进行扩增,就可得到该基因位于已知序列和 poly(A)之间的 3′-mRNA 未知序列。

三、实验仪器与试剂

仪器：PCR 仪、紫外仪、水浴锅、微波炉、电泳仪、电子天平、高压灭菌锅、pH 计、移液器等。

试剂：PCR 用 Pfu DNA 聚合酶。

　　　　Pfu DNA 聚合酶的 10×缓冲液：

　　　　　　Tris-HCl（pH 8.4）　　　　　200 mmol/L

　　　　　　KCl　　　　　　　　　　　　500 mmol/L

dNTP（每种的浓度为 2 mmol/L）。

DTT：0.1 mol/L。

反转录酶：200 U/μL。

RNase 溶液：将 RNase 溶于 10 mmol/L Tris-HCl（pH 7.5）、15 mmoL/L NaCl 配成的试剂中，配成 10 mg/mL 的溶液，在 100 ℃加热 15 min，使可能混有的 DNase 失活，然后缓慢冷却至室温，分装成小份保存于−20 ℃。

　　　　5×加尾缓冲液：

　　　　　　Tris-HCl（pH 8.4）　　　　50 mmol/L

　　　　　　KCl　　　　　　　　　　　125 mmol/L

　　　　　　$MgCl_2$　　　　　　　　　7.5 mmol/L

dCTP：2 mmol/L。

TDT（脱氧核苷酸末端转移酶）。

10×DMSO：33％（V/V）DMSO。

H_2O（无 RNase 污染的重蒸水）等。

玻璃奶。

四、实验材料

烟草（*Nicotiana benthamiana*）总 RNA 20 μg。

3′RACE AP

　　5′-GGC CAC GCG TCG ACT AGT ACT TTT TTT TTT TTT TTT T-3′

3′RACE AUAP

　　5′-GGC CAC GCC TCG ACT AGT AC-3′

3′RACE SGPl*SGT*-180 正链

　　5′-ACG CAT TGC AGA GGA AGC TGG A-3′

3′RACE SGP2*SGT*-627 正链

   5′-TGT AGT GCA CAG GCC TAA TGT GTC AT-3′

3′RACE SGP3*SGT*-839 正链

   5′-ATC CTT TGT GGA ATC TAA TGG GAC TGT-3′

五、操作步骤与方法

(一)3′RACE-cDNA 的合成与纯化

取 1.5 mL EP 管 1(实验组)置于冰上,按表 11-1 加入各组分充分混匀短暂离心后取 1/2 分装至 EP 管 2(负对照)中。仅向管 1 中加入 0.5 μL 反转录酶混匀短暂离心,42 ℃反转录 30 min,再 70 ℃热浴 10 min 终止反应。冰上放置 15 min,向各管中加入 1 μL RNase H,37 ℃水浴 20 min 以降解 RNA。加入玻璃奶 5 μL 混匀后室温放置 5 min,8 000 r/min 离心 30 s 沉淀 DNA。弃上清液,加入 20 μL H₂O 缓慢悬起玻璃奶,室温放置 5 min。8 000 r/min 离心 30 s 后冰上吸出上清液,即为 cDNA,−20 ℃保存备用。

注意:EP 管 2 为负对照 cDNA 模板,实际上没有 cDNA。

表 11-1　3′RACE-cDNA 的合成总反应体系

组分	总 RNA	引物 3′RACE AP	10× 缓冲液	MgCl₂	dNTPs	DTT	H₂O
用量	1~5 μg	1 μL	2.5 μL	2.5 μL	4 μL	2.5 μL	补至 24 μL

(二)3′RACE-PCR1

取 2 个 EP 管标为管 1 和管 2,管 1 用上述合成的实验组 cDNA,管 2 用上述合成的对照组 cDNA(负对照)。

在冰上,按表 11-2 反应体系向管 1 和管 2 中加入各成分,最后加入酶混合均匀,短暂离心。按表 11-3 反应程序设定 PCR 仪,完成扩增后将产物稀释 50 倍备用。

表 11-2　3′RACE-PCR1 反应体系　　　　　　　　　　　　μL

组分	10× 缓冲液	10× DMSO	dNTP	Pfu	3′GSP1	AUAP	cDNA	H₂O
体积	5	5	2.5	1	1	1	1	33.5

表 11-3　3′RACE-PCR1 反应程序

PCR1 程序	前 5 个循环			后 30 个循环		
温度	94 ℃	48 ℃	72 ℃	94 ℃	55 ℃	72 ℃
时间	1 min	40 s	1 min	1 min	40 s	1 min

(三) 3′RACE-PCR2

取 2 个 EP 管标为管 3 和管 4,管 3 用上述 PCR1 管 1 稀释产物,管 4 用上述 PCR1 管 2 稀释产物(负对照)。

在冰上,按表 11-4 反应体系向管 3 和管 4 中加入各组分,最后加入酶混合均匀,短暂离心。按表 11-5 反应程序设定 PCR 仪,完成扩增后将产物稀释 50 倍备用。

表 11-4　3′RACE-PCR2 反应体系　　　　　　　　　μL

组分	10×缓冲液	10×DMSO	dNTP	Pfu	3′GSP2	AUAP	稀释物	H_2O
体积	5	5	2.5	1	1	1	1	33.5

表 11-5　3′RACE-PCR2 反应程序

PCR2 程序(35 个循环)	94 ℃	55 ℃	72 ℃
时间	1 min	40 s	1 min

(四) 3′RACE-PCR3

取 2 个 EP 管标为管 5 和管 6,管 5 用上述 PCR2 管 3 稀释产物,管 6 用上述 PCR2 管 4 稀释产物(负对照)。

在冰上,按表 11-6 反应体系向管 5 和管 6 中加入各成分,最后加入酶混合均匀,短暂离心。PCR3 反应程序同 PCR2 反应程序。

表 11-6　3′RACE-PCR3 反应体系　　　　　　　　　μL

组分	10×缓冲液	10×DMSO	dNTP	Pfu	3′GSP3	AUAP	稀释物	H_2O
体积	5	5	2.5	1	1	1	1	33.5

(五) 结果验证

3′RACE-PCR3 的结果是得到 300 bp 的一个 DNA 片段,负对照 PCR 产物电泳没有任何条带,对得到的片段进行克隆,转化大肠杆菌,提取质粒并测序,以得到正确的序列片段。

六、提示注意

(1)反转录所用的 RNA 质量要有保证,对于大于 4 kb 的 mRNA,反转录需要 42 ℃ 50 min。

(2)反转录所用的各种试剂和用品中无 RNase。

(3)使用的各种酶活性要高。

(4)用玻璃奶回收 cDNA 操作要非常缓和。

(5)每一步 cDNA 的合成和 PCR 都要有负对照。

七、思考题

(1)什么情况下进行 RACE 实验?

(2)Pfu DNA 聚合酶的优点是什么?

实验三　烟草 *SGT1* 基因的 5′RACE 克隆

一、实验目的与意义

随着生物技术的不断发展,许多克隆新基因的方法和手段被开发出来,如图谱克隆技术、转座子标签技术、mRNA 差异显示技术、基因组减法技术以及 cDNA 文库筛选技术等。但这些方法大多实验周期长、技术步骤繁琐且工作量大。cDNA末端快速扩增技术(Rapid Amplification of cDNA Ends,RACE)是一种基于 PCR从低丰度的转录本中快速扩增 cDNA 的 5′末端和 3′末端的有效方法。该技术简单、快速、廉价,被广泛应用于克隆未知基因的全长。*SGT1* 是多种植物抗病基因介导的抗病信号途径的必要组件。*SGT1* 基因的突变或沉默会导致多种植物 *R* 基因介导抗病性的丧失。本实验的主要目的是了解 RACE 技术的基本原理,掌握5′RACE 技术的基本操作程序,了解基因克隆的常用方法。

二、实验原理

RACE 主要应用在已知某基因的部分序列的情况下。当已知中间部分序列时,以 RNA 为模板,以 GSP1(gene specific primer)或 oligo-d(T)为引物,通过反转录得到 cDNA,再得到 mRNA 两端核酸序列。当基因一端序列了解的情况下则采用一端 PCR(onesided PCR)或"锚定"PCR(anchored PCR)。一般情况下,采用 PCR 技术从成分复杂而且目的基因的分子相当少的混合物中扩增目的基因,需要两个能与被扩增序列两端特异结合的引物,然而正确扩增某一基因的未知序列,可利用的资料信息受到了严格的限制。3′RACE 和 5′RACE 方法为解决这一问题提供了有效的方法。

5′RACE 或"锚定"PCR(anchored PCR)技术是从低拷贝基因的材料中分离和确定某一基因 5′端的有效方法。cDNA 第一链的合成中所用的引物为目的基因的反义核苷酸序列 GSP1,得到目的基因 mRNA 或该基因家族 mRNAs 的cDNA,进一步得到 5′端完整的目的基因。cDNA 合成之后,降解 mRNA,从含有 dNTPs、GSP1 和蛋白质的反应中纯化出 cDNA 的第一链,再采用脱氧核苷酸未端转移酶——TDT(terminal deoxynucleotidyl transferase)给 cDNA 的 3′端加上多聚核苷酸碱基"C"。然后以引物 GSP2 和一锚定引物(含有两部分序列:一部分是"锚定"引物,另一部分与多聚核苷酸碱基"C"完全配对的序列)进行 PCR,这样就可以把 GPS2 与 mRNA 5′端的未知序列扩增出来。

三、实验仪器与试剂

仪器:PCR 仪、紫外仪、水浴锅、微波炉、电泳仪、电子天平、高压灭菌锅、pH 计、移液器等。

试剂:PCR 用 Pfu DNA 聚合酶。

　　　Pfu DNA 聚合酶的 10×缓冲液:

Tris-HCl(pH 8.4)　　　　　200 mmol/L

KCl　　　　　　　　　　　　500 mmol/L

dNTP(每种的浓度为 2 mmol/L)。

DTT:0.1 mol/L。

反转录酶:200 U/μL。

RNase 溶液:将 RNase 溶于 10 mmol/L Tris-HCl(pH 7.5)、15 mmoL/L NaCl 配成的试剂中,配成 10 mg/mL 的溶液,在 100 ℃加热 15 min,使可能混有的 DNase 失活,然后缓慢冷却至室温,分装成小份保存于−20 ℃。

5×加尾缓冲液:

Tris-HCl(pH 8.4)　　　　　50 mmol/L

KCl　　　　　　　　　　　　125 mmol/L

MgCl$_2$　　　　　　　　　　7.5 mmol/L

dCTP:2 mmol/L。

TDT(脱氧核苷酸末端转移酶)。

10×DMSO:33%(V/V)DMSO。

H$_2$O(无 RNase 污染的重蒸水)等。

四、实验材料

烟草(*Nicotiana benthamiana*)总 RNA 20 μg。

5′RACE SGPlSGT-679 负链

　　5′-ATC CGT ATG TCT CAA TTT CGA GGA-3′

5′RACE SGP2 *SGT*-202 负链

　　5′-ATC CAC CGA CTG ATT AGG TAG TTC T-3′

5′RACE SGP3 *SGT*-48 负链

　　5′-ACC CCT TAC GCA AAT ATG CTT TTG ACA-3′

5′RACE AAP

　　5′-GGC CAC GCG TCG ACT AGT ACG GGI IGG GII GGG IIG-3′

5′RACE AP

　　5′-CUA CUA CUA CUA GGC CAC GCG TCG ACT AGT ACG GGI IGG GII GGG IIG-3′

五、操作步骤与方法

(一)5′RACE-cDNA 合成

取 1.5 mL EP 管 1(实验组)置于冰上,按表 11-7 加入各组分充分混匀,短暂离心后取 1/2 分装至 EP 管 2(负对照)中。仅向管 1 中加入 0.5 μL 反转录酶混匀短暂离心,42 ℃反转录 30 min,再 70 ℃热浴 10 min 终止反应。冰上放置 15 min,向各管中加入 1 μL RNase H,37 ℃水浴 20 min 以降解 RNA。加入玻璃奶 5 μL 混匀后室温放置 5 min,8 000 r/min 离心 30 s 沉淀 DNA。弃置上清液,加入 20 μL H₂O 缓慢悬起玻璃奶,室温放置 5 min。8 000 r/min 离心 30 s 后冰上放置,吸出上清液,即为 cDNA,−20 ℃保存备用。

注意:EP 管 2 为负对照 cDNA 模板,实际上没有 cDNA。

表 11-7　5′RACE-cDNA 合成总反应体系 1

组分	总 RNA	引物 5′RACE AP	10×缓冲液	MgCl$_2$	dNTP	DTT	H$_2$O
用量	2～10 μg	2 μL	4 μL	4 μL	4 μL	4 μL	补至 38 μL

(二)cDNA 加尾

此步仅对上述 EP 管 1(实验组)进行加尾。按表 11-8 加尾体系加入各组分混匀并以 400 r/min 离心 10 min。94 ℃反应 2～3 min,立即冰上放置 2～3 min,加入 TDT 轻轻混匀,400 r/min 离心 10 min,37 ℃反应 10 min 后升高至 65 ℃反应 10 min。所得产物稀释 50 倍作为后续 PCR 模板。同样将 EP 管 2 负对照组稀释

50 倍备用。

表 11-8　cDNA 加尾体系　　　　　　　　　　　　μL

组分	H₂O	5×加尾缓冲液	2 mmol/L dCTP	回收的 cDNA
体积	1.5	5	2.5	15

(三)5′RACE-PCR1

取 2 个 EP 管标为管 1 和管 2,管 1 用上述合成的实验组稀释后的 cDNA,管 2 用上述合成的对照组稀释后的 cDNA(负对照)。

在冰上,按表 11-9 反应体系向管 1 和管 2 中加入各成分,最后加入酶混合均匀, 短暂离心。按表 11-10 反应程序设定 PCR 仪,完成扩增后将产物稀释 50 倍备用。

表 11-9　5′RACE-PCR1 反应体系　　　　　　　　　　　μL

组分	10×缓冲液	10×DMSO	dNTP	Pfu	5′RACE GSP2	AAP	cDNA	H₂O
体积	5	5	2.5	1	1	1	1	33.5

表 11-10　5′RACE-PCR1 反应程序

PCR1 程序	前 5 个循环			后 30 个循环		
温度	94 ℃	48 ℃	72 ℃	94 ℃	55 ℃	72 ℃
时间	1 min	40 s	1 min	1 min	40 s	1 min

(四)5′RACE-PCR2

取 2 个 EP 管标为管 3 和管 4,管 3 用上述 PCR1 管 1 稀释产物,管 4 用上述 PCR1 管 2 稀释产物(负对照)。

在冰上,按表 11-11 反应体系向管 3 和管 4 中加入各成分,最后加入酶混合均匀,短暂离心。按表 11-12 反应程序设定 PCR 仪,完成扩增。

表 11-11　5′RACE-PCR2 反应体系　　　　　　　　　　μL

PCR2	10×缓冲液	10×DMSO	dNTP	Pfu	5′GSP3	AP	稀释物	H₂O
体积	5	5	2.5	1	1	1	5	28.5

表 11-12　5′RACE-PCR2 反应程序

PCR2 程序(35 个循环)	94 ℃	55 ℃	72 ℃
时间	1 min	40 s	1 min

(五)结果验证

PCR 结果电泳后会得到几条带,对每条带进行回收然后进行重组,转化大肠杆菌,提取质粒并测序,进行序列分析,以得到正确的序列。负对照 PCR 产物电泳没有任何条带。

结合上个实验所得到的 3′端序列,分别设计 5′端和 3′端引物,从反转录的 cDNA中经 PCR 扩增即可得到完整的 *SGT1* 基因。

六、提示注意

(1)反转录所用的 RNA 质量要有保证,对于大于 4 kb 的 mRNA,反转录需要42 ℃ 50 min。

(2)反转录所用的各种试剂和用品中无 RNase。

(3)使用的各种酶活性要高。

(4)用玻璃奶回收 cDNA 操作要非常缓和。

(5)每一步 cDNA 的合成和 PCR 都要有负对照。

七、思考题

(1)如何设计负对照实验?

(2)负对照设计中不加反转录酶或不加 RNA 有什么区别?

实验四　月季染色体步移技术

一、实验目的与意义

由于拟南芥基因组已测序完成,研究某个基因启动子时,可以根据已知的基因序列设计引物,直接克隆基因的启动子序列。但是对于月季、黑麦草等植物材料,由于没有已知的基因组序列,在克隆某个基因启动子时需要利用染色体步移法(Genome Walking)。本实验的主要目的是了解染色体步移的基本原理,学习基于热不对称 PCR 的染色体步移技术及步骤,了解常用的植物基因克隆技术。

二、实验原理

染色体步移的方法中常用的是环状 PCR,包括反向 PCR、锅柄 PCR、连接介导 PCR、热不对称 PCR(Tail-PCR)、单侧寡聚核苷酸嵌套 PCR(Single oligonucle-otide nested PCR,SON PCR)。本实验中介绍的是基于 TaKaRa 的试剂盒的实验方法。

基本原理是根据已知 DNA 序列分别设计 3 条同向且退火温度较高的特异性引物(SP Primer),以及退火温度较低的兼并引物,进行热不对称 PCR 反应。

三、实验仪器与药品

仪器:PCR 仪、紫外仪、水浴锅、微波炉、电泳仪、电子天平、高压灭菌锅、pH计、移液器等。

药品:TaKaRaLA Taq 酶 5 U/μL

10×LA PCR Buffer Ⅱ

dNTP　　　　　　　2.5 mmol/L

AP1 Primer　　　　100 pmol/L

H_2O(重蒸水)等。

四、实验材料

月季基因组 DNA。

五、操作步骤与方法

(一)特异性引物设计

根据经验证的已知序列,按照特异性引物设计原则设计 3 条特异性引物,分别命名为 SP1、SP2、SP3。

(二)第一轮 PCR 反应

取适量基因组 DNA 作为模板,以 AP1 Primer 作为上游引物,SP1 Primer 为下游引物,按表 11-13 反应体系加入各组分,混匀并短暂离心。按 PCR1 反应程序设定 PCR 仪。将部分所得产物稀释 1～1 000 倍(依产物浓度而定)后作第二轮 PCR 反应模板。

表 11-13　第一轮 PCR 反应体系

组分	ddH₂O	基因组 DNA	dNTPs	10×LA Buffer Ⅱ	LA Taq	AP1	SP1
用量	补至 50 μL	1～10 ng	每种 2 μL	5 μL	0.5 μL	1 μL	1 μL

PCR1 反应程序:

94 ℃	1 min	
98 ℃	1 min	
94 ℃	30 s	⎫
60～68 ℃	1 min	⎬ 5 循环
72 ℃	2～4 min	⎭

94 ℃ 30 s;25 ℃	3 min;72 ℃ 2～4 min	⎫
94 ℃ 30 s;60～68 ℃	1 min;72 ℃ 2～4 min	⎪
94 ℃ 30 s;60～68 ℃	1 min;72 ℃ 2～4 min	⎬ 共 15 个大循环
94 ℃ 30 s;44 ℃	1 min;72 ℃ 2～4 min	⎭
72 ℃ 10 min		

(三)第二轮 PCR 反应

取 1 μL 第一轮反应产物稀释液作为第二轮 PCR 反应的模板,以 AP1 Primer 为上游引物,SP2 Primer 为下游引物,进行第二轮 PCR 反应。按 PCR2 反应体系加入各组分,混匀并短暂离心。按表 11-14 反应程序设定 PCR 仪。将部分所得产物稀释 1～1 000 倍(依产物浓度而定)后作第三轮 PCR 反应模板。

表 11-14　第二轮 PCR 反应体系　　　　　　　　μL

PCR2 体系	ddH$_2$O	一轮产物 稀释液	dNTPs	10×LA Buffer Ⅱ	LA Taq	AP1	SP2
体积	补至 50	1	每种 2	5	0.5	1	1

PCR2 反应程序:

94 ℃ 30 s;60～68 ℃ 1 min;72 ℃ 2～4 min
94 ℃ 30 s;60～68 ℃ 1 min;72 ℃ 2～4 min } 共 15 个大循环
94 ℃ 30 s;44 ℃ 1 min;72 ℃ 2～4 min
72 ℃ 10 min

(四)第三轮 PCR 反应

取 1 μL 第二轮反应产物稀释液作为第三轮 PCR 反应的模板,以 AP1 Primer 为上游引物,SP3 Primer 为下游引物,进行第三轮 PCR 反应。按表 11-15 反应体系加入各组分,混匀并短暂离心。PCR3 反应程序与 PCR2 反应程序相同。

表 11-15　第三轮 PCR 反应体系　　　　　　　　μL

PCR2 体系	ddH$_2$O	二轮产物 稀释液	dNTPs	10×LA Buffer Ⅱ	LA Taq	AP1	SP3
体积	补至 50	1	每种 2	5	0.5	1	1

(五)结果验证

取第一轮、第二轮和第三轮 PCR 反应液各 5 μL,使用 1% 的琼脂糖凝胶进行电泳。切胶回收清晰的电泳条带,以 SP3 Primer 为引物对 PCR 产物进行 DNA 测序验证。

六、提示注意

(1)每轮反应中退火温度根据特异性引物的 Tm 而定。

(2)AP1 Primer 是所给上游引物中的 4 种中的任意一种,本实验以 AP1 Primer。

七、思考题

(1)简述染色体步移技术的基本原理。

(2)简述染色体步移技术的应用范围。

第十二章
载体构建技术

实验一　大豆 *NAC* 克隆载体构建

一、实验目的与意义

克隆载体用于在宿主细胞中克隆和扩增目的基因片段。这类载体含有复制信号序列,可以在宿主细胞中复制,得到高拷贝的 DNA 分子,但由于不含启动子序列或启动子序列不被宿主细胞 RNA 聚合酶识别而不能表达。*NAC* 转录因子具有诸多方面的功能,如参与植物次生生长,在细胞分裂和植株衰老中发挥作用,参与激素调控和信号转导,参与矿质元素营养和农作物品质改良等。同时,*NAC* 还参与生物胁迫中植物的防御反应以及在非生物逆境中发挥作用。本实验的主要目的是了解克隆载体构建的基本原理,掌握克隆载体构建的基本操作程序,了解常用的植物基因克隆载体。

二、实验原理

克隆载体的常用策略是 TA 克隆:利用大部分耐热性 DNA 聚合酶进行 PCR 反应时都有在 PCR 产物的 $3'$ 末端添加一个 A 的特性,将 PCR 产物与带有 $3'T$ 黏性末端的载体连接成重组子。本实验以 pMD18-T 载体为例,该载体是一种高效克隆 PCR 产物的专用载体,它是在 pUC18 载体基础上改建而成的,在 pUC18 载体的多克隆位点处的 *Xba* Ⅰ和 *Sal* Ⅰ识别位点之间插入了 *Eco*R Ⅴ 识别位点,用 *Eco*R Ⅴ 进行酶切反应后,再在两侧的 $3'$ 末端添加"T"而成。该策略大大提高了 PCR 产物的连接、克隆效率。

三、实验仪器与试剂

仪器:PCR 仪、移液器、低速离心机、摇床、超净台、培养箱等。

试剂:Solution Ⅰ,ddH$_2$O,LB 液体培养基,含 50 mg/L 氨苄青霉素(Amp)的 LB 固体培养基,含 50 mg/L 氨苄青霉素(Amp)的 LB 液体培养基等。

四、实验材料

大豆 cDNA、大肠杆菌感受态 DH5α、pMD18-T 载体。

五、操作步骤与方法

(一)引物设计

在大豆 *NAC* 基因起始密码子之前设计一段正向引物和终止密码子之后设计一段反向引物,由相关技术公司合成。

(二)PCR 扩增、纯化

以大豆 cDNA 为模板,Taq DNA 聚合酶进行 PCR 扩增,按表 12-1 反应体系所示。将混合液轻弹混匀并短暂离心,将各成分集于管底,按表 12-2 反应程序设定 PCR 仪。

表 12-1　PCR 扩增反应体系　　　　　　　　　　　　　　　　　μL

组分	2×Taq mix	正/反向引物(10 μmol/L)	大豆 cDNA	ddH$_2$O
体积	25	1	5	19

表 12-2　PCR 扩增程序

PCR 程序(35 个循环)	94 ℃	55~65 ℃	72 ℃
时间	30 s	1 min	1 min

扩增完成后,使用 0.8% 的琼脂糖凝胶进行电泳,切胶回收,所得纯化产物立即使用或 −20 ℃ 暂存。

(三)连接反应

将制备好的大豆 *NAC* 基因片段与 pMD18-T 载体进行混合,体系如表 12-3 所示。将混合液轻弹混匀并短暂离心,将各成分集于管底。16 ℃ 连接 4 h。

表 12-3　pMD18-T-*NAC* 连接体系　　　　　　　　　　　　　　μL

连接体系	*NAC* 纯化产物	pMD18-T 载体	Solution I
体积	4.5	0.5	5.0

(四)热击转化

在冰浴中将 10 μL 的连接产物加入 1.5 mL 的 EP 管中,再加入 50 μL DH5α 感受态细胞悬液,以枪头轻轻吹吸混匀,冰上静止 30 min。转化产物在 42 ℃ 水浴中热击 90 s,立即置于冰上冷却 3 min。再向管中加入 800 μL LB 液体培养基,37 ℃,180 r/min 振荡培养 50 min 至肉眼可以观察到菌液轻微混浊。

取上述菌液 20～100 μL 涂板,待菌液完全被培养基吸收后,37 ℃ 倒置过夜培养。

(五)筛选

过夜培养的 Amp 抗性平板上,可见均匀的白色菌落。用枪头挑取 3～10 个菌落,分别加到含 1 mL Amp 抗性的 LB 液体培养基中,37 ℃,180 r/min 振荡培养3～5 h 至菌液混浊。各取 1 μL 菌液进行 PCR 验证。

六、提示注意

(1)连接时间一般 2～4 h 即可,但也可过夜连接。

(2)热击转化时间需严格控制,过长的热击时间会降低转化效率。

(3)Amp 固体培养基应 4 ℃ 保存,并在 2 周内使用,时间长会导致抗性衰退,降低筛选效率。

七、思考题

(1)简述克隆载体的作用原理。

(2)植物常用的基因克隆载体有哪些?

实验二　黄瓜 *LOX2* 基因原核表达载体构建

一、实验目的与意义

将克隆的外源基因插入合适载体后导入大肠杆菌用于表达大量蛋白质的方法一般称为原核表达。原核表达通常多用大肠杆菌作为表达菌株,大肠杆菌用于表达重组蛋白有利于生长和控制、操作简单成本低廉等特点,所以是分子生物学中外源基因表达的常用方法。原核表达外源基因的第一步,是要将要表达的外源基因构建到原核表达载体上。*LOX / HPL* 联合催化途径是黄瓜芳香物质产生的唯一一条代谢途径。本实验的主要目的是了解原核表达构建的基本原理,掌握克隆载体构建的基本操作程序。

二、实验原理

表达载体在基因工程中具有十分重要的作用,原核表达载体通常为质粒,典型的表达载体应具有启动子、多克隆位点、终止密码、融合 Tag、复制子、筛选标记报告基因等。构建原核表达载体时要学会看质粒图谱,首先看 Ori 的位置,了解质粒的类型(原核/真核/穿梭质粒);其次看筛选标记,决定使用什么筛选标记;最后看多克隆位点(MCS),它具有多个限制酶的单一切点,如果在这些位点有外源基因的插入,会导致某种筛选标记基因(如 *LacZ*)的失活,便于筛选。

这里以本实验室原核表达载体 pET-30a(＋)的构建为例,介绍原核表达载体的构建过程:利用 Premier 5 等分析软件分析已克隆到克隆载体 pMD18-T 上的黄瓜 *LOX2* 基因,通过开放阅读框比较后,用限制性内切酶 *Sal* Ⅰ和 *Not* Ⅰ同时双酶切 pMD18-T-*LOX2* 和原核表达载体 pET-30a(＋),回收可获得带酶切位点的 *LOX2* 基因,将它们以合适浓度混合经 T4 DNA 连接酶连接,即可得到含有 *LOX2* 目的基因的原核表达质粒 pET-30a(＋)-*LOX2*,转化宿主菌扩增后对重组质粒进行酶切及 PCR 鉴定。

三、实验仪器与试剂

仪器:PCR 仪、移液器、低速离心机、摇床、超净工作台、培养箱等。

试剂:ddH$_2$O,LB 液体培养基,含 50 mg/L 卡那霉素(Kan)的 LB 固体培养基,含 50 mg/L 卡那霉素(Kan)的 LB 液体培养基等。

四、实验材料

pMD18-T-*LOX*2、原核表达质粒 pET-30a(＋)、大肠杆菌 DH5α。

五、操作步骤与方法

(一)pMD18-T-*LOX2* 和 pET-30a(＋)酶切和回收

取 2 个 250 μL 的微量离心管,按表 12-4 及表 12-5 体系加入试剂混匀后短暂离心,37 ℃过夜酶切。

表 12-4　pMD18-T-*LOX2* 酶切体系

离心管 1	ddH$_2$O	10×3.1 Buffer	pMD18-T-*LOX2*	*Sal* Ⅰ	*Not* Ⅰ
用量	补至 50 μL	5 μL	1～2 μg	1 μL	1 μL

表 12-5　pET-30a(＋)酶切体系

离心管 2	ddH$_2$O	10×3.1 Buffer	pET-30a(＋)	*Sal* Ⅰ	*Not* Ⅰ
用量	补至 50 μL	5 μL	1～2 μg	1 μL	1 μL

反应完成后,使用 0.8％的琼脂糖凝胶进行电泳,上样时作阴性对照,验证酶切正确则切胶回收,所得纯化产物立即使用或－20 ℃暂存。所得片段分别为 *LOX2* 基因片段和 pET-30a(＋)载体片段。

(二)连接反应

在一个 250 μL 的微量离心管中按表 12-6 依次加入下列试剂,混匀并短暂离心。连接 1 h 或过夜连接亦可。

表 12-6   pET-30a(＋)-*LOX2* 连接体系   μL

离心管 3	ddH₂O	10×连接 Buffer	*LOX2* 片段	pET-30a(＋)片段	T4DNA 连接酶
用量	补至 20	2	5	1	0.5

(三)热击转化

在冰浴中将 20 μL 的连接产物加入 1.5 mL 的 EP 管中,再加入 50 mL DH5α 感受态细胞悬液,以枪头轻轻吹吸混匀,冰上静止 30 min。转化产物在 42 ℃水浴中热击 90 s,立即至于冰上冷却 3 min。再向管中加入 800 μL LB 液体培养基,37 ℃,180 r/min 振荡培养 50 min 至肉眼可以观察到菌液轻微混浊。

取上述菌液 20～100 μL 涂板,待菌液完全被培养基吸收后,37 ℃倒置过夜培养。

(四)筛选

过夜培养的 Kan 抗性平板上,可见均匀的白色菌落。用枪头挑取 5～10 个菌落,分别加到含 1 mL Kan 抗性的 LB 液体培养基中,37 ℃,180 r/min 振荡培养 3～5 h 至菌液混浊。各取 1 μL 菌液进行 PCR 验证。验证正确即可进行测序进一步验证。

六、提示注意

(1)选取酶切位点时,先分析所克隆片段上所带有的酶切位点情况,酶切位点的选择要避开克隆片段上带有的酶切位点。

(2)原核表达载体通常都具有融合标签,构建时特别注意基因融合中的碱基配对问题,避免造成移码突变。

(3)构建时如目的基因中具有构建所需的酶切位点时,如无法选择其他酶可考虑在目的基因上引入同尾酶,如(*Bam* H Ⅰ 与 *BgZ* Ⅱ,*Eco*R Ⅰ 与 *Mun* Ⅰ 等)。

(4)有时构建的原核表达载体构建正确,但也可能表达不出目的蛋白,这可能与蛋白类型有关,可尝试换一种原核表达载体。

七、思考题

构建原核表达载体需了解哪些载体信息?

实验三　番茄 *PIP* 亚细胞定位载体构建

一、实验目的与意义

一些真核蛋白在原核宿主细胞中的表达行之有效、成本低廉，然而许多在细菌中合成的真核蛋白或因折叠方式不正确，或因折叠效率低下使得蛋白活性低或无活性。后基因组时代，为研究某个基因的细胞定位及功能，更需要使用真核表达载体，构建真核表达系统来完成科研工作。研究显示 70％～90％ 的体内水分运动是通过 *PIP* 水通道蛋白进行，在许多植物中都发现在维管束及附近的组织中有水通道蛋白的表达，且丰度很高。本实验的主要目的是了解并掌握亚细胞定位载体构建的基本流程和技术。

二、实验原理

本实验以 pUC-SPYNE 载体构建为例，该载体多克隆位点上游有 35 S 启动子。该启动子是花椰菜病毒的启动子，是一种强启动子，能稳定地在植物细胞中激活下游基因的表达，从而被广泛应用于转基因植物中。

亚细胞定位是指某种蛋白或表达产物在细胞内的具体存在部位。例如，在核内、胞质内或者细胞膜上存在。pUC-SPYNE 载体序列中有一段 GFP 序列，即是绿色荧光蛋白，在扫描共聚集显微镜的激光照射下会发出绿色荧光，从而可以精确地定位蛋白质的位置。

GFP，实际是给要研究的物质加上标记，在此相当于报告蛋白的作用。使用 GFP 必须构建融合蛋白载体，并在转换之后有效表达。由于构建的是融合蛋白，在克隆目的基因时则须克隆从起始密码子到终止密码子之前的所有序列。这样，若在荧光显微镜下看到细胞内某一部位存在 GFP 信号，说明和 GFP 融合的蛋白也存在于该部位，这样就达到了确定某物质亚细胞定位的目的。

三、实验仪器与药品

仪器:PCR 仪、移液器、低速离心机、摇床、超净工作台、培养箱等。

试剂:ddH_2O,LB 液体培养基,含 50 mg/L 氨苄青霉素(Amp)的 LB 固体培养基,含 50 mg/L 氨苄青霉素(Amp)的 LB 液体培养基等。

四、实验材料

pMD18-T-*PIP*、亚细胞定位载体 pUC-SPYNE、大肠杆菌 DH5α。

五、操作步骤与方法

(一)pMD18-T-*PIP* 和 pUC-SPYNE 酶切和回收

取 2 个 250 μL 的微量离心管,按表 12-7 和表 12-8 酶切体系加入试剂混匀后短暂离心,37 ℃过夜酶切。

表 12-7 　pMD18-T-*PIP* 酶切体系

离心管 1	ddH_2O	10×2.1 Buffer	pMDl8-T-*PIP*	*Xba* Ⅰ	*Xho* Ⅰ
用量	补至 50 μL	5 μL	1~2 μg	1 μL	1 μL

表 12-8 　pUC-SPYNE 酶切体系

离心管 2	ddH_2O	10×2.1 Buffer	pUC-SPYNE	*Xba* Ⅰ	*Xho* Ⅰ
用量	补至 50 μL	5 μL	1~2 μg	1 μL	1 μL

反应完成后,使用 0.8% 的琼脂糖凝胶进行电泳,上样时作阴性对照,验证酶切正确则切胶回收,所的纯化产物立即使用或−20 ℃暂存。所得片段分别为 *PIP* 基因片段和 pUC-SPYNE 载体片段。

(二)连接反应

在一个 250 μL 的微量离心管中按表 12-9 依次加入下列试剂,混匀并短暂离心。连接 1 h 或过夜连接亦可。

表 12-9　pUC-SPYNE-*PIP* 连接体系　　　　　　　　　　　　μL

离心管 3	ddH$_2$O	10×连接 Buffer	*PIP* 片段	pUC-SPYNE 片段	T$_4$ 连接酶
用量	补至 20	2	5	1	0.5

(三)热击转化

在冰浴中将 20 μL 的连接产物加入 1.5 mL 的 EP 管中,再加入 50 μL DH5α 感受态细胞悬液,以枪头轻轻吹吸混匀,冰上静止 30 min。转化产物在 42 ℃水浴中热击 90 s,立即置于冰上冷却 3 min。再向管中加入 800 μL LB 液体培养基,37 ℃,180 r/min 振荡培养 50 min 至肉眼可以观察到菌液轻微混浊。

取上述菌液 20～100 μL 涂板,待菌液完全被培养基吸收后,37 ℃倒置过夜培养。

(四)筛选

过夜培养的 Amp 抗性平板上,可见均匀的白色菌落。用枪头挑取 5～10 个菌落,分别加到含 1 mL Amp 抗性的 LB 液体培养基中,37 ℃,180 r/min 振荡培养3～5 h 至菌液混浊。各取 1 μL 菌液进行 PCR 验证。验证正确即可进行测序验证。

六、提示注意

(1)选取酶切位点时,先分析所克隆片段上带有的酶切位点情况,酶切位点的选择要避开克隆片段上带有的酶切位点。

(2)筛选时,PCR 验证可能不准,进行测序验证或双酶切验证可保证连接的正确性。

七、思考题

列举常用真核表达载体,并简述其作用。

第十三章
植物遗传转化

实验一　根癌农杆菌介导的烟草叶盘遗传转化

一、实验目的及意义

本实验以烟草为实验材料,通过根癌农杆菌介导方法转化目的基因,了解根癌农杆菌介导法的基本原理和一般步骤,掌握遗传转化的基本操作技术。

二、实验原理

农杆菌转化植物细胞涉及一系列复杂的反应,包括农杆菌对植物细胞的附着,植物细胞释放信号分子,诱导 Vir 区域基因的表达,T-DNA(transfer DNA)的转移和在植物核基因组上的整合、表达,经过细胞和组织培养,获得完整的转基因植株。

Ti 质粒为根癌农杆菌染色体外的环状双链 DNA 分子,大约 200 kb,包括毒性区域(vir region)、结合转移区域(con region)、复制起始区域(ori region)和 T-DNA 区域(transfer DNA region)4 部分,其中 Vir 区域、根癌农杆菌染色体上的毒性位点和 T-DNA 的边界序列是 T-DNA 转移所必需的。

农杆菌附着在植物伤口组织上后,通过二者间的相互作用,农杆菌形成纤维小丝将其固定在植物细胞壁上,同时诱导受伤的植物组织释放一些酚类等化合物,VirA 作为受体蛋白接受损伤植物细胞分泌物的诱导,自身磷酸化后,进一步激活 VirG 蛋白,后者是一种 DNA 转录活化因子,被激活后可以特异性结合到其他 Vir 基因启动子区上游的一个叫 Vir 框(Vir box)的序列,启动这些基因的转录。其中 VirD 基因产物对 T-DNA 进行剪切,产生 T-DNA 单链(T-链),其与 $VirD_2$、$VirE_2$ 相结合形成 T-链蛋白复合体后穿越细菌细胞膜、细胞壁和植物细胞壁、细胞膜和核膜,进入细胞核的 T-DNA 以单或多拷贝的形式随机整合到植物染色体上。研究表明,T-DNA 优先整合到转录活跃区,而且在 T-DNA 的同源区与 DNA 的高度重复区,T-DNA 的整合频率也较高。整合进植物基因组的 T-DNA 也有一定程度的缺失、重复、超界等现象发生。

不同的植物由于受基因型、发育状态、组织培养难易程度等因素的影响,农杆菌介导的转化相应地采取不同的方法。目前常用的农杆菌介导的转化方法是叶盘法,该方法中转化受体已经扩展到器官、组织、细胞及原生质体等。农杆菌介导法转化外源基因,该法操作简便、转化效率高,基因转移是自然发生的行为,外源基因整合到受体基因组的拷贝数少,基因重排程度低,转基因性状在后代遗传较稳定。

三、实验仪器与试剂

1. 仪器设备和用具:超净工作台、高压蒸汽灭菌锅、打孔器、培养皿、烧杯、三角瓶、EP 管、吸管、涂抹器、滤纸等。

2. 化学试剂:

(1)2%次氯酸钠。

(2)抗生素。卡那霉素(Kanamycin,Kan)、羧苄青霉素(Carbencillin,Carb)或头孢霉素(Cefotaxime,Cef)。

(3)GUS 检测液(50 mL)。其成分如表 13-1 所示。

表 13-1 GUS 检测液(50 mL)成分

母　　液	加入量	终浓度
0.2 mol/L 磷酸钠缓冲液(pH 7.0)(0.2 mol/L Na_2HPO_4 62 mL+0.2 mol/L NaH_2PO_4 38 mL)	25 mL	0.1 mol/L
0.1 mol/L $K_4[Fe(CN)_6] \cdot 3H_2O$	0.25 mL	0.5 mmol/L
0.1 mol/L $K_3[Fe(CN)_6]$	0.25 mL	0.5 mmol/L
1.0 mol/L $Na_2 \cdot EDTA$	0.5 mL	1.0 mmol/L
X-gluc(5-溴-4-氯-3-吲哚-β-葡萄糖苷酸)	25 mg	0.95 mmol/L
无菌水	24 mL	—

(4)FAA 固定液(100 mL)。其成分如表 13-2 所示。

表 13-2 FAA 固定液(100 mL)成分

母　　液	加入体积/mL
50%乙醇	85
冰醋酸	5
甲醛	10

(5)酶及分子检测试剂。Taq DNA 聚合酶,DNA 相对分子质量标记,DNA 回

收试剂盒，T₄DNA 连接酶，各种限制性内切酶和反转录 PCR 试剂盒，地高辛 Southern 杂交试剂盒，Hybond TMN⁺ 尼龙膜等。

（6）培养基。

a）LB 液体培养基：NaCl 10 g/L，酵母提取物（yeast extract）5 g/L，胰蛋白胨（tryptone）10 g/L，pH 7.0。若配固体培养基，则添加 10 g/L 琼脂。

b）愈伤组织诱导和芽萌发培养基：MS 基本固体培养基，加入 2.0 mg/L 6-BA、0.5 mg/L IAA，pH 5.8，高压灭菌后分装备用。

c）生根培养基：1/2MS 基本固体培养基，pH 5.8，高压灭菌后分装备用。

d）选择培养基：愈伤组织形成和再生芽萌生培养基，生根培养基中加入 50 mg/L 卡那霉素（Kanamycin，Kan）和 100 mg/L 羧苄青霉素（Carbencillin，Carb）。

四、实验材料

（1）带有质粒 pBI121（携带选择标记基因如 *npt*Ⅱ、*gus*A 或目的基因）的农杆菌 LBA4404 菌株。

（2）烟草充分展开的幼叶。

五、操作步骤与方法

（一）菌液的制备

挑取继代 2 d 后的农杆菌单菌落，在添加 50 mg/L Kan 的液体 LB 培养基中，以 200 r/min 振荡培养，培养条件为 28 ℃、黑暗，16～20 h 后，将菌液置于离心管中，5 000*g* 下离心 5 min 并收集菌体。将收集到的菌体用添加 50 mg/L Kan 的液体 LB 培养基或烟草叶片愈伤组织诱导的液体培养基稀释到适宜的浓度备用。

（二）烟草叶盘外植体的制备

取烟草幼嫩叶片（组培苗或温室大田苗），若从大田或温室取材，则取材后用自来水洗净，2% 的次氯酸钠溶液中浸泡 3～5 min。无菌水冲洗 3 次，用 5mm 孔径的打孔器打成小圆片，无菌水中保存备用。

(三)侵染及共培养

将烟草叶盘外植体分别浸泡在含有质粒 pBI121 的农杆菌 LBA4404 菌株和 50～100 mg/L Kan 的液体 LB 培养基中,和不含有质粒 pBI121 的农杆菌 LBA4404 菌株的液体培养基中。其中,质粒 pBI121 携带选择标记基因或目的基因。浸泡 4～5 min 后取出,滤纸吸干菌液后,接种在愈伤组织诱导培养基中进行共培养,培养条件 24～28 ℃,暗培养。

(四)选择培养

共培养 2～3 d 后,将烟草叶盘浸泡在添加 300～500 mg/L Carb 液体愈伤组织诱导培养基中,30～60 min 后将其接种在选择培养基中,进行选择培养,直到获得完整的再生植株。培养条件为:愈伤组织诱导阶段是 24～28 ℃,暗培养;不定芽及根再生阶段为 24～28 ℃,13～16 h/d 光照,光照强度为 40～50 $\mu mol/(m^2 \cdot s)$。

(五)转基因植株的检测

1. 组织化学法:按照 Jefferson 等(1987)的组织化学法对愈伤组织和叶片进行 GUS 基因表达的检测。Kan 抗性愈伤组织 GUS 检测:将得到的 Kan 抗性愈伤组织或叶片切成小块,加入已配好的 X-gluc 底物溶液中,37 ℃保温,过夜。用 FAA 溶液固定 1 h 以上,并依次用 70%、90%、100%的乙醇脱色,肉眼观察愈伤组织表面及内部是否有 GUS 基因表达。

2. PCR 鉴定:以提取烟草拟转基因植株的基因组 DNA 为模板,根据选择标记基因或目的基因序列设计引物,以非转基因植株总 DNA(阴性对照)、空菌株转化植株(阴性对照)和载体质粒 DNA(阳性对照)为对照进行 PCR 扩增检测,初步鉴定外源基因是否整合到烟草的基因组 DNA 中。

3. Southern 杂交分析:提取烟草拟转基因植株基因组 DNA,用限制性内切酶进行双酶切。将处理后的 DNA 在 0.7%～0.9%琼脂糖凝胶上进行电泳,参照 DIG High Prime DNA Labeling and Detection Starter Kit Ⅱ(Roche)说明书进行探针标记、DNA 转膜、膜处理和杂交操作。进一步鉴定外源基因是否整合到烟草的基因组 DNA 中及外源基因的拷贝数(对照选择同上)。

4. RT-PCR 检测:利用 Trizol 试剂盒提取烟草拟转基因植株总 RNA,用反转录 PCR 试剂盒将总 RNA 按规定程序进行 RT 反应和 PCR 反应。进一步鉴定外源基因在 RNA 水平的表达情况(对照选择同上)。

5. Northern 杂交分析:提取纯化烟草拟转基因植株总 RNA 或 mRNA,1.2%

(W/V)甲醛变性琼脂糖凝胶电泳,参照 DIG RNA Labeling Kit (Roche)说明书进行探针标记、RNA 转膜、膜处理和杂交操作。进一步鉴定外源基因在植物细胞中的表达(对照选择同上)。

六、提示注意

(1)遗传转化操作及培养过程均在无菌条件下进行。

(2)组织培养的不同阶段,要添加适宜的选择压。在选择培养过程中,抑制农杆菌生长的羧苄青霉素(或头孢霉素)的浓度不要太高,否则会抑制烟草的分化。

注:根癌农杆菌介导方法转化目的基因,转化受体可以是器官、组织、细胞和原生质体等。以器官、组织作为转化受体时,将其与菌液浸泡一段时间后,从菌液中取出,用无菌滤纸吸取受体表面的菌液后,再进行共培养;以细胞、原生质体作为转化受体时,将其与菌液共同培养一段时间后,用添加 300～500 mg/L Carb 液体愈伤组织诱导培养基处理 30～60 min 后接种在选择培养基中,进行选择培养。

七、思考题

(1)高效遗传转化体系建立的基础是什么?

(2)根癌农杆菌介导的遗传转化的影响因素有哪些?

实验二　基因枪法转化小麦未成熟胚

一、实验目的及意义

本实验以小麦为实验材料,通过基因枪法转化目的基因了解基因枪法的基本原理和一般步骤,掌握遗传转化的基本操作技术。

二、实验原理

基因枪法(particle gun)又称微弹轰击法(microprojectile bombardment, particle bombardment and biolistics)。最早是由美国 Conell 大学的 Sanford 等(1987)研制出火药引爆的基因枪。1987 年 Klein 等首次以洋葱表皮细胞为材料,以钨粉为子弹,将 DNA 或 RNA 导入表皮细胞,外源基因能够表达,证明此方法可以实现外源基因的遗传转化。由于单子叶植物的遗传转化受农杆菌寄主的限制,因此用基因枪法进行外源基因的转移成为单子叶植物遗传转化的主要手段。

其基本原理是将外源 DNA 包被在微小的金粒或钨粒表面,然后在火药爆炸、高压气体或高压放电等高压的作用下,微粒被射入受体细胞或组织、外源 DNA 随机整合到寄主细胞的基因组上,并表达,从而实现外源基因的转移。

基因枪转化植物的特点:①无宿主限制。能转化任何植物,特别是那些由原生质体再生植株较为困难和农杆菌感染不敏感的单子叶植物;②靶受体类型广泛。能转化植物的任何组织或细胞;③操作简便快速。基因枪转化技术从诞生至今20 余年时间,尽管取得可喜的成绩,但还有不少问题如转化率低等有待进一步研究。

三、实验仪器与试剂

1. 仪器设备和用具:PSD-1000/He 型基因枪、解剖镜、高压蒸汽灭菌锅、离心机、培养皿、EP 管等。
2. 化学试剂:
1)常规试剂。70%乙醇、无水乙醇、无菌重蒸水、2.5 mol/L CaCl₂ 溶液(过滤灭菌）、0.1 mol/L 亚精胺溶液（过滤灭菌）。

2）抗生素。卡那霉素（Kanamycin，Kan）、羧苄青霉素（Carbencillin，Carb）或头孢霉素（Cefotaxime，Cef）。

3）GUS 检测液。组成（50 mL）见表 13-1。

4）FAA 固定液。组成（100 mL）见表 13-2。

5）酶及分子检测试剂：Taq DNA 聚合酶、DNA 相对分子质量标记、DNA 回收试剂盒、T_4 DNA 连接酶、各种限制性内切酶和反转录 PCR 试剂盒、地高辛 Southern 杂交试剂盒、Hybond TMN$^+$ 尼龙膜等。

6）培养基。

（1）愈伤组织诱导培养基：MS 基本固体培养基，加入 2.0 mg/L 2,4-D，pH 5.8，高压蒸汽灭菌后分装备用。

（2）分化培养基：MS 基本固体培养基，加入 1.0 mg/L NAA，2.0 mg/L ZT，pH 5.8，高压蒸汽灭菌后分装备用。

（3）生根培养基：1/2 MS 基本固体培养基，加入 2.0 mg/L IAA，pH 5.8，高压蒸汽灭菌后分装备用。

（4）高渗培养基：愈伤组织诱导培养基，加入 0.4 mol/L 甘露醇，pH 5.8，高压蒸汽灭菌后分装备用。

（5）选择培养基：愈伤组织诱导培养基、分化培养基和生根培养基中加入 50 mg/L 卡那霉素和 100 mg/L 羧苄青霉素。

四、实验材料

（1）小麦未成熟胚。

（2）质粒 DNA：携带选择标记基因如 *npt*Ⅱ、*gus*A 或目的基因的质粒 pBI121。

五、操作步骤与方法

（一）DNA 微弹的制备

（1）称取 50～60 mg 钨粉或金粉（其微粒直径最好选择为细胞直径的 1/10），置于 1.5 mL 灭菌的离心管中，加入 1 mL 无水乙醇，振荡悬浮数次，4 000～10 000 r/min 离心 10 s，弃上清液。

（2）加入 1 mL 无菌水清洗钨粉或金粉沉淀，振荡离心，弃上清液。重复 2 次，将钨粉或金粉悬浮于 1 mL 无菌水中,现用或-20 ℃保存。

(3)取微粒悬浮液 50 μL 于一新灭菌离心管中,加入 3～5 μg 质粒 DNA、50 μL 2.5 mol/L CaCl$_2$ 溶液和 20 μL 0.1 mol/L 亚精胺溶液,混匀后室温静置 10 min,使 DNA 充分沉降到微粒体上。10 000～15 000 r/min 离心 5～10 s,弃上清液。

(4)无水乙醇漂洗 2 次,加入 60 μL 无水乙醇重新悬浮颗粒,备用。

(二)受体材料准备

取开花后 12～16 d 的幼胚,用 0.1% HgCl$_2$ 消毒 8～15 min,无菌水冲洗 3～5 次,在超净工作台上剥离出幼胚,盾片朝上接种于愈伤组织诱导培养基上培养,(27 ± 2)℃,暗培养。将预培养 3 d 的小麦幼胚转接于高渗培养基上处理,4～6 h 后将其作为转化受体进行转化。

(三)装弹

(1)用 70% 乙醇擦净真空室及超净工作台面。将可裂膜、轰击膜和阻挡网浸泡于 70% 乙醇中 15 min,吹干备用。

(2)打开真空泵和基因枪的电源开关及氦气瓶阀门。

(3)旋下可裂膜挡盖,将可裂膜放在挡盖中央,将挡盖旋上。

(4)取 10 μL DNA-钨粉或金粉复合体均匀涂抹在轰击膜上,晾干后进行轰击。

(5)将载有 DNA 微粒子弹的轰击膜及阻挡网装入微粒发射装置中。

(6)将经过预处理的受体材料放置在轰击室的适当位置(阻挡板和靶细胞载物台之间的距离可为 6 cm),关严轰击室门。

(四)轰击

(1)按 VAC 键抽真空,当表上读数为所需值(88～101 kPa)时,开关打到 HOLD。

(2)按住 FIER 键,使氦气压力达到适当值(与可裂膜的型号相对应,可选 1 100 Pa 的可裂膜),当达到适当压力可裂膜自动破裂,松开 FIER 键,按住 VENT 键,释放轰击室内的真空。打开轰击室门,取出样品,通常每皿轰击 2 次。在第二次轰击前将培养皿水平旋转 180°或将受体材料翻转。

(五)过渡培养

将轰击后的幼胚接种培养在高渗培养基上恢复培养 24 h 后转入不添加选择

压的愈伤组织诱导培养基培养,(27±2)℃,暗培养,培养时间根据外植体具体情况而定。总的原则是,受轰击的外植体要有充足的时间恢复及外源基因能够进入受体细胞并表达。

(六)选择培养

将过渡培养后的外植体接种培养在添加适宜选择压(如卡那霉素)的培养基中进行选择培养,直至获得再生植株。

(七)转基因植株的检测

检测方法同本章实验一。

六、提示注意

(1)DNA 微弹的制备、装枪、枪击及受体材料培养等操作均在无菌条件下进行。

(2)亚精胺最好现用现配,也可−20 ℃保存,但保存时间不能超过 30 d,否则会发生降解,影响转化效率。

(3)在 DNA 微弹轰击时,阻挡板和靶细胞载物台之间的距离要根据受体材料类型、状态和厚度等因素确定。

七、思考题

(1)影响基因枪转化的关键因素有哪些?

(2)在制备 DNA 微弹时,金粉或钨粉的颗粒大小对转化效率有没有影响?

(3)在 DNA 微弹轰击时,阻挡板和靶细胞载物台之间的距离对转化效率有没有影响?

实验三　花粉管通道法介导棉花基因转化

一、实验目的和意义

本实验以棉花为实验材料,通过花粉管通道法转化目的基因了解花粉管通道法的基本原理和一般步骤,掌握遗传转化的基本操作技术。

二、实验原理

花粉管通道法是由中国学者周光宇等1983年建立并在长期科学研究中发展起来的,近年来,随着转化技术的不断完善,其在农业分子育种中的应用越来越广泛,已获得水稻、小麦、棉花、大豆、玉米等20多种作物品种和品系,确立了其在直接转化中的地位。

花粉管通道转化法的基本原理是利用植物授粉后,花粉在雌蕊柱头上萌发形成的花粉管通道,将外源DNA液用微量注射器注入花中,经珠心通道,将外源DNA携带入胚囊而实现外源基因转移的方法。植物在双受精完成后,受精卵细胞的初次分裂需要充分的物质和能量积累。此时期的细胞尚不具备完整的细胞壁和核膜系统,细胞内外的物质交流频繁,通过花粉通道渗透进入胚囊的外源片段有可能进入受精卵细胞,达到遗传转化目的。利用花粉管通道法导入外源基因通常采用微注射法、柱头滴加法和花粉粒携带法等方法。棉花的花器官较大,常常采用微注射法,利用微量注射器将待转基因注射到受精子房。

同载体转化系统和直接转化系统相比,种质转化系统中的花粉管通道法有效地利用了植物自然生殖过程,避开了植株再生的难题,具有操作简单、方便、快速的特点。此法的局限性在于只能用于开花植物的遗传转化,且只有在开花期才可以进行转育。随着研究的不断深入,花粉管通道法的技术体系和相关理论将更加完善。

三、实验仪器与试剂

1. 实验设备和用具:超净工作台、控温摇床、高压蒸汽灭菌锅、紫外分光光度计、电子天平、台式离心机、PCR 仪、电泳仪、微量移液器、(低温)冰箱、注射器、EP 管等。

2. 化学试剂：

(1)常规试剂。70％乙醇、无水乙醇、无菌重蒸水、10 mmol/L Tris-HCl、1 mmol/L EDTA、3 mol/L NaCl、0.3 mol/L 柠檬酸三钠。

(2)抗生素。卡那霉素(Kanamycin,Kan)或潮霉素(Hygromycin,Hyg)。

(3)酶及分子检测试剂。

(4)Taq DNA 聚合酶,DNA 相对分子质量标记,DNA 回收试剂盒,T_4DNA 连接酶,各种限制性内切酶和反转录 PCR 试剂盒,地高辛 Southern 杂交试剂盒,Hybond TMN$^+$尼龙膜等。

(5)TE 缓冲液。10 mmol/L Tris-HCl,1 mmol/L EDTA,pH 8.0,高压灭菌,4 ℃保存备用。

(6)20×SSC 缓冲液。3 mol/L NaCl,0.3 mol/L 柠檬酸三钠,pH 7.0。

四、实验材料

(1)株型较好、生长健壮的棉花。

(2)供体 DNA:携带选择标记基因如 nptⅡ、hptⅡ 、gusA 或目的基因的质粒 pBI121 或供体植物基因组 DNA。

五、操作步骤与方法

(一)制备供体 DNA

将从供体植物中提取的基因组 DNA 或从大肠杆菌、农杆菌中提取的质粒 DNA 纯化,以基因组 DNA 或质粒的形式制备 DNA 导入液;也可以将基因组 DNA 或质粒 DNA 酶切,以 DNA 片段形式制备 DNA 导入液。

植物基因组 DNA 的提取方法及大肠杆菌、农杆菌中质粒 DNA 的提取及纯化方法参照《分子克隆实验指南》第三版。

DNA 导入液的制备:将纯化后的植物基因组 DNA,大肠杆菌、农杆菌中质粒 DNA 或酶切 DNA 片段用 TE 缓冲液或 1×SSC 溶液溶解制备 DNA 导入液,DNA 浓度为 50～100 μg/mL,备用。

(二)转化受体材料的准备

以发育正常的花作为转化受体。选择次日将开花的花蕾进行自交,将指状花冠的前端用彩色细线系紧,并将细线的另一端系于铃柄,作为收获时的标记。在开花 20～24 h 后,选择果枝和花位(一般选择第二果台至第六果台)较好,花朵颜色由白色变成粉红色的幼子房作为转化对象。

(三)供体 DNA 导入受体

1. 剥花:供体 DNA 导入受体前,要将花冠连同雄蕊、柱头、花柱一起摘除,仅剩裸露完整的幼铃和包叶,花柱要从幼铃顶部断下,使伸入幼铃的花柱与幼铃顶端平齐,具体操作方法是:一只手在下端将幼铃固定,另一只手抓紧花冠,包括其中的雄蕊、柱头、花柱,左右轻晃,慢慢地拔起,注意不能损伤子房的表皮层,以免增加脱落率。

2. 供体 DNA 注射:将制备好的 DNA 导入液吸入 50 μL 微量注射器中,一只手持微量注射器,另一只手轻扶摘除花瓣后的幼子房,从抹平花柱处沿子房的纵轴方向进针至子房长度约 2/3 处,然后退至约 1/3 处。在针头前形成一定空间以容纳供体 DNA,轻轻推动微量注射器,将供体 DNA 溶液推入受精子房之中,每个幼铃注射 DNA 溶液 5～10 μL。注射后,迅速套袋隔离至种子成熟。

(四)转基因植株的检测

检测方法同本章实验一。

六、提示注意

(1)供体 DNA 注射前,剥花动作要轻,尽量减少损伤,减少脱落率。
(2)实验中使用的溶液和器械(如注射器)均要灭菌,以免影响转化效率。

七、思考题

(1)为什么通过花粉管通道可以进行基因转移?
(2)花粉管通道法导入外源 DNA 的影响因素有哪些?

实验四　拟南芥遗传转化(蘸花法)

一、实验目的及意义

拟南芥(*Arabidopsis thaliana*)是一种十字花科植物,二年生草本,高 7～40 cm,广泛用于植物遗传学、发育生物学和分子生物学的研究,已成为一种典型的模式植物,其原因主要基于这种植物具有以下特点。

(1)形态个体小,生活力强,种子量大。

(2)生长周期快,从播种到收获种子一般只需 6～8 周。

(3)基因组小($2n = 10$),是目前已知植物基因组中最小的,但是具有完成"复杂"的植物生长发育的所有基因。

(4)拟南芥是自花授粉植物,易于获得纯合突变体。

本实验需掌握农杆菌介导转化拟南芥的实验方法,并了解拟南芥的生理特点及在基因工程实验中的应用。

二、实验原理

本实验利用农杆菌蘸花法转化拟南芥,是一种方便高效的植物转基因方法,多用于转化双子叶植物,经过改进后也可用于单子叶植物的转化。

三、实验仪器与药品

1. 仪器:超净工作台、高压蒸汽灭菌锅、培养皿、烧杯、三角瓶、滤纸、EP 管等。

2. 试剂:

(1)抗生素:卡那霉素(Kan)、利福平(Rif)。

(2)培养基:YEB 液体培养基、MS 液体培养基。

(3)转化介质:MS 基本液体培养基、0.01 μg/mL 苄氨基嘌呤(BAP)、0.03% Silwet L-77、20 mg/L 乙酰丁香酮,用 KOH 调节 pH 到 5.7。

四、实验材料

拟南芥。

五、操作步骤与方法

1. 拟南芥的培养:拟南芥种子经 2‰次氯酸钠消毒,无菌水漂洗 4～5 次后,后接种于 MS 培养基上。4 ℃低温避光处理 2 d 后,转入光照培养箱于 22 ℃,光照 10 h 下培养 1～2 周。长出无菌苗后,转移至蛭石与营养土为 1∶3 的土中继续生长。植株种植的环境维持在 22 ℃恒温和光照 16 h/黑暗 8 h。

2. 农杆菌的活化:

(1)挑取含目的基因质粒的单克隆阳性农杆菌 GV3101 菌株至 5 mL 新鲜 YEB 液体培养基(50 mg/L Kan,125 mg/L Rif)中,28 ℃摇培 24 h。

(2)取上述菌液 0.1 mL 接至 50 mL 新鲜 YEB 液体培养基(50 mg/L Kan,125 mg/L Rif)中,28 ℃、220 r/min 培养 2～4 h,使 OD_{600} 值达到 0.8 左右。

(3)取上述菌液 1 mL 于 EP 管中,室温 22 ℃,5 500 g 离心 15 min,弃去上清液,用转化介质重悬沉淀至 OD_{600} 值达到 0.8 左右。

3. 农杆菌侵染拟南芥:

(1)4 周左右的拟南芥抽薹后,将已经开放、授粉完毕的花朵用镊子去除,只留未开的花蕾。将待转化的拟南芥植株平放,将花蕾部分插入 2 mL EP 管中,加入上述转化液,浸染 5 min。轻轻甩掉浸液,做好标记。

(2)将拟南芥苗放置于黑暗湿润的条件下 16 h 后,恢复正常培养。

4. 转基因后代的筛选:收取蘸花后结的果荚,晾干,收集种子。将种子消毒后播种于含有转化载体真核抗性抗生素的 MS 培养基上,出芽后,筛选叶片绿色的植株为可能的阳性植株。移到营养钵中,培养至长出真叶,取样提取 DNA 进行 PCR 鉴定阳性株系,提取蛋白进行免疫印迹杂交鉴定阳性株系。

六、提示与注意

(1)转化后拟南芥的培养恢复正常管理,一旦再出现侧薹或主薹出现分枝,及时剪除。

（2）转化 5～6 周后，为了加速拟南芥成熟，可以适量少浇营养液。待拟南芥个别角果开始枯黄后，可将其角果剪下放于培养皿内干燥。拟南芥角果大部分枯黄后，即可收取全部种子存于 1.5 mL 的 EP 管中（在盖儿上扎一小孔以便干燥）。种子完全干燥后，放于 1.5 mL 新 EP 管中 4 ℃ 短期保存。如需要可放于 −20 ℃ 冰箱内长期保存。

七、思考题

简述农杆菌侵染拟南芥花序转化方法的一般步骤。

实验五　农杆菌介导的黄瓜种子遗传转化

一、实验目的及意义

黄瓜起源于喜马拉雅山南麓的热带雨林地区。植物学分类为葫芦科甜瓜属。目前我国黄瓜的播种面积和总产量一直居于世界首位,并且逐年增加。通过生物工程手段改良黄瓜现有品种,培育高产、高抗、多抗、优良的黄瓜新品种已经成为了黄瓜育种工作的发展方向。高效的黄瓜再生和转化体系是黄瓜转基因育种的基础。因此,建立黄瓜转化体系具有重要的理论和实践意义。

二、实验原理

某些病原生物(农杆菌、病毒等)能够通过感染宿主细胞,将病原生物 DNA 整合到宿主细胞的基因组上。因而,可以改造这些病原 DNA,利用其侵染能力,能将外源基因导入植物或动物细胞,产生转基因植物或动物。根癌农杆菌是植物转基因工程中应用最广泛的载体系统。

三、实验仪器与药品

1. 仪器:超净工作台、高压蒸汽灭菌锅、培养皿、烧杯、三角瓶、滤纸、EP 管、剪刀等。
2. 试剂:2％次氯酸钠、卡那霉素(Kan)、羧苄青霉素(Carb)、利福平(Rif)。
3. 培养基:1/2MS 液体培养基;MS 固体培养基;分化培养基:MS 基本固体培养基＋6-BA 0.5 mg/L＋ABA 1 mg/L,pH 5.8;抗性分化培养基:MS 基本固体培养基＋6-BA 0.5 mg/L＋ABA 1 mg/L＋Carb 500 mg/L＋Kan 25～50 mg/L;生根培养基:MS 基本培养基＋Kan 100 mg/L。

四、实验材料

农杆菌 GV3101 重组菌株、重组双元表达载体 pCAMBIA1305、黄瓜种子。

五、操作步骤与方法

1. 选饱满完整的黄瓜种子,先在 70% 酒精中消毒 30 s,再置于 2% 次氯酸钠溶液中杀菌 15 min,无菌水冲洗数遍以后播在 MS 培养基上,待其胚根刚刚破壳后进行下步的实验。

2. 挑取农杆菌(携带重组质粒的农杆菌单菌落)接种于含有 50 mg/L 卡那霉素和 70 mg/L Rif 的 YEB 培养基中,28 ℃,200 r/min,振荡过夜,然后取 2 mL 菌液(根据保存菌液的浓度加入一定量的菌液,加入过多,第 2 天 OD_{600} 可能超过 0.6~0.8)加入到含有 50 mg/L 卡那霉素和 70 mg/L 利福平的 50 mL YEB 培养基中,振荡培养约 14 h,至对数生长后期 OD_{600} 为 0.6~0.8。5 000 r/min 离心 5 min,收集菌体,用 1/2MS 液体培养基洗涤菌体一次,并将其稀释到离心前菌液 5 倍体积的 1/2 MS 液体培养基中,测 OD_{600} 为 0.2 左右,准备侵染用。

3. 取生长 2 d 的黄瓜种子,切去生长点及下胚轴,两片子叶均切去上半部分 (1/3~1/2),留取子叶下半部分,用工具对子叶产生轻微的划伤,用第二步稀释好的菌液侵染子叶 15 min(抽真空,形成负压)。侵染结束后用灭菌的滤纸吸干多余菌液,将子叶正面朝上接种于分化培养基上。28 ℃共培养 2 d。

4. 共培养 2 d 后的外植体转入含有卡那霉素 25 mg/L、羧苄青霉素 500 mg/L 的 MS 分化培养基上,放入组培室培养。

5. 经过 15~20 d 待抗性芽长至 1~1.5 cm 时,将其切下移入 MS 生根培养基(附加卡那霉素 100 mg/L)中诱导生根,获得抗性植株。

6. 待转基因黄瓜根系发育后(5~6 片叶),移入盛有无菌土的花盆中,并用保鲜膜遮盖以保持水分,在人工气候室培养 1 周,然后移到温室,在温室适应 3~5 d,最后将转基因苗种到温室中常规管理。

六、提示注意

(1)遗传转化操作及培养过程均在无菌条件下进行。
(2)在选择培养的时候要选择适当的选择压。

七、思考题

简述利用农杆菌进行黄瓜转化的基本步骤。

实验六　农杆菌介导的番茄子叶遗传转化

一、实验目的及意义

番茄是茄科番茄属植物,属于一年生或者多年生草本植物。番茄是世界上栽培面积最大的蔬菜作物之一。由于其具有自花授粉、易于栽培等优点,加之其基因组完成测序,因而是生物学研究中的模式植物之一。本实验以番茄为实验材料,掌握番茄转化的基本原理和步骤。

二、实验原理

番茄的遗传转化主要是农杆菌介导的遗传转化,该方法简单、快速、多为单拷贝插入以及遗传稳定性好。

三、实验仪器与药品

1. 仪器:超净工作台、高压蒸汽灭菌锅、培养皿、烧杯、三角瓶、滤纸、EP 管、剪刀等。

2. 试剂:2%次氯酸钠、卡那霉素(Kan)、羧苄青霉素(Carb)、利福平(Rif)。

3. 培养基:MS 液体培养基;MS 固体培养基;出芽培养基;MS 基本培养基+ZT 2 mg/L+IAA 0.01 mg/L;共培养基 MS+ZT 2 mg/L;恢复培养基 MS+ZT 2 mg/L+Carb 500 mg/L;筛选培养基 MS+ZT 2 mg/L+Kan 25 mg/L+Carb 500 mg/L;生根培养基 MS+Kan 50 mg/L+NAA 0.2 mg/L+Carb 500 mg/L。

四、实验材料

农杆菌 GV3101 重组菌株、重组双元表达载体 pCAMBIA1305、番茄子叶。

五、操作步骤与方法

1. 在 MS 培养基上播种:种子的浸泡 5 min、消毒(2%次氯酸钠浸泡 10 min)、漂洗(无菌水漂洗 4～5 次)、超净台内将种子均匀点在 MS 上,避光培养 3～4 d,然后移至日光培养箱,25 ℃,培养至子叶平台期(共需 6～7 d)。

2. 农杆菌的活化:首先用 YEP 将农杆菌摇过夜,再用 100 mg/L Kan＋60 mg/L Rif 摇菌 7～8 h 至 OD 为 0.6～0.8,收集菌体,用 MS 培养基 1:(3～4)重悬农杆菌到 OD 为 0.2。

外植体的获得:取无菌苗幼嫩叶片,切成 0.5 cm^2 的叶盘,用重悬的农杆菌侵染 5 min,期间偶尔振荡。

3. 共培养:即诱导愈伤组织,用无菌滤纸吸干子叶表面的菌液,将子叶接种在 MS＋2 mg/L ZT 培养基上(表面覆一层滤纸),25 ℃,避光共培养 2 d。

4. 恢复培养:将共培养后的子叶在羧苄水中漂洗数分钟(抑制农杆菌、减轻褐变),滤纸吸干,接种在 MS＋2 mg/L ZT＋500 mg/L Carb 培养基上,培养 2～3 d。

5. 筛选培养:将恢复培养后的子叶在羧苄水中漂洗 5 min,滤纸吸干,接种在 MS＋2 mg/L ZT＋25 mg/L Kan＋500 mg/L Carb 培养基上,并在相同培养基上继代培养,培养条件 25 ℃,光照 14 h/d。

6. 生根培养:切下诱导芽(带一些愈伤组织),接种在 MS＋0.2 mg/L NAA 培养基诱导生根。

7. 获得完整的再分化植株。

六、提示注意

1. 遗传转化操作及培养过程均在无菌条件下进行。
2. 在选择培养的时候要选择适当的选择压。

七、思考题

简述利用农杆菌进行番茄转化的基本步骤。

第十四章
电 泳 技 术

实验一　质粒的琼脂糖凝胶电泳检测

一、实验目的及意义

琼脂糖凝胶电泳是用琼脂或琼脂糖作为支持介质的一种电泳方法。对于相对分子质量较大的样品,如大分子核酸、病毒等,一般可采用孔径较大的琼脂糖凝胶进行电泳分离。琼脂糖凝胶可以区分相差 100 bp 的 DNA 片段,其分辨率虽比聚丙烯酰胺凝胶低,但它制备容易,分离范围广,尤其适于分离大片段 DNA。通过本试验,学习并掌握琼脂糖电泳的原理和方法。

二、实验原理

琼脂糖凝胶电泳是基因工程实验室中分离鉴定核酸的常规方法。核酸是两性电解质,其等电点为 pH 2~2.5,在常规的电泳缓冲液中(pH 约 8.5),核酸分子带负电荷,在电场中向正极移动。核酸分子在琼脂糖凝胶中泳动时,具有电荷效应和分子筛效应,但主要为分子筛效应。因此,核酸分子的迁移率由下列几种因素决定。

(1)DNA 分子的大小。线状双链 DNA 分子在一定浓度琼脂糖凝胶中的迁移速率与 DNA 相对分子质量对数成反比,分子越大则所受阻力越大,也越难于在凝胶孔隙中移动,因而迁移得越慢。

(2)DNA 分子的构象。当 DNA 分子处于不同构象时,它在电场中移动距离不仅和相对分子质量有关,还和它本身构象有关。相同相对分子质量的线状、开环和超螺旋质粒 DNA 在琼脂糖凝胶中移动的速度是不一样的,超螺旋 DNA 移动得最快,而开环状 DNA 移动最慢。如在电泳鉴定质粒纯度时发现凝胶上有数条 DNA 带难以确定是质粒 DNA 不同构象引起还是因为含有其他 DNA 引起时,可从琼脂糖凝胶上将 DNA 带逐个回收,用同一种限制性内切酶分别水解,然后电泳,如在凝胶上出现相同的 DNA 图谱,则为同一种 DNA。

(3)电源电压。在低电压时,线状 DNA 片段的迁移速率与所加电压成正比。但是随着电场强度的增加,不同相对分子质量的 DNA 片段的迁移率将以不同的幅度增长,片段越大,因场强升高引起的迁移率升高幅度也越大,因此,电压增加,琼脂糖凝胶的有效分离范围将缩小。要使大于 2 kb 的 DNA 片段的分辨率达到最大,所加电压不得超过 5 V/cm。

(4)离子强度影响。电泳缓冲液的组成及其离子强度影响 DNA 的电泳迁移率。在没有离子存在时(如误用蒸馏水配制凝胶),电导率最小,DNA 几乎不移动;在高离子强度的缓冲液中(如误加 10×电泳缓冲液),则电导很高并明显产热,严重时会引起凝胶熔化或 DNA 变性。

溴化乙锭(EB)能插入 DNA 分子中形成复合物,在波长为 254 nm 紫外光照射下 EB 能发射荧光,而且荧光的强度正比于核酸的含量,如将已知浓度的标准样品作电泳对照,就可估算出待测样品的浓度。由于溴化乙锭有致癌的嫌疑,所以现在也开发出了安全的染料,如 SYBR Green。

常规的水平式琼脂糖凝胶电泳适合于 DNA 和 RNA 的分离鉴定;但经甲醛进行变性处理的琼脂糖电泳更适用于 RNA 的分离鉴定和 Northern 杂交,因为变性后的 RNA 是单链,其泳动速度与相同大小的 DNA 相对分子质量一样,因而可以进行 RNA 分子大小的测定,而且染色后条带更为锐利,也更牢固结合于硝酸纤维素膜上,与放射性或非放射性标记的探针发生高效杂交。

三、实验仪器与药品

1. 仪器:电泳仪、水平电泳槽、凝胶成像分析系统、微波炉、微量移液器等。

2. 试剂:

(1)50×TAE 缓冲液的配置:称取 Tris 242 g 和 $Na_2 \cdot EDTA \cdot 2H_2O$ 37.2 g,置于 1 L 烧杯中,加入约 800 mL 去离子水,充分搅拌溶解。加入冰乙酸 57.1 mL,充分搅拌。加入去离子水定容至 1 L,室温保存。

(2)10 mg/mL 溴化乙锭(EB)的配置:称取 1 g 溴化乙锭,置于 100 mL 烧杯中,加入 80 mL 去离子水后搅拌溶解。将溶液定容至 100 mL 后,转移到棕色瓶中。室温避光保存。

(3)6×加样缓冲液(Loading Buffer)。

(4)已知相对相对分子质量的 DNA 标准品(DNA Marker)。

四、实验材料

DH5α 菌株中提取的 pBI 121 质粒。

五、操作步骤与方法

1. 制备 1‰琼脂糖凝胶：配置适当浓度的琼脂糖溶液，置于微波炉加热直至琼脂糖完全融化。按照被分离 DNA 分子的大小，决定凝胶中琼脂糖的浓度。可参照表 14-1。

表 14-1　不同浓度标准琼脂糖凝胶的 DNA 分离范围

琼脂糖凝胶的浓度（m/V）/%	线性 DNA 分子的有效分离范围/kb
0.3	5～60
0.5	1～30
0.7	0.8～12
1.0	0.5～10
1.2	0.4～7
1.5	0.2～3
2.0	0.05～2

2. 胶板制备：取电泳槽内的有机玻璃内槽（制胶槽）洗干净、晾干，放入制胶玻璃板。取透明胶带将玻璃板与内槽两端边缘封好，形成模子。将内槽置于水平位置，并在固定位置放好梳子。将冷却到 65 ℃左右的琼脂糖凝胶液混匀小心地倒入内槽玻璃板上，使胶液缓慢展开，直到整个玻璃板表面形成均匀胶层。室温下静置直至凝胶完全凝固，垂直轻拔梳子，取下胶带，将凝胶及内槽放入电泳槽中。添加 1×TAE 电泳缓冲液至没过胶板为止。

3. 加样：在点样板上混合 DNA 样品和上样缓冲液，上样缓冲液的最终稀释倍数应不小于 1×。用 10 μL 微量移液器分别将样品加入胶板的样品小槽内，每加完一个样品，应更换一个加样头，以防污染，加样时勿碰坏样品孔周围的凝胶面。（注意：加样前要先记下加样的顺序）。

4. 电泳：加样后的凝胶板立即通电进行电泳，电压 60～100 V，样品由负极（黑色）向正极（红色）方向移动。电压升高，琼脂糖凝胶的有效分离范围降低。当溴酚蓝移动到距离胶板下沿约 1 cm 处时，停止电泳。

5. 染色：电泳完毕后，取出凝胶，用含有 0.5 μg/mL 的溴化乙锭 1×TAE 溶液染色约 20 min，再用清水漂洗 10 min。

6. 观察照相：在紫外灯下观察，DNA 存在则显示出红色荧光条带，采用凝胶成像系统拍照保存。

六、提示注意

(1)溴化乙锭(EB)是一种强诱变剂,有致癌嫌疑,操作过程中戴手套和口罩并注意把实验中沾染 EB 和未沾染 EB 的实验器具分开,防止 EB 交叉污染。

(2)微波炉加热时间过长,琼脂糖溶液会变得过热或者剧烈沸腾。应选择加热至所有琼脂糖颗粒完全溶解需要的最短时间。

(3)质粒 DNA 的存在形式有 3 种:共价闭环 DNA,常以超螺旋形式存在;开环 DNA,此种质粒 DNA 的两条链中有一条发生一处或多处断裂,因此可以自由旋转从而消除张力,形成松弛的环状分子;线状 DNA,因质粒 DNA 的两条链在同一处断裂而造成。因此,质粒 DNA 电泳的结果中有可能出现 3 条泳带,它们的泳动速度为:共价闭合 DNA>线状 DNA>开环 DNA。

七、思考题

(1)常用的电泳缓冲液有 TAE、TBE 两种,这两种缓冲液有什么区别?

(2)质粒经过琼脂糖电泳后图谱出现几个条带,分析原因。

实验二　醋酸纤维素薄膜电泳分离血清蛋白质

一、实验目的及意义

醋酸纤维薄膜电泳以醋酸纤维薄膜为支持物。它是纤维素的醋酸酯,由纤维素的羟基经乙酰化而制成。它溶于丙酮等有机溶液中,即可涂布成均一细密的微孔薄膜,厚度以 0.1～0.15 mm 为宜。通过本实验的学习掌握醋酸纤维素薄膜电泳操作技术。

二、实验原理

醋酸纤维素薄膜电泳是以醋酸纤维素薄膜作为支持体的一种电泳方法。本实验将其用于分离血清蛋白质。方法是将少量新鲜血清用点样器点在浸有缓冲液的醋酸纤维素薄膜上,薄膜两端经过滤纸与电泳槽中缓冲液相连,所用缓冲液 pH 为8.6,血清蛋白质在此缓冲液中带有负电荷,在电场中移向正极,血清中不同蛋白质由于带有电荷数量及相对分子质量不同而泳动速度不同。带电荷多及相对分子质量小者泳动速度快,带电荷少及相对分子质量大者泳运速度慢。经过一定的时间后,将薄膜取出,立即将其浸入染色液中,使蛋白质固定并染色。随后将薄膜移入浸洗液中,洗至背景无色为止。此时薄膜上显示出蓝色区带,每条带代表一种蛋白质,按泳动快慢顺序,各区带分别为清蛋白、$\alpha1$-球蛋白、$\alpha2$-球蛋白、β-球蛋白和 γ-球蛋白。

醋酸纤维素薄膜由于对样品没有吸附现象,电泳时各区带分界清楚,拖尾现象不明显,样品用量少,以及电泳时间短等,已被广泛应用。

三、实验仪器与药品

1. 仪器:电泳仪电泳槽、醋酸纤维素薄膜、滤纸、剪刀、载玻片、盖玻片、培养皿等。

2. 试剂：

(1)巴比妥缓冲液(pH 8.6)：称取巴比妥钠 12.7 g 和巴比妥 1.66 g 于蒸馏水中加热溶解后再加水至 1 000 mL。

(2)氨基黑染色液(氨基黑 10B 0.5 g、甲醇 50 mL、冰醋酸 10 mL、蒸馏水10 mL)。

(3)漂洗液：95％乙醇 45 mL、冰醋酸 5 mL 和蒸馏水 50 mL,混匀。

(4)洗脱液：0.4 mol/L NaOH。

四、实验材料

牛血清(无溶血现象)。

五、操作步骤与方法

1. 识别标记：将薄膜切成 2.5 cm×8 cm 的小片。在薄膜无光泽面(正面)的一端约 2 cm 处用铅笔画一线,以标明点样位置。

2. 浸泡：用镊子将薄膜无光泽面向下,漂浮于巴比妥缓冲液面上(缓冲液盛于培养皿中),使膜条自然浸湿下沉。大约 10 min。

3. 点样：取出薄膜,用滤纸将表面的明水吸干,然后平铺在载玻片上(无光泽面朝上),将盖玻片先在小培养皿中的血清中蘸一下,再在距膜条一端 2 cm 处轻轻地水平落下并随即提起,这样即在膜条上点上了细条状的血清样品。

4. 电泳：在电泳槽内加入缓冲液,使两个电极槽内的液面等高,将膜条平悬于电泳槽支架的滤纸桥上(先剪裁尺寸合适的滤纸条,取双层滤纸条附着在电泳槽的支架上,使它的一端与支架的前沿对齐,而另一端浸入电极槽的缓冲溶液内。用缓冲溶液将滤纸全部润湿并驱除气泡,使滤纸紧贴在支架上,即为滤纸桥)。点样端靠近负极,平衡 10 min,接通电源,调节电流为 0.4～0.6 mA(薄膜每厘米宽),电压为每厘米长 10～12 V,电泳 45～60 min。

5. 染色：将膜条取出,放在显色液中显色 10 min。

6. 漂洗：将膜条放在漂洗液中漂洗数次,至底色脱净为止,可得到清晰电泳图谱。

六、提示注意

(1)醋酸纤维素薄膜一定要充分浸透后才能点样。

(2)点样后电泳槽一定要密闭。

(3)缓冲液离子强度不应小于 0.05 或大于 0.07,因为过小使区带拖尾,过大则使区带过于紧密。

(4)通电过程中,不准去取出或放入薄膜。通电完毕后,应先断开电源后再取薄膜,以免触电。

七、思考题

简述醋酸纤维素薄膜电泳的原理与优点。

实验三 用SDS-聚丙烯酰胺凝胶电泳测定蛋白质的相对分子质量

一、实验目的及意义

蛋白质相对分子质量的测定在理论和实践中具有重要的意义。蛋白质在聚丙烯酰胺凝胶中电泳时，它的迁移率取决于它所带净电荷以及分子的大小和形状等因素。1967年，Shapiro等发现通过向样品中加入过量阴离子去污剂十二烷基硫酸钠（SDS）和巯基乙醇，使得蛋白质变性解聚，并让SDS与蛋白质结合成带强负电荷的复合物，掩盖了蛋白质之间原有电荷的差异。SDS与蛋白质分子结合，不仅使得蛋白质分子带上大量的负电荷，而且使得蛋白质分子的形状都变成短棒状，从而消除了蛋白质分子之间原有的电荷差异和分子形状的差异。因此蛋白质在SDS-PAGE中的迁移率主要取决于其分子大小，使得SDS-PAGE电泳具有分辨率高、重复率好等特性。通过本次试验，学习和掌握垂直板型聚丙烯酰胺凝胶电泳的原理和方法。

二、实验原理

在聚丙烯酰胺凝胶系统中，加入一定量的十二烷基硫酸钠（SDS），SDS是一种阴离子表面活性剂，加入到电泳系统中能使蛋白质的氢键和疏水键打开，并结合到蛋白质分子上，使各种蛋白质-SDS复合物都带上相同密度的负电荷，其数量远远超过了蛋白质分子原有的电荷量，从而掩盖了不同种类蛋白质间原有的电荷差别。此时，蛋白质分子的电泳迁移率主要取决于它的相对分子质量大小，而其他因素对电泳迁移率的影响几乎可以忽略不计。

当蛋白质的相对分子质量在15 000～200 000时，电泳迁移率与相对分子质量的对数值呈直线关系。若将已知相对分子质量的标准蛋白质的迁移率对相对分子质量的对数作图，可获得一条标准曲线。未知蛋白质在相同条件下进行电泳，根据它的电泳迁移率即可在标准曲线上求得相对分子质量。

三、实验仪器与药品

1. 仪器：垂直板型电泳槽、直流稳压电源、50 μL 或 100 μL 微量注射器、玻璃板、水浴锅、染色槽、烧杯、吸量管、长头滴管等。

2. 试剂：

(1)分离胶缓冲液(Tris-HCl 缓冲液 pH 8.9)：取 1 mol/L 盐酸 48 mL，Tris 36.3 g，用无离子水溶解后定容至 100 mL。

(2)浓缩胶缓冲液(Tris-HCl 缓冲液 pH 6.7)：取 1 mol/L 盐酸 48 mL，Tris 5.98 g，用无离子水溶解后定容至 100 mL。

(3)30％分离胶贮液：配制方法与连续体系相同，称丙烯酰胺(Acr)30 g 及 N，N′-甲叉双丙烯酰胺(Bis)0.8 g，溶于重蒸水中，最后定容至 100 mL，过滤后置棕色试剂瓶中，4 ℃保存。

(4)10％浓缩胶贮液：称 Acr 10 g 及 Bis 0.5 g，溶于重蒸水中，最后定容至 100 mL，过滤后置棕色试剂瓶中，4 ℃贮存。

(5)10％ SDS 溶液：SDS 在低温易析出结晶，用前微热，使其完全溶解。

(6)1％ TEMED。

(7)10％ 过硫酸铵(AP)(现用现配)。

(8)电泳缓冲液(Tris-甘氨酸缓冲液 pH 8.3)：称取 Tris 6.0 g，甘氨酸 28.8 g，SDS 1.0 g，用无离子水溶解后定容至 1 L。

(9)样品溶解液：取 SDS 100 mg，巯基乙醇 0.1 mL，甘油 1 mL，溴酚蓝 2 mg，0.2 mol/L，pH 7.2 磷酸缓冲液 0.5 mL，加重蒸水至 10 mL(遇液体样品浓度增加一倍配制)。用来溶解标准蛋白质及待测固体。

(10)染色液：0.25 g 考马斯亮蓝 G-250，加入 454 mL 50％甲醇溶液和 46 mL 冰乙酸即可。

(11)脱色液：75 mL 冰乙酸、875 mL 重蒸水与 50 mL 甲醇混匀。

四、实验材料

小麦芽。

五、操作步骤与方法

1. 安装夹心式垂直板电泳槽。

2. 配胶:根据所测蛋白质相对分子质量范围,选择适宜的分离胶浓度。本实验采用 SDS-PAGE 不连续系统,按表 14-5 的配制分离胶和浓缩胶。

表 14-5 分离胶和浓缩胶的配置

试剂名称	配制 20 mL 不同浓度分离胶所需各种试剂用量/mL				配制 10 mL 浓缩胶所需试剂用量/mL
	5%	7.5%	10%	15%	3%
分离胶贮液 (30% Acr-0.8%Bis)	3.33	5.00	6.66	10.00	—
分离胶缓冲液 (pH8.9 Tris-HCl)	2.50	2.50	2.50	2.50	—
浓缩胶贮液 (10%Acr-0.5%Bis)	—	—	—	—	3.0
浓缩胶缓冲液 (pH6.7 Tris-HCl)	—	—	—	—	1.25
10% SDS	0.20	0.20	0.20	0.20	0.10
1% TEMED	2.00	2.00	2.00	2.00	2.00
重蒸馏水	11.87	10.20	8.54	5.20	4.60
混匀后,置真空干燥器中,抽气 10 min					
10% AP	0.10	0.10	0.10	0.10	0.05

3. 制备凝胶板

(1)分离胶制备:按表配制 20 mL 10%分离胶,混匀后用细长头滴管将凝胶液加至长、短玻璃板间的缝隙内,约 8 cm 高,用 1 mL 注射器取少许蒸馏水,沿长玻璃板板壁缓慢注入,3~4 mm 高,以进行水封。约 30 min 后,凝胶与水封层间出现折射率不同的界线,则表示凝胶完全聚合。倾去水封层的蒸馏水,再用滤纸条吸去多余水分。

(2)浓缩胶的制备:按表 14-5 配制 10 mL 3%浓缩胶,混匀后用细长头滴管将浓缩胶加到已聚合的分离胶上方,直至距离短玻璃板上缘约 0.5 cm 处,轻轻将样品槽模板插入浓缩胶内,避免带入气泡。约 30 min 后凝胶聚合,再放置 20~

30 min。待凝胶凝固,小心拔去样品槽模板,用窄条滤纸吸去样品凹槽中多余的水分,将 pH 8.3 Tris-甘氨酸缓冲液倒入上、下贮槽中,应没过短板约 0.5 cm 以上,即可准备加样。

4. 样品处理及加样:各标准蛋白及待测蛋白都用样品溶解液溶解,使浓度为 0.5~1 mg/mL,沸水浴加热 3 min,冷却至室温备用。处理好的样品液如经长期存放,使用前应在沸水浴中加热 1 min,以消除亚稳态聚合。

一般加样体积为 10~15 μL(即 2~10 μg 蛋白质)。如样品较稀,可增加加样体积。用微量注射器小心地将样品通过缓冲液加到凝胶凹形样品槽底部,待所有凹形样品槽内都加了样品,即可开始电泳。

5. 电泳:将直流稳压电泳仪开关打开,开始时将电流调至 10 mA。待样品进入分离胶时,将电流调至 20~30 mA。当蓝色染料迁移至底部时,将电流调回到零,关闭电源。拔掉固定板,取出玻璃板,用刀片轻轻将一块玻璃撬开移去,在胶板一端切除一角作为标记,将胶板移至大培养皿中染色。

6. 染色及脱色:将染色液倒入培养皿中,染色 1 h 左右,用蒸馏水漂洗数次,再用脱色液脱色,直到蛋白区带清晰,即用直尺分别量取各条带与凝胶顶端的距离。

7. 计算

(1)相对迁移率 mR ＝样品迁移距离(cm)/染料迁移距离(cm)。

(2)以标准蛋白质相对分子质量的对数对相对迁移率作图,得到标准曲线,根据待测样品相对迁移率,从标准曲线上查出其相对分子质量。

六、提示与注意

(1)安装夹心式垂直板电泳槽前,胶条、玻板、槽子都要洁净干燥;勿用手接触灌胶面的玻璃。

(2)不是所有的蛋白质都能用 SDS-凝胶电泳法测定其相对分子质量,已发现有些蛋白质用这种方法测出的相对分子质量是不可靠的。包括:电荷异常或构象异常的蛋白质,带有较大辅基的蛋白质(如某些糖蛋白)以及一些结构蛋白如胶原蛋白等。例如,组蛋白 F1,它本身带有大量正电荷,因此,尽管结合了正常比例的SDS,仍不能完全掩盖其原有正电荷的影响,它的相对分子质量是 21 000,但 SDS-凝胶电泳测定的结果却是 35 000。因此,最好至少用两种方法来测定未知样品的相对分子质量,互相验证。

(3)有许多蛋白质,是由亚基(如血红蛋白)或两条以上肽链(如 α-胰凝乳蛋白酶)组成的,它们在 SDS 和巯基乙醇的作用下,解离成亚基或单条肽链。因此,对于这一类蛋白质,SDS-凝胶电泳测定的只是它们的亚基或单条肽链的相对分子质量,而不是完整分子的相对分子质量。为了得到更全面的资料,还必须用其他方法测定其相对分子质量及分子中肽链的数目等,与 SDS-凝胶电泳的结果互相参照。

七、思考题

(1)SDS-聚丙烯酰胺凝胶电泳与聚丙烯酰胺凝胶电泳原理上有何不同?

(2)用 SDS-聚丙烯酰胺凝胶电泳测定蛋白质的相对分子质量,为什么有时和凝胶层析法所得结果有所不同? 是否所有的蛋白质都能用 SDS-凝胶电泳法测定其相对分子质量? 为什么?

实验四　蛋白质的双向凝胶电泳分离

一、实验目的及意义

双向电泳是一种等电聚焦电泳与 SDS-PAGE 相结合,分辨率更高的蛋白质电泳检测技术。双向电泳后的凝胶经染色蛋白呈现二维分布图,水平方向反映出蛋白在等电点上的差异,而垂直方向反映出它们在相对分子质量上的差别。通过本实验的学习了解双向电泳技术在蛋白质组学研究中的应用,掌握蛋白质双向电泳的基本原理和方法。

二、实验原理

蛋白质的双向电泳的第一向为等电聚焦(IEF),根据蛋白质的等电点不同进行分离;第二向为 SDS-聚丙烯酰胺凝胶电泳(SDS-PAGE),按蛋白质亚基相对分子质量大小进行分离。经过电荷和相对分子质量两次分离后,可以得到蛋白质分子的等电点和相对分子质量信息。

等电聚焦(IEF)是一种特殊的聚丙烯酰胺凝胶电泳,其特点是在凝胶中加入一种两性电解质载体,从而使凝胶在电场中形成连续的 pH 梯度。蛋白质是典型的两性电解质分子,它在大于其等电点的 pH 环境中以阴离子形式向电场的正极移动,在小于其等电点的 pH 环境中以阳离子形式向负极移动。这种泳动只有在等于等电点的 pH 环境中才停止。如果在一种 pH 梯度的环境中将含有各种不同等电点的蛋白质混合样品进行电泳,那么在电场作用下,不管这一群混杂的蛋白质分子原始分布如何,各蛋白质分子将按照它们各自的等电点大小在 pH 梯度相对应的位置进行聚集经过一定时间后,不同的蛋白质组分便分割在不同的区域之中。这个过程称作等电聚焦,蛋白质聚集的部位蛋白质所带电荷为零,测定此部位的pH,即可知该蛋白质的等电点。

SDS-聚丙烯酰胺凝胶电泳(SDS-PAGE),主要用于测定蛋白质亚基相对分子质量,SDS 是一种阴离子去污剂,作为变性剂和助溶剂,它能断裂分子内和分子间的氢键,使分子去折叠,破坏蛋白质分子的二级和三级结构。强还原剂(DTT,二硫苏糖醇)则能使半光氨酸残基之间的二硫键段裂。在样品和凝胶中加入 SDS 和还原剂后,分子被解聚成它们的多肽链。解聚后的氨基酸侧链与 SDS 充分结合形成带负电荷的蛋白质-SDS 胶束,所带的负电荷大大超过了蛋白质分子原有的电荷量,这就消除了不同分子之间原有电荷的差异。因此这种胶束在 SDS-聚丙烯酰胺凝胶系统中的电泳迁移率不再受蛋白质原有电荷的影响,而主要取决于蛋白质或亚基相对分子质量的大小。当蛋白质的相对分子质量在 15~200 kD 时,电泳迁移率与相对分子质量的对数呈线性关系。

蛋白质双向电泳是将蛋白质等电点和相对分子质量两种特性结合起来进行蛋白质分离的技术,因而具有较高的分辨率和灵敏度,已成为蛋白质特别是复杂体系中的蛋白质检测和分析的一种强有力的生化手段。

三、实验仪器与药品

1. 仪器:Ettan IPGphor 等电聚焦仪、Ettna™ DATL Six 垂直电泳仪、Hoefer SE600 垂直电泳设备、Images canner 扫描仪、Image Master 2D-Elite 图像分析软件、酶标仪、高速冷冻离心机、MilliQ-Water 纯水仪等。

2. 试剂:

(1)水化液:7 mol/L 尿素、2 mol/L 硫脲、2% CHAPS、1% DTT、0.5% IPG Buffer、痕量溴酚蓝(定容后分装为 500 μL/管,使用前加入 DTT 和 IPG Buffer,−20 ℃保存备用)。

(2)裂解液:7 mol/L 尿素、2 mol/L 硫脲、4% CHAPS、1% DTT、2% IPG Buffer、1% Proteinase inhibitor cocktail、200 μg/mL DNase I、50 μg/mL Rnase A (定容后分装为 500 μL/管,使用前加入 DTT、IPG Buffer、Proteinase inhibitor cocktail、DNase I 和 RNase A,−20 ℃保存备用)。

(3)平衡液:Tris-HCl 缓冲液(50 mmol/L,pH 8.8)、6 mol/L 尿素、30%甘油、2% SDS、痕量溴酚蓝以及 1%DTT 或 4% IAA。

(4)丙烯酰胺单体母液:30%丙烯酰胺,0.8%甲叉双丙烯酰胺:先在 100 mL 去离子水中加入 4 g 甲叉双丙烯酰胺,溶解后再加入 150 g 丙烯酰胺,充分溶解后定容至 500 mL,0.45 μm 滤膜过滤,4 ℃避光保存。

(5)1.5 mol/L Tris-HCl(pH 8.8):9.8 g Tris 溶于 400 mL 去离子水中,用浓 HCl 调 pH 至 8.8,定容至 500 mL,0.45 μm 滤膜过滤,4 ℃保存。

(6)10% SDS:10 g SDS,100 mL 去离子水,室温保存。

(7)10% 过硫酸铵(AP):0.1 g AP/1 mL 去离子水,4 ℃保存不超过 1 周。

（8）SDS 电泳缓冲液：15.1 g Tris-base、94 g 甘氨酸、5 g SDS、去离子水，定容至 1 000 mL。

（9）琼脂糖封顶溶液：0.5 g 低熔点琼脂糖、痕量溴酚蓝、100 mL SDS 电泳缓冲液，加热溶解后分装，－20 ℃保存备用。

（10）TES 缓冲液：10 mmol/L Tris pH 7.6、1 mmol/L EDTA、0.25 mol/L Sucrose、0.5 mol/L NaCl、1% proteinase inhibitor cocktail、200 μg/mL DNase I 、50 μg/mL Rnase A，4 ℃保存。

（11）银染溶液

固定液：40% 无水乙醇，10% 冰乙酸。

敏化液：30% 无水乙醇，0.2% 硫代硫酸钠，6.8% 乙酸钠。

银染液：0.25% 硝酸银。

显色液：2.5% 无水碳酸钠，0.04% 甲醛。

终止液：10% 冰乙酸。

（12）考染溶液

考染液：将 0.5 g 考马斯亮蓝 R-250 溶于 250 mL 无水乙醇中，而后加入 50 mL 冰醋酸，最后用去离子水定容至 500 mL。

脱色液：取 125 mL 无水乙醇加入 40 mL 冰醋酸，用去离子水定容至 500 mL。

四、实验材料

水稻成熟叶片中提取的总蛋白。

五、操作步骤与方法

1. 第一向等电聚焦电泳：

（1）取出冻存样品，加入相应量的 DTT、IPG Buffer 以及水化液至终体积 340 μL(18 cm IPG 胶条)，充分涡旋混匀，而后 20 ℃，20 000g 离心 15 min。

（2）吸取上清液平铺在胶条槽中，然后将胶条缓慢从酸性端（尖端）一侧剥去 IPG 胶条的保护膜，胶面朝下，阳性端朝胶条槽的尖端方向放入胶条槽中，慢慢下压胶条，并上下移动，避免生成气泡，最后放下 IPG 胶条平端（阴极），使水化液浸湿整个胶条，并确保胶条的两端与槽的两端的电极接触。

（3）IPG 胶条上覆盖适量 IPG Cover Fluid，将胶条和液体完全覆盖，盖上盖子。

（4）胶条槽的尖端背面电极与 IPGphor 仪器的阳极平台接触，平端与阴极接触。

（5）设置 IPGphor 仪器运行参数，胶条先在 30 V、20 ℃的条件下水化 12 h 后进入等电聚焦阶段，设置 IPGphor 仪器运行参数（18 cm IPG 胶条时，上样量为 150 μg）。

2. IPG 胶条的平衡：

（1）DTT 平衡：将聚焦好的胶条取出放入平衡管中，支持面贴试管内壁，加入含 1% DTT 的平衡缓冲液在摇床上缓慢摇动平衡 15 min。

（2）IAA（碘乙酰胺）平衡：将第一次平衡好的胶条取出放到电泳缓冲液里轻轻蘸几下，放到含 2.5% IAA 的平衡液里平衡 15 min（注意避光）。

3. 灌制二向凝胶：

（1）根据第一向 IEF 电泳时 IPG 胶条的大小选择第二向合适的垂直电泳槽。一般实验采用 10% 或 12.5% 的分离胶及浓度为 5% 的浓缩胶，按照 Hoefer SE600 和 Ettan DALT six 说明书安装垂直电泳系统，在 500 mL 烧杯中配制分离胶，其配制方法见表 14-6。

（2）分别灌制分离胶与浓缩胶。

（3）灌制好的凝胶用水饱和正丁醇封顶，使胶面尽量平整。

（4）凝胶凝固好后，将顶部的水饱和正丁醇倒掉，去离子水轻轻洗胶面 2 次，再用电泳缓冲液清洗。

表 14-6　第二向电泳分离胶的配制

| 配方成分 | Hoefer SE600 | | Ettan DALT six | | | | | |
| | 10% | 12.5% | 10% | | | 12.5% | | |
	1 gel	1 gel	2 gel	4 gel	6 gel	2 gel	4 gel	6 gel
Mi11iQ 水/mL	20.1	18.02	100.5	128.6	188.9	80.5	102.0	151.8
30%丙烯酰胺/mL	8.34	10.42	80.0	106.7	158.7	100.0	133.3	195.8
Tris-HCl pH 8.8/mL	6.25	6.25	60.0	80.0	107.5	60.0	80.0	107.5
10% SDS/mL	0.25	0.25	2.4	3.2	4.7	2.4	3.2	4.7
10% AP/mL	125	125	1 200	1 600	2 350	1 200	1 600	2 350
TEMED/μL	17	17	82.5	108.8	159.7	82.5	108.8	159.7
总体积/mL	25	25	240	320	470	240	320	470

4. 胶条的转移与封胶：平衡好的胶条从试管中取出，用电泳缓冲液清洗 3 次，将预先解冻的 0.5% 琼脂糖封顶液加到胶面上，迅速将胶条推入其中，使胶条下缘

与胶面紧密接触,胶条与胶面之间不应有气泡。等到琼脂糖封顶液凝固后,将玻璃板放入电泳槽中。

5. 第二向:SDS-PAGE。

(1)在进行第二向电泳前 45 min 将冷凝水循环装置开启,使其在进行电泳时达到预设的温度(10 ℃)。将玻璃板装到垂直电泳仪上,加入 1×电泳缓冲液,开始电泳。

(2)电泳直至溴酚蓝到达胶底部后关闭电源,小心取出胶,做好标记,置于染色盘中用去离子水清洗 5 min。

6. 染色:

(1)银染。

固定:将胶放入固定液中固定过夜,然后用去离子水洗 2 次,每次 10 min。

敏化:将胶置于敏化液中 30 min,而后去离子水洗 3 次,每次 5 min。

银染:银染液中染色 20 min(避光进行),而后 MilliQ 水洗 2 次,每次 1 min。

显色:将胶置于显色液中,轻轻振荡,约 5 min。

停显:将胶置于停显液中 10 min,而后去离子水洗 2 次,每次 5 min。

(2)考马斯亮蓝染色:将剥下的胶用去离子水洗 10 min,然后置于染色液中在脱色摇床上过夜染色,而后用漂洗液漂洗 3～4 次,每次大约 1 h,直至背景色较浅为止。

7. 图像扫描及分析:将胶小心置于 Immage Scanner Ⅱ图像扫描系统的玻璃板上,一边平行于玻璃板边缘,注意避免产生气泡和水痕。此扫描仪应在 1 个月之内经过灰阶校准。用 GE 的 Labscan™ 软件扫描,设定适当的分辨率(一般为300 dpi)和对比度。2-DE 图像用 GE 公司的 Image Master TM 2-D Platinum 软件进行图像分析。蛋白点检测参数设置为:minimal area ＝10 pixels,smooth factor ＝ 2.0,saliency ＝ 100.0。

六、提示与注意

(1)样品预处理是双向电泳的关键。等电聚焦电泳的样品中必须去除盐离子、色素、酚类和核酸等物质,还要加入防止蛋白质水解的抑制剂,所以根据不同样品需要查阅有关资料进行样品预处理。是否聚焦的好坏与两性电解质的质量也有关系。

(2)根据预分离蛋白质的相对分子质量范围确定使用的凝胶的浓度。

(3)凝胶染色方法众多,主要区别是灵敏度不同,需根据实际需要选择。通常考马斯亮蓝染色能检测到约含量为 $1\ \mu g$ 的蛋白质点,硝酸银染色法能检测到含量为 ng 级的蛋白质点。

(4)重复性是双向电泳需要注意的问题之一。所以在操作过程中应保持试剂、操作过程、实验条件的一致性,以确保双向电泳的重复性,从而获得可靠的可比性。

七、思考题

(1)双向电泳中第一向等点聚焦电泳中的电压条件设定基本原则是什么?

(2)蛋白质电泳过程中,蛋白质分子迁移受到电泳系统中哪些因素的影响?

第十五章
分子标记技术

实验一　RFLP 检测水稻亲本遗传多样性

一、实验目的与意义

　　水稻，是一年生禾本科植物。无论是常规育种还是杂交稻育种，亲本的选择都至关重要，既要求亲本携带目标性状或目的基因，又要扩大亲本间的遗传差异。育种家们从亲本的农艺性状和系谱关系来判断品种间或品系间的遗传差异虽然有效，但受到时空和经验的限制，且难以量化。分子标记技术的发展，为从 DNA 水平上检测品种及品系间的遗传差异提供了有效工具。RFLP 标记由于位点数多、不受基因表达的时空限制及环境条件的影响，从而广泛用于物种的分类、遗传多样性的检测与评价及基因定位的研究。通过本实验，学习 RFLP 技术的原理，掌握RFLP 的操作及分析方法。

二、实验原理

　　RFLP 是英文 Restriction Fragment Length Polymorphism 的缩写，即限制性片段长度多态性。RFLP 标记是用限制性内切酶酶解样品 DNA，从而产生大量的限制性片段，通过凝胶电泳将 DNA 片段按照各自的长度分开。当酶解片段数量比较多时，例如植物基因组 DNA，电泳后虽按片段长度分开，但实际上仍然是形成了连续一片的带。为了把多态片段检测出来，需要将凝胶中的 DNA 变性，通过Southern blotting 转移至硝酸纤维素滤膜或尼龙膜等支持膜上，使 DNA 单链与支持膜牢固结合，再用经同位素或地高辛标记的探针与膜上的酶切片段分子杂交，通过放射自显影显示出杂交带，即检出限制性片段长度多态性。当利用同一种限制性内切酶酶解不同品种或同一品种的不同个体时，由于目标 DNA 既有同源性又有变异，因为酶切片段就有差异，不同材料显示的杂交带位置也有差异，这种差异就是限制性片段多态性。这种 DNA 分子水平上的差异，可能是由于内切酶识别序列的改变，也可能涉及部分判断的缺失、插入、易位、倒位等。RFLP 实际反映了DNA 分子水平的差异，而且这种变异是可遗传的。RFLP 标记技术要求样品DNA 中靶序列拷贝数足够多。样品中靶序列的数量和纯度决定着 RFLP 标记技术的方法。目前,RFLP 标记技术的研究方法可将标记技术分为两类:标准 RFLP 标记技术和 PCR-RFLP 标记技术。标准 RFLP 标记技术适合用于分析样品中靶序列相对含量很高的样品,如线粒体 DNA、核糖体 DNA 或 PCR 扩增产物。但是,标准 RFLP 标记技术因需制备探针、筛选限制性内切酶、操作过程烦琐等,使得它的使用受到限制。PCR-RFLP 标记技术采用 PCR 技术,扩增出决定等位特异性的 DNA 区域,扩增产物用限制性内切酶消化后,再经电泳分离。根据获得的限制性片段长度多态性格局,判断不同等位基因的特异性。PCR-RFLP 标记技术克服了标准 RFLP 标记技术需要大量 DNA 的缺陷,可对微量的 DNA 样品进行研究,而且经 PCR 扩增的产物经限制性内切酶消化后,可直接用 EB 染色法检测,快速简便,唯一的缺点是需要事先选择并设计出扩增序列的引物。

三、实验仪器及药品

仪器:PCR 仪、微量移液器及吸管、电泳仪、紫外透射仪及凝胶成像系统等。

药品:限制性内切酶、10×酶切缓冲液、5×TBE 电泳缓冲液、变性液 (0.5 mol/L NaOH、1.5 mol/L NaCl)、中和液(1 mol/L Tris-HCl (pH 7.5)、1.5 mol/L NaCl)、10×SSC、0.4 mol/L NaOH、0.2 mol/L Tris-HCl (pH 7.5)、2×SSC、ddH$_2$O、0.8%琼脂糖、0.25 mol/L HCl 等。

四、试材

水稻。

五、操作方法与步骤

(一)DNA 的提取

首先是提取高质量的基因组 DNA。与其他分子标记实验相比,RFLP 标记技术对 DNA 的质量要求很高,而且要保证一定的数量。

(二)基因组 DNA 的酶切

1. 取基因组 DNA 5 μL 加入到 1.5 mL 离心管内,再分别加入:5 μL 10×酶切缓冲液和 20 单位限制酶,加 ddH$_2$O 至 50 μL。在 50 μL 反应体系中,进行酶切反应。

2. 轻微振荡,离心,37 ℃反应过夜。取出放在 4 ℃冰箱中保存备用。

3. 取 5 μL 反应液,0.8%琼脂糖电泳观察酶切是否彻底,这时不应有大于 30 kb 的明显条带出现。

(三)Southern 转移

1. 酶解的 DNA 经 0.8%琼脂糖凝胶电泳(可以 18 V 电泳过夜)后经 EB 染色观察。

2. 将凝胶块浸没于 0.25 mol/L HCl 中脱嘌呤,10 min。

3. 取出胶块,蒸馏水漂洗,转至变性液变性 45 min,经蒸馏水漂洗后转至中和液中和 30 min。

4. 预先将尼龙膜、滤纸浸入水中,再浸入 10×SSC 中,将一玻璃板架于盆中铺一层滤纸,然后将胶块反转放置,盖上尼龙膜,上覆两层滤纸,再加盖吸水纸,压上 0.5 kg 的重物,以 10×SSC 盐溶液吸印,维持 18～24 h。也可用电转移或真空转移。

5. 取下尼龙膜,于 0.4 mol/L NaOH 溶液中浸泡 30 s,迅速转至 0.2 mol/L Tris-HCl (pH 7.5)和 2×SSC 溶液中,漂洗 5 min。

6. 将膜夹于两层滤纸内,80 ℃真空干燥 2 h。

7. 放射自显影:标记探针(每泳道探针 DNA 用量为 5 ng,32P-dCTP 的用量 1 μCi)后进行分子杂交。探针与尼龙膜保温在 65 ℃,缓慢转动 16～18 h。洗膜压片,取出杂交膜,用 SSC 法和 SDS 法洗去未杂交的探针。用保鲜膜将尼龙膜包好,压上 X 光片,在−70 ℃下放射自显影 5～15 d。洗片、显影结束后取出,定影、晾干保存。

(四)数据分析

用 RFLP 方法得到的数据信息量较大,要求用计算机处理之。数据矩阵是根据限制性酶切位点在不同分类群的 PCR 扩增产物上存在与否以及长度的变异而产生的。根据 PCR 产物中某一位置的有无,以 1 或 0 表示,用分析软件进行各种统计分析和聚类分析。

六、提示注意

未酶切的 DNA 要防止发生降解,酶切反应一定要彻底。RFLP 分析时样品制备要特别注意以下方面。

1. 高纯度 DNA 样品是 RFLP 分析的关键因素。为了防止 DNA 样品中存在 RNA 污染,使用前必须用紫外分光光度计或琼脂糖凝胶电泳检测样品的浓度。

2. 某些重复 DNA 序列,由于其广泛存在于不同的细胞中,是遗传标记或分类标准较好的候选者。

3. PCR 片段用于 RFLP 分析,这种分析需要片段长度长于 1 kb,具有较大的序列差异。

4. 如果 DNA 溶于 TE 缓冲液,反应中使用的样品 DNA 体积应低于反应体系的总体积的 25%,以减少 TE 缓冲液中 EDTA 对酶活性的抑制作用。

七、思考题

(1)RFLP 分析的基本原理是什么? 主要有哪些应用?

(2)对于一种植物材料,进行 RFLP 分析的主要步骤有哪些?

实验二　小麦耐盐种质遗传多样性的 RAPD 分析

一、实验目的及意义

　　小麦是重要的一年生禾本科作物。由于耐盐种质资源的匮乏而受到了限制，特别是小麦的耐盐变异十分有限，遗传基础狭窄，严重地束缚了小麦耐盐性的研究和利用。因此，开展小麦耐盐性遗传多样性研究，拓宽遗传基础，筛选耐盐新基因，对于开发利用盐渍化土壤，扩大麦类种植面积，提高单位产量，具有十分重要的理论价值和实际意义。RAPD 分子标记能够从分子水平上检测整个基因组的遗传差异，且标记位点多，不受环境条件的影响，因此，在许多方面得到了广泛的应用。通过本实验，学习 RAPD 技术的原理，掌握 RAPD 的操作及分析方法。

二、实验原理

　　任何生物种都具有特定顺序和结构的遗传物质——DNA。由于在生物进化过程中选择性的不同，生物基因组 DNA 的不同区域表现出高度保守或高度变异的现象，具有不同的遗传多样性。随机扩增样性 DNA（RAPD）标记技术是通过分析遗传物质 DNA 经过 PCR 技术扩增的多样性来诊断生物体内在基因排布与外在性状表现的规律的技术。RAPD 利用 PCR 技术从扩增的 DNA 片段上分析多态性，由于片段被引物选择性地扩增，扩增了的片段能在凝胶上清晰地显现出来，这样就可以通过同种引物扩增条带的多态性反映出模板的多态性。RAPD 只需要一个引物，长度为 10 个核苷酸左右，引物顺序是随机的，因而可以在对被检对象无任何分子生物学资料的情况下对其基因组进行分析，单引物扩增是通过一个引物在两条 DNA 互补链上的随机配对来实现的，但基因组 DNA 分子内可能存在或长或短的被间隔开的颠倒重复序列，那么在两条单链上就各有一个引物结合的部位，构成单引物 PCR 扩增的模板分子。如果引物的核苷酸序列很短，退火温度又低，引物与 DNA 模板颠倒重复序列的机会就增大，产生若干单引物 PCR 扩增产物，形成该引物的特异图谱。不同 DNA 的这种颠倒重复序列数目及间隔长短的不同，扩增的条带就不同，即出现多态性。当引物较短时，很多在染色体上相邻且方向相反的引物位点存在于基因组内。PCR 技术扫描含有这些颠倒重复序列的基因组而且扩增不同长度的插入 DNA 片段。实际中,长度为 400～2 000 bp 的扩增 DNA 片段在琼脂糖凝胶上呈现为一条条带。一般短于 400 bp 的 DNA 片段或者长于 2 000 bp 的 DNA 片段在琼脂糖凝胶上不出现。

三、实验仪器及药品

仪器:PCR 仪、微量移液器及吸管、高压灭菌锅、电泳仪、紫外透射仪及凝胶成像系统等。

药品:随机引物、TaqDNA 聚合酶、4 种 2.5 mmol/L dNTP、10×PCR 缓冲液、25 mmol/L $MgCl_2$ 等。

实验材料:小麦。

四、操作方法与步骤

(一)DNA 提取及其纯度和浓度的检测

DNA 提取及其纯度和浓度检测的方法参考第十章,在此不再赘述。

(二)PCR 扩增

进行 50 次或 100 次 PCR 反应,每管中 DNA 样品或引物稍有不同。需要先配制一个不同用量的组分的所有试剂混合反应液,然后等分到各管中。由于需要用琼脂糖凝胶检验,所以反应终体积为 20 μL。

1. 在冰上配制针对不同 DNA 的 100 次 PCR 反应混合液,配方见表 15-1。制备含不同引物的 100 次 PCR 反应的混合液,配方见表 15-2。

2. 将上述反应混合液等量分装到每个反应管中。

3. 加入 DNA 或者引物。

4. 每个管中加入两滴矿物油。

5. 压紧盖子,放置到 PCR 仪上,进行 PCR 反应。

6. RAPD-PCR 反应的三步程序为:

第一步,1 个循环。94 ℃,300 s。

第二步,45 个循环。94 ℃,60 s;36 ℃,60 s;72 ℃,90 s。

第三步,72 ℃,300 s。

表 15-1　针对不同 DNA 的 PCR 反应
（100 次）混合液的配方

组成	体积
水	1 355 μL
10×缓冲液	200 μL
25 mmol/L MgCl$_2$	120 μL
10×dNTPs	200 μL
引物 20 μmol/L	20 μL
DNA 聚合酶	5 μL
终体积	1 900 μL
DNA（10～100 ng）	每管 1 μL

表 15-2　含不同引物的 PCR 反应
（100 次）混合液的配方

组成	体积
DNA（合适浓度）	100 μL
水	1 355 μL
10×缓冲液	200 μL
25 mmol/L MgCl$_2$	120 μL
10×dNTPs	200 μL
DNA 聚合酶	5 μL
终体积	1 980 μL
引物（20 μmol/L）	每管 0.2 μL

（三）PCR 产物琼脂糖凝胶电泳

1. 用 TAE 缓冲液配制 1.5%～2% 的琼脂糖凝胶。
2. PCR 扩增结束后，在每个样品中加入 4 μL 上样缓冲液。
3. 每个泳道上样 20 μL，选择合适的相对分子质量标记。
4. 适当长时间的电泳。
5. 将凝胶浸于溴化乙锭溶液中染色 30～60 min。
6. 用水清洗凝胶。
7. 在紫外线透射仪上观察，拍照。

（四）实验数据分析

利用适应的统计软件（例如 SPSS 软件）分析实验数据。在电泳胶板上，相同位置出现带的记为 1，没有带的记为 0，失败或者缺失的记为 9，将所有 RAPD 引物所扩增的结果输入数据表，利用统计软件统计分析。

五、提示注意

PCR 条件的改变，引物数量以及对电泳结果的判读，均会影响 RAPD 结果的可信度。电泳结果的判读主要是一些弱带的取舍问题，弱带取舍主要看其重复出现的概率，可进行重复实验；也可以在难取舍的弱带位置上出现的电泳条带都不统计，这样可能丢失了一些多态性信息位点，对研究材料的系谱关系等影响不大，但当研究分子标记或构建基因连锁图谱时就不可取。

六、思考题

(1)RAPD 分析的基本原理是什么？主要有哪些应用？

(2)对于一种植物材料，进行 RAPD 分析的主要步骤有哪些？

实验三　菠菜种质遗传多样性和亲缘关系的 AFLP 分析

一、实验目的及意义

　　菠菜又名波斯菜、赤根菜、鹦鹉菜等,属苋科藜亚科菠菜属,一年生草本植物。RAPD 等技术在菠菜种质资源的遗传多样性分析和种质鉴定方面已有报道。菠菜种质抗病及耐寒性鉴定也取得了一定成果。但对菠菜的基础性研究相对薄弱,进一步开展菠菜种质资源遗传多样性评价和亲缘关系的研究,对菠菜种质创新利用和新品种选育具有重要意义。通过本实验,学习 AFLP 技术的原理,掌握 AFLP 的操作及分析方法。

二、实验原理

　　AFLP 标记的原理是基于对植物基因组 DNA 双酶切,再经过 PCR 扩增后选择限制性片段。在使用 AFLP 标记技术进行研究时,由于不同物种其基因组 DNA 的大小不同,基因组 DNA 经限制性内切酶酶切后产生的限制性片段的相对分子质量大小不同。使用特定的双链接头与酶切 DNA 片段连接作为扩增反应的模板,用含有选择性碱基的引物对模板 DNA 进行扩增,选择性碱基的种类、数目和顺序决定了扩增片段的特殊性。所以,只有那些限制性位点侧翼的核苷酸与引物的选择性碱基相匹配的限制性片段才可以被扩增。扩增产物经放射性同位素标记、聚丙烯酰胺凝胶电泳分离,然后根据凝胶上的 DNA 指纹的有无来检出多态性。

　　利用 AFLP 分析基因组时,一般应用两种限制性内切酶在适宜的缓冲体系中对基因组 DNA 进行酶切,一种为低频剪切酶(识别位点为六碱基的 rare cutter),另一种为高频剪切酶(识别位点为四碱基的 frequent cutter)。EcoR I、$Hind$ III、Pst I、Sac I、Apa I 都属于六碱基识别位点的低频剪切酶,但 EcoR I 更为常用。Mse I 和 Taq I 是四碱基识别位点的高频剪切酶,但前者常用于富含 A 的真核生物基因组 DNA 链的切割,产生更小的限制性片段,在 AFLP 指纹分析中更为常用。后者会产生扩增片段的不等分布,常出现在凝胶的上部。在 AFLP 分析中常用的酶组合为 $EcoR$ I 和 Mse I。试验中酶切片段首先与含有与其有共同黏性末端的人工接头连接,连接后的黏性末端序列和接头就作为以后 PCR 反应的引物结合位点。在此所言的引物包括 3 部分:5′端与人工接头序列互补的核心序列(core sequence,CORE)、限制性内切酶特定序列(enzyme-specific sequence,ENZ)和 3′端带有选择性碱基的黏性末端(selective extension,EXT)。其中接头,包括 CORE 和 ENZ 的设计是关键。它们一般是长度为 14～18 个核苷酸的双链 DNA。接头和与接头相邻的酶切片段的碱基序列是引物的结合位点。合成的寡核苷酸接头经过 94 ℃变性 2 min,37 ℃退火 10 min,4 ℃保存备用。

另外,通过选择在末端分别添加 1～3 个选择性核苷酸的不同引物,可以达到选择性扩增的目的。这些选择性核苷酸使得引物选择性地识别具有特异配对序列的内切酶酶切片段,并与之结合,实现特异性扩增。这些选择性核苷酸数目的多少主要是由待测样品的 DNA 的基因组大小决定的。理论上讲,每增加一个选择性碱基,将只扩增限制性片段的 1/4,而在两个引物上都有 3 个选择性碱基的情况下,则仅获得 1/4 096 的片段。所以,选择性碱基是选择用于扩增的特定的限制性片段的一种精确而有效的方法;选择性核苷酸的数目多,选择性强,扩增产物就少;相反它的数目少,则选择性差,扩增产物就多。因此,利用双酶切可产生更好的扩增反应,在凝胶上产生适宜大小的适于分离的片段,不同的内切酶组合及选择性碱基的数目和种类可灵活调整片段的数目,从而产生不同的 AFLP 指纹。

三、AFLP 标记技术的核心试剂和引物

1. 核心试剂:
1)$EcoR$ I 和 Mse I,每种 4 U/μL。
2)10×反应缓冲液。
3)10 mmol/L ATP。
4)接头,各 5 pmol/L。
$EcoR$ I 接头:5′CTCGTAGACTGCGTACC 3′
　　　　　　3′CTGACGCATGGTTAA 5′
Mse I 接头:5′GACGATGAGTCCTGAG 3′
　　　　　　3′TACTVAGGACTCAT 5′
5)T₄DNA 连接酶,3 U/μL。
6)基因组 DNA,50 ng/μL。

7)预扩增引物,5 ng/μL。

8)4 种核苷酸混合物(dNTPs),每种各 2.5 mmol/L。

9)TE 缓冲液:10 mol/L Tris-HCl 与 0.1 mmol/L EDTA(pH 8.0)的混合液。

10)10×PCR 缓冲液。

11)TaqDNA 聚合酶,2 U/μL。

2. 引物:见表 15-3。

表 15-3　*Eco*R Ⅰ 引物(5 ng/μL)和 *Mse* Ⅰ 引物(30 ng/μL)

*Eco*R Ⅰ 引物		*Mse* Ⅰ 引物	
引物 E-AAC	引物 E-ACC	引物 M-CAA	引物 M-CTA
引物 E-AAG	引物 E-ACG	引物 M-CAC	引物 M-CTC
引物 E-ACA	引物 E-AGC	引物 M-CAG	引物 M-CTG
引物 E-ACT	引物 E-AGG	引物 M-CAT	引物 M-CTT

四、操作方法与步骤

(一)基因组 DNA 的提取和检测

基因组 DNA 的提取和检测详见第十章,在此不再赘述。

(二)限制性酶酶切及连接

在 0.5 mL 离心管中加入表 15-4 的试剂成分,混匀。离心数秒,37 ℃保温 5 h,8 ℃保温 4 h,4 ℃过夜。

表 15-4　AFLP 中酶切及连接操作所需的试剂　　　　　　　　　　μL

成分	对照	样品	成分	对照	样品
对照模板 DNA(50 ng/μL)	4	0	10×反应缓冲液	2.5	2.5
DNA 模板(50 ng/μL)	0	4	10 mmol/L ATP	2.5	2.5
接头	1	2	T₄DNA 连接酶	1	1
*Eco*R Ⅰ/*Mse* Ⅰ	2	2	水	7	7

(三)预扩增反应

在 0.5 mL 或 0.2 mL 离心管中加入以下成分:模板 DNA(2 μL)、预扩增引物(1 μL)、dNTPs(0.5 μL)、10×PCR 缓冲液(2.5 μL)、TaqDNA 聚合酶(2 U/μL,0.5 μL)和水(18.5 μL)。混匀后离心数秒,按下列参数进行 PCR 扩增循环 30 个循环:94 ℃、30 s;56 ℃、30 s;72 ℃、80 s。

用 TE 缓冲液按 1:20 稀释样品。

(四)选择性 PCR 扩增

在 0.5 mL 或 0.2 mL 离心管中,加入下列试剂(共 25 μL):

预扩增稀释样品(2 μL)、10×PCR 缓冲液(2.5 μL)、dNTPs(0.5 μL)、EcoR I 引物(1 μL,共 8 种,按需要挑选一种)、Mse I 引物(1 μL,共 8 种,按需要挑选一种)、Taq DNA 聚合酶(1 μL)和水(17 μL)。混匀,离心数秒,备用。

按下列参数设置进行 PCR 扩增。一轮扩增参数:94 ℃、30 s;65 ℃、30 s;72 ℃、80 s。以后每轮循环温度递减 0.7 ℃,扩增 12 个循环;或每轮循环温度递减 1 ℃,扩增 10 个循环。接着按下列参数扩增 23 个循环:94 ℃、30 s;55 ℃、30 s;72 ℃、80 s。

(五)凝胶分析

以 8:3 的比例混匀 PCR 扩增产物和甲酰胺上样液,95 ℃变性 5~8 min,然后立即冰浴;制备质量分数为 5%~6%变性胶,变性胶厚度为 0.4 mm 以方便银染;预电泳的恒功率为 50~60 W,约 30 min;上样 5~7 μL 样品;恒功率 40~50 W,电泳至溴酚蓝指示线接近胶底后,停止电泳。银染胶,观察结果。银染步骤如下:10%乙酸固定 20~30 min,可过夜;蒸馏漂洗 2~3 次;0.1%硝酸银,0.56%甲醛,染色 30 min,蒸馏水轻微漂洗数秒;0.28 mol/L 碳酸钠,0.56%甲醛,200 μL 硫代硫酸钠(10 mg/mL),低温显色 5~10 min。当条带与背景对比度最清楚时,用 10%乙酸终止显色;用蒸馏水漂洗 2 min。

(六)数据处理方法

AFLP 标记显带的记录方法为:针对某一条带而言,"有"记作"1","无"记作"0",只记载清晰易辨的扩增带,将所有选择性扩增引物产物的 DNA 扩增带数据输入到数据矩阵。计算样品间的遗传相似性可采用 Jaccard's 相似系数分析方法进行,得到相似性系数矩阵。利用该相似性系数矩阵,以除权配对法(UPGMA)进行 SAHN 聚类分析。利用 AFLP 标记多态性数据,采用 Innan's 方法计算 DNA

核苷酸多态性的分析;采用邻位相连法计算与绘制进化树,利用 PHYLIP 计算程序记性适当次数的通径分析。

五、提示注意

结合常用的 PCR 仪进行 AFLP 选择性扩增时,不同的 PCR 仪其反应条件亦不同,常用的有如下几种。

1.PE-9600PCR 仪及其同类产品:94 ℃、30 s;65 ℃、30 s;72 ℃、60 s,1 个循环;进行递降温度梯度 PCR 反应,12 个循环,每个循环中,复性温度逐级降低0.7 ℃,变性和延伸条件同上;94 ℃、30 s;56 ℃、30 s;72 ℃、60 s,23 个循环。

2.PE-480PCR 仪及其同类产品:可以不用序号,直接用分号写。

1)94 ℃、30 s;65 ℃、30 s;72 ℃、60 s,1 个循环。

2)进行递降温度梯度 PCR 反应,10 个循环,每个循环中,复性温度逐级降低1 ℃,变性和延伸条件同上。

3)94 ℃、30 s;56 ℃、30 s;72 ℃、60 s,23 个循环。

六、思考题

(1)AFLP 分析的基本原理是什么? 主要有哪些应用?

(2)对于一种植物材料,进行 AFLP 分析的主要步骤有哪些?

实验四　棉花耐盐性的 SSR 鉴定

一、实验目的及意义

棉花是锦葵科棉属植物的种子纤维。棉花作为我国主要的经济作物,在国民经济发展中占有举足轻重的地位。由于我国人均耕地面积较少、粮棉争地矛盾突出,棉花的种植和生产受到严重影响。因此培育棉花耐盐品种,将是有效开发利用盐碱地、推进农业可持续发展的一条有效途径。棉花的耐盐性鉴定工作对耐盐品种的选育起着至关重要的作用,目前生产上常用的形态学的耐盐性鉴定方法费时费力,且易受外界环境变化影响和季节限制。棉花耐盐性的 SSR 鉴定方法,为实现棉种耐盐性分子鉴定奠定了基础,为棉花耐盐育种提供理论依据。通过本实验,学习 SSR 技术的原理,掌握 SSR 的操作及分析方法。

二、实验原理

一般认为简单重复序列(Simple Sequence Repeat,SSR)或者微卫星序列是一类由几个(多为 1~6 个)碱基组成的基序(motif)串联重复而成的 DNA 序列,其长度一般较短,在 100 bp 以内。SSR 的产生是在 DNA 复制或修复过程中 DNA 滑动和错配或者有丝分裂、减数分裂期姐妹染色单体不均等交换的结果。微卫星主要以两个核苷酸为重复单元,也有一些微卫星重复单元为 3 个核苷酸,少数为 4 个核苷酸或更多。SSR 的基序中最常见的是 $(CA)_n$、$(TG)_n$。在植物基因组中 $(AT)_n$ 最多;原核基因组中也含有少量的微卫星序列。不同遗传材料重复次数的可变性,导致了 SSR 长度的高度变异性,这一变异性正是 SSR 标记产生的基础。微卫星的突变率很高,从而产生了很多等位基因,导致了微卫星的高度多态性。一般认为微卫星丰富的多态性是微卫星不稳定性的表现。微卫星的突变率在不同物种、在同一物种的不同位点和同一位点的不同等位基因间存在很大差异。尽管微卫星 DNA 分布于整个基因组的不同位置,但其两端序列多是保守的单拷贝序列,因此可以根据这两端的序列设计一对特异引物,通过 PCR 技术将其间的核心微卫星 DNA 序列扩增出来,利用电泳分析技术就可获得其长度多态性,即 SSR 标记。SSR 标记的高度多态性主要来源于串联数目的不同。根据分离片段的大小决定基因型,并计算等位基因发生频率。

三、实验仪器及药品

药品:随机引物、TaqDNA 聚合酶、4 种 2.5 mmol/L dNTP、10×PCR 缓冲液、25 mmol/L $MgCl_2$ 等。

仪器:PCR 仪、微量移液器及吸管、高压灭菌锅、电泳仪、凝胶成像系统等。

四、操作方法与步骤

(一)DNA 的提取和纯化

基因组 DNA 的提取和检测详见第十章,在此不再赘述。

(二)PCR 扩增

1. 引物设计:使用 SSR 标记的前提是已知重复序列两侧的 DNA 序列和设计引物。因此,SSR 标记技术所用的引物对 SSR 标记技术的应用至关重要。SSR 标记技术的引物有下列 4 种来源。

1)相关文献。

2)近缘种的引物。

3)根据从研究类群基因组文库中筛选出一套 SSR 位点两翼序列设计的引物。开发 SSR 引物的方法主要有经典方法、微卫星富集法和省略库选法等。

4)数据库搜寻法:利用专门的 SSR 分析软件 Sputnik 与 WisconsinGCG 程序包中的 FindPatterns 程序,搜索 GenBank,EMBL 和 DDBJ 等公共数据库中的 DNA 序列和 EST 序列获得 SSR 序列。

2. PCR 反应:PCR 反应终体积为 15 μL。每个反应含有下列成分:45 ng 模板 DNA;2.25 μmol/L 引物;11.5 mmol/L $MgCl_2$;各 625 μmol/L 4 种 dNTP;10×PCR 缓冲液;1.5 UTaqDNA 聚合酶。

反应参数:第一步,94 ℃、3 min;第二步,94 ℃、25 s,50～60 ℃、25 s,72 ℃、

45 s;第三步,72 ℃、10 min。

反应物用于电泳,或者贮存于 4 ℃备用。

(三)扩增引物的检测

在 SSR-PCR 扩增以后,要对扩增产物进行检测。一般用聚丙烯酰胺凝胶电泳或者特殊的琼脂糖凝胶检测扩增产物。用聚丙烯酰胺凝胶电泳对扩增产物进行检测时,通常 PCR 产物在变性聚丙烯酰胺序列胶上分离效果优于非变性胶上的分离效果。因为杂合个体在 PCR 后期的循环中会产生异源双链分子,导致在杂合的情况下凝胶中产生了 3 条带甚至是 4 条带,而不是正常的两条带。这种情况的出现会干扰等位基因的统计。SSR-PCR 扩增产物在 5‰~8‰的变性聚丙烯酰胺序列胶上分离后,微卫星 DNA 中 1~2 个核苷酸的变化可以分辨出来。每个 PCR反应产物占据一个电泳泳道,进行序列胶电泳时使用的鲨鱼齿具 25~50 个样孔,因此每板电泳可同时分析 25~50 个个体中等位基因的精确变化,这种方法适于作群体遗传的研究。

(四)统计分析

PCR 产物经过电泳在凝胶上分离以后,必须读带和统计分析所获得的数据资料,在合适的大小的范围内,微卫星位点的共显性遗传应产生一条(纯合子)或两条(杂合子)的带,有时会出现几条弱带,这是 PCR 扩增的假带。较长的重复,例如 3 个或 4 个核苷酸重复,产生这种假带较少,但较长的重复少见,而且比两个核苷酸重复较难从文库分离。任何类型的微卫星分析都会产生等位基因和基因型频率的数据,因此可采用标准的群体遗传的模式进行分析。

在 SSR 数据处理中,通常采用多态的比例或多态信息含量(polymorphism information content,PIC)来表示信息含量。作为一种分子标记的 SSR 位点的信息含量,与一个居群中现存等位基因的数目和频率直接成比例,与串联重复单位的数目直接相关,PIC 的范围从接近于 $0(n=10)$ 到 $0.8(n=24)$。不完全重复的 PIC比预期的要低,最高的预期值是那些最长的、中间没有替换的重复序列。用于计算 SSR 信息含量 PIC 值的公式为 $PIC = 1 - \sum f_i^2$,在式中 f_i 表示第 i 个等位基因的频率。例如,以二进制记录凝胶电泳结果,在相同迁移位置,有带位置记为 1,无带为 0,构建所有引物扩增结果数据库,采用 SYSTA8.0 软件,应用 Ward 数据度量方法和 Eudidean 距离进行聚类分析。

五、提示注意

　　PCR 反应过程中应特别注意不要使样品相互污染,以免造成实验结果不准确,同时也注意所加试剂或样品必须是经过混匀后的液体,这样才能保证反应液各成分的浓度和体积的均一性。在使用电压一致的情况下,电泳效果的好坏与电泳时间有着很大关系,电泳时间过长会导致扩增条带间的距离大,不利于读带,而且条带的清晰度也会下降,甚至会产生电热效应,促使扩增条带出现"微笑"情况。电泳时间过短,会降低电泳条带的分辨率。一般聚丙烯酰胺凝胶最佳电泳时间为 60～90 min,琼脂糖凝胶电泳的时间根据 DNA 片段大小和琼脂糖凝胶浓度而定,一般为 40～120 min。

六、思考题

　　(1)SSR 分析的基本原理是什么? 主要有哪些应用?

　　(2)对于一种植物材料,进行 SSR 分析的主要步骤有哪些?

实验五　拟南芥 SNP 遗传标记的检测

一、实验目的

拟南芥属于被子植物门、双子叶植物纲、十字花科、二年生草本。SNP 标记技术具有独特的优点，它对不同基因型之间的比较更直接，因此，更适用于复杂形状的遗传分析、引起群体差异的基因识别等方面的研究，对植物高密度遗传连锁图谱的构建、新基因的克隆以及 SNP 标记辅助育种等具有十分重要的作用。通过本实验，学习 SNP 的概念，了解 SNP 检测的技术及原理。

二、实验原理

单核苷酸多态性(Single Nucleotide Polymorphism,SNPs)是指在基因组水平上由于单个核苷酸位置上存在转换、颠换、插入、缺失等变异所引起的 DNA 序列多态性。在一个群体中，当基因组内特定核苷酸位置上存在 2 种不同核苷酸且出现频率大于 1％(也有人提出 2％)时，被视作 SNP。由于这种界标数目极多，覆盖密度大，由此可以大大地提高基因组作图和基因定位的精度。SNPs 的检测最初是应用凝胶电泳方法为基础的 DNA 测序，近年来一些半自动或全自动识别和检测大量 SNPs 的方法正在发展起来。现用的实验方法有基于凝胶电泳的限制性片段长度多态性(RFLP)、等位基因特异的寡核苷酸杂交(ASO)、单链构象多态性(SSCP)分析法、以荧光共振能量传递为基础的 Taqman 法和 DNA 芯片法、质谱法、微测序法等。由于这些方法价格昂贵以及本身的性能问题，目前还处于发展阶段，未被广泛推广使用。变性高效液相色谱(DHPLC)是近几年发展起来的一种高效、快速筛检 SNP 的技术，因其高灵敏度、低成本以及全自动化操作等优点而备受关注。本实验利用聚丙烯酰胺电泳，观察拟南芥不同生态型中某基因片段的SNP。根据测序结果，拟南芥不同生态型 Ws 和 Col 的 At5962130 片段相对分子质量大小相同，但存在单一位点的差异，而这种差异用常规的琼脂糖凝胶电泳无法区分。我们首先利用 PCR 扩增拟南芥 At5962130 片段，然后对 PCR 产物进行变性和复性后,用聚丙烯酰胺电泳分离。由于 SNPs 的存在,Ws、Col 中 At5962130 扩增片段,因其构象不同,可根据其泳动速率的差异而区分。而对于 Ws 和 Col 杂交 F_1 代(杂合子)个体,PCR 产物一定含有两种存在单一位点差异的不同 DNA,并且两者的比例为 1:1,将 PCR 产物进行变性复性,会形成同源双链和异源双链。因此,通过聚丙烯酰胺电泳后,3 种构象不同的产物可以区分开来。

三、实验准备

1. 材料:拟南芥 Col、Ws 两种生态型和其杂交 F_1 代苗。
2. 试剂:
1)氯仿、异丙醇、75%乙醇、无菌水等。
2)PCR 引物和 PCR 反应试剂、包括 10×PCR buffer、dNTP、Taq 酶等。
3)14%聚丙烯酰胺凝胶、DNA 上样缓冲液、DNA 相对分子质量 Marker、TBE 电泳缓冲液、EB 染色液等。
3. 器具:水浴锅、微量离心机、水平电泳仪、垂直电泳仪、凝胶成像系统、微量移液器及吸头、微量离心管、PCR 仪等。

四、操作方法与步骤

(一)DNA 的提取

基因组 DNA 的提取和检测详见第十章,在此不再赘述。

(二)PCR 反应

利用 PCR 扩增拟南芥基因 At5962130 片段,反应体系见表 15-5。

模板为拟南芥不同生态型 Col、Ws 和 Col、Ws 杂交 F_1 代 3 种小苗的基因组 DNA。

PCR 反应程序:94 ℃,5 min;94 ℃,1 min;56 ℃,1 min;72 ℃,1 min,共 28 个循环;72 ℃,15 min。PCR 产物长度为 1 057 bp。

(三)PCR 产物的变性和复性

取 PCR 产物 10 μL,覆盖石蜡油后,94 ℃变性 5 min,42 ℃复性 30 min。

表 15-5　PCR 条件

试　剂	加样量/μL
上、下引物(10 μmol/L)	0.5+0.5
10×PCR Buffer	2
dNTP	2
Taq 酶	0.2
水	13.8
模板	1
共计	20

(四)PCR 产物凝胶电泳

聚丙烯酰胺(14%)凝胶电泳,300V,1.5 h,电泳缓冲液为 0.5×TBE。

(五)结果分析

电泳完毕后,凝胶用 0.5 μg/mL EB 的 TBE 溶液染色 15 min,在紫外灯下观察条带。

五、思考题

(1)SNP 分析的基本原理是什么？主要有哪些应用?

(2)对于一种植物材料,进行 SNP 分析的主要步骤有哪些?

第十六章

植物基因编辑技术

实验一　利用 CRISPR/Cas9 技术创建香味玉米

一、实验目的及意义

爆裂玉米在膨爆过程中通过美拉德反应产生吡咯啉类物质，散发出香味。研究发现香米中甜菜碱醛脱氢酶 2（BADH2）的功能丧失导致 γ-氨基丁醛不能氧化成 γ-氨基丁酸，最终在种子中合成大量的 2-乙酰基-1-吡咯啉（2AP），使水稻产生香味。大豆、高粱、绿豆、黄瓜和椰子中 *BADH2* 基因的功能丧失、表达量降低或是弱突变均可导致 2AP 的产生。通过进化树分析发现玉米中存在 2 个 *OsBADH2* 的同源基因 Zm00001d050339（*ZmBADH2a*）和 Zm00001d032257（*ZmBADH2b*），这可能是在自发突变和常规玉米育种方法中未能创造出香味玉米种质资源的原因。

基因编辑技术可以精准编辑目标基因，为作物快速改良提供了工具。本实验利用 CRISPR/Cas9 基因编辑技术对玉米香味基因进行编辑，在后代中得到无 T-DNA 的植株，创造出带有 2AP 的香味玉米，为玉米育种提供新的资源，同时也为提高玉米的附加值增加了一个新的有效的途径。

二、实验原理

CRISPR/Cas9 是一种能够对基因组的特定位点进行精确编辑的技术。其原理是核酸内切酶 Cas9 蛋白通过导向性 RNA（guide RNA，gRNA）识别特定基因组位点并对双链 DNA 进行切割，细胞随之利用非同源末端连接（Non Homologous End Joining，NHEJ）或者同源重组（Homologous Recombination，HR）方式对切割位点进行修复，实现 DNA 水平基因敲除或精确编辑。

引导 Cas9 蛋白识别 DNA 的靶位点的向导为 gRNA，gRNA 是进行基因编辑载体构建的关键，需要结合目标 DNA 特性设计特异性序列。gRNA 的靶点设计一般借助软件完成。

三、实验仪器与药品

1. 仪器:离心机、PCR 仪、移液器、摇床、超净工作台、培养箱等。
2. 药品:卡那霉素(Kan)、利福平(Rif)、乙酰丁香酮(AS)、LB 培养基、YEB 培养基等。
3. 玉米遗传转化培养基:

(1)共培养培养基(1 L):2.15 g M524 培养基(固体)+30 g 蔗糖+0.7 g L-Proline+150 μL 2,4-D(2 mg/mL)+0.1 g 水解酪蛋白+1 mL AS+3.5 g 植物凝胶。

(2)恢复培养基(1 L):4.33 g M524 培养基(固体)+30 g 蔗糖+0.7g L-Proline+150 μL 2,4-D(2 mg/mL)+0.1 g 水解酪蛋白+1 mL 特美汀+3.5 g 植物凝胶。

(3)分化培养基(1 L):4.33 g M524 培养基(固体)+30 g 蔗糖+0.7 g L-Proline+150 μL 2,4-D(2 mg/mL)+0.1 g 水解酪蛋白+1 mL 特美汀+1 mL 双丙氨膦+3.5 g 植物凝胶。

(4)生根培养基(1 L):4.33 g M524 培养基(固体)+30 g 蔗糖+0.7 g L-Proline+150 μL 2,4-D(2 mg/mL)+0.1 g 水解酪蛋白+1 mL 特美汀+0.5 mg NAA+0.5 mg IBA+3.5 g 植物凝胶。

四、实验材料

玉米:郑 58(王彦晓,2021)。
载体质粒:Gly-tRNA、Cas-ZmU6-tRNA(Wang et al.,2021)。
菌株:大肠杆菌菌株 Trans1-T1、农杆菌菌株 EHA105。

五、操作步骤与方法

(一)玉米 *BADH2* 基因的确定

通过 NCBI(https://www.ncbi.nlm.nih.gov)网站获得 OsBADH2 的蛋白序列,然后与玉米基因组进行 BLAST 比对,获得玉米中 *OsBADH2* 的同源基因。

(二)靶点设计

1. 在 NCBI 上下载目的基因序列。

2. 在第一个外显子的序列上设计 CRISPR 靶位点。筛选得到的 gRNA1 和 gRNA2 同时靶向 *ZmBADH2a* 和 *ZmBADH2b*,靶位点序列见表 16-1。

表 16-1 *ZmBADH2a* 和 *ZmBADH2b* gRNA 序列

gRNA	序列(5′-3′)	PAM
gRNA1	ggttgacgacggggaggcgg	CGG
gRNA2	gcggcgctcaagaggaaccg	CGG/TGG

(三)CRISPR/Cas9 基因编辑载体的构建

1. 引物设计及 PCR 扩增:根据靶点设计引物,以质粒 Gly-tRNA 为模板并将其浓度稀释 100 倍,利用特异性引物(表 16-2)按照以下反应体系(表 16-3)进行 PCR 扩增,PCR 反应程序见表 16-4。

表 16-2 Gly-tRNA PCR 引物

引物名称	引物序列
ZmBADH2-T1F	TAGGTCTCTTGCAGGTTGACGACGGGGAGGCGGGTTTT-AGAGCTAGAAATAGCAAGT
ZmBADH2-T2R	TAGGTCTCTAAACCGGTTCCTCTTGAGCGCCGCTGCAC-CAGCCGGGAATCG

表 16-3 Gly-t RNA PCR 反应体系

组 分	体积/μL
Gly-tRNA	1.0
2.5 mmol/L dNTPs	4.0
5×Trans Start Fast *Pfu* Buffer	10.0
Primer 1	1.0
Primer 2	1.0
Trans Start Fast *Pfu* DNA Polymerase	1.0
ddH$_2$O	32.0

表 16-4　PCR 反应程序

循环步骤	温度/℃	时间	循环数
预变性	95	2 min	
变性	95	20 s	
退火	70	20 s	35
延伸	72	30 s	
彻底延伸	72	5 min	

2. 载体构建：分别将 PCR 产物回收片段和载体 Cas-Zm U6-tRNA 进行 *Bsa* I 酶切，分别切胶回收 219 bp 和 23 kb 的片段，37 ℃酶切 2 h。将两组回收片段进行 T₄ 连接，配制体系时按照 Vector DNA∶Insert DNA＝1∶3（摩尔比）的比例进行，可保证 T4 DNA 连接酶效率最佳。连接产物转化大肠杆菌，在含有 Kan 的培养基中挑取菌斑进行菌液 PCR，鉴定阳性克隆。将阳性克隆在大肠杆菌中进行摇菌扩增，提取质粒，即为构建好的 CRISPR/Cas9 载体。

（四）遗传转化工程菌的获得

将表达载体质粒转入农杆菌 EHA105，具体操作步骤如下：

1. －80 ℃冰箱取出农杆菌感受态细胞并做好标记，冰浴融化。

2. 取 0.5 μL 质粒 DNA 加入到 50 μL 感受态细胞中，用手轻拨管底混匀，依次冰浴 5 min，液氮速冻 5 min，37 ℃水浴热激 5 min，冰浴 5 min 。

3. 加入 700 μL 无抗性的 LB 培养基，28 ℃、200 r/min 摇床振荡培养 2～3 h。

4. 6 000 r/min 离心 1 min 收集菌体，留取 100 μL 上清液，重悬菌块并涂布到含有 Kan 和 Rif 的平板上，将平板倒置于 28 ℃的培养箱中培养 2～3 d。

5. 挑取单菌落，进行菌落 PCR 检测。

6. 摇菌并进行保菌。

（五）农杆菌介导的玉米的遗传转化

1. 侵染液的制备：

（1）将保存于－80 ℃冰箱中的农杆菌在 YEB 固体培养基上划线，28 ℃过夜培养。

（2）配制侵染培养基并用细菌过滤器进行过滤，在过滤后的侵染培养基中加入乙酰丁香酮（AS），混匀。

（3）用配制好的侵染培养基吹打农杆菌至无颗粒状态，调节其 *OD* 为 0.3～0.4。

（4）调节好 OD 后，用锡箔纸包裹离心管，放入 22 ℃摇床，65 r/min 振荡培养 2 h。

2. 外植体的制备：取授粉 10～15 d 的雌穗，剥去苞叶，浸泡在 75％乙醇中，10 min 后取出，在超净工作台上剥取幼胚，幼胚大小为 1.8～2 mm，置于含 2 mL 侵染培养基的 EP 管中备用，每管中含有 50～70 个幼胚。

3. 外植体侵染：

（1）用加入 AS 的侵染培养基将 EP 管中的幼胚洗 3 次。

（2）43 ℃热激 3 min，冰浴 1 min，4 ℃/10 000 r/min 离心 20 min。

（3）加入 1 mL 侵染液，颠倒混匀，侵染 5 min 后倒入含有灭菌滤纸的培养皿中，吸去多余菌液后将滤纸倒扣在共培养培养基上，快速揭下滤纸。用镊子翻动幼胚，使幼胚的盾面朝上，22 ℃黑暗条件下共培养 3 d。

（4）在共培养培养基上培养 3 天后转移到恢复培养基上，25 ℃黑暗条件下恢复 7～10 d 后转移到分化培养基上。

（5）28 ℃黑暗条件下分化 7 d 后转移到光下继续分化，7 d 后转移到生根培养基上。

（6）在长出 2～3 片叶子时取样，进行阳性苗的鉴定及编辑植株的鉴定。

（六）E0 代编辑苗的鉴定

利用检测引物 PCR 扩增目的基因，然后将条带大小正确的 PCR 扩增产物进行测序。纯合突变通过测序分析就可以知道编辑类型，但在 PCR 产物的测序结果峰图中，双等位突变和杂合突变的样品会从突变位点开始产生 2 种或 2 种以上序列的重叠峰，分析起来十分困难。对于一些不能通过解峰确认编辑形式的样品，需要将 PCR 产物稀释后连接 T 载，挑取单克隆进行菌液 PCR，确认编辑形式。

表 16-5　**BADH2 靶点编辑检测引物**

引物名称	引物序列
ZmBADH2A-JCF1	GAGACGTCCTCGCTTTCCAC
ZmBADH2A-JCR1	ATGTGCACGCTGCGTTTTAC
ZmBADH2B-JCF1	GTCGCAATCTCCACTCTCCA
ZMBADH2B-JCR1	GCTTGGAAGCAGAAGCACAG

注：引自 Wang et al.，2021。

（七）E1 代纯合突变植株的 T-DNA 元件检测

在 E1 代，利用 Cas 检测引物 Cas-F1/R1 和 Cas-F3/R3 进行 T-DNA 元件检

测，电泳检测时两对引物都没有出现条带的植株为 E1 代无 T-DNA 元件的突变植株。

表 16-6　T-DNA 元件检测引物

引物名称	引物序列
Cas9-F1	AAGAAGCGGAAGGTCGGTAT
Cas9-R1	CTCAGGTGGTAGATGGTGGG
Cas9-F3	CAGAAAGAGCGAGGAAACCA
Cas9-R3	CCTCAAACAGTGTCAGGGTCA

注：引自 Wang et al.，2021。

七、思考题

1. gRNA 设计时需要注意哪些事项？

2. 如何在 E0 代判断杂合突变植株的编辑类型？

实验二　基于基因编辑技术创制高亚油酸水稻材料

一、实验目的及意义

亚油酸是一种人体必需的脂肪酸,具有保健功能。利用基因编辑技术对控制脂肪酸合成途径的关键酶 ω-3 脂肪酸去饱和酶基因进行精准编辑,关闭下游产物的合成途径,以便提高水稻上游亚油酸的含量。

二、实验原理

水稻脂肪酸合成途径中的关键酶 ω-3 脂肪酸去饱和酶基因($OsFAD3$)存在 2 个拷贝,分别分布在第 11 染色体和第 12 染色体,且两者 cDNA 同源性达 97.32%。根据基因编辑原理,在 2 个同源基因序列高度一致的外显子区域,分别设计合成 2 个 gRNA,并分别构建植物基因编辑载体,利用农杆菌介导法转化受体材料。通过对基因编辑植株进行靶位点测序鉴定,分析 2 个位点的编辑效率和基因型,获得 2 个位点的纯合编辑材料。

三、实验仪器与药品

仪器:离心机、PCR 仪、移液器、摇床、超净工作台、培养箱等。
药品:潮霉素、头孢霉素、替卡西林、LB 培养基、MS 培养基、NB 诱导培养基(孙欣,2019)、AAM 液体侵染培养基(孙欣,2019)等。

四、实验材料

水稻:富源 4 号(陈晓军等,2021)。
载体质粒:AarI-Cas9-PC1300(陈晓军等,2021)。
菌株:大肠杆菌 DH5α、农杆菌 EHA105。

五、操作步骤与方法

（一）靶位点的设计

ω-3 脂肪酸去饱和酶基因 *OsFAD*3.1（LOC_Os11g01340）和 *OsFAD*3.2（LOC_Os12g01370)2 个基因编码区的同源性高度一致，为由 1 个 gRNA 同时编辑 2 个基因提供了必要条件。

基因编辑的特异性取决于 gRNA 的特异性。选取 2 个基因编码区序列一致的区域，寻找基因编辑所必备的 PAM 结构（图 16-1），设计 2 个靶位点 gRNA1 和 gRNA2 的引物序列（表 16-7）。

图 16-1　gRNA1 靶位点设计示意图（陈晓军等，2021）

表 16-7　*OsFAD*3.1 和 *OsFAD*3.2 gRNA 引物序列

引物名称	序列
FAD3-cas9-SE1F	ggcaTCGCCGATGCGGAAGGGCGG
FAD3-cas9-SE1R	aaacCCGCCCTTCCGCATCGGCGA
FAD3-cas9-SE2F	ggcaTCTTGCGCCAGCAGTGGGCG
FAD3-cas9-SE2R	aaacCGCCCACTGCTGGCGCAAGA

（二）基因编辑载体构建

1. 分别吸取上述引物（FAD3-Cas9-SE1F/FAD3-Cas9-SE1R 和 FAD3-Cas9-SE2F/FAD3-Cas9-SE2R)的母液各 10 μL 加入同一 PCR 管中进行退火。退火程

序为 98 ℃ 5 min，自然冷却至室温。gRNA1 和 gRNA2 黏性末端片段制备完成，—20 ℃保存备用。

2. 将 AarI-Cas9-PC1300 载体经 *Aar* Ⅰ 37 ℃ 酶切，酶切体系为载体质粒 10 μL、*Aar* Ⅰ 2 μL、10× Buffer 5 μL、50× oligonucleotide(0.025 mmol/L)1 μL，补充 ddH$_2$O 至 50 μL。酶切产物回收、纯化，用 30 μL ddH$_2$O 洗脱，—20 ℃保存备用。

3. 将 gRNA1 和 gRNA2 片段分别与 AarI-Cas9-PC1300 载体连接(图 16-2)。连接体系为 T4 DNA Ligase 1 μL、5× Rapid Buffer 2 μL、退火产物片段 6 μL 和 *Aar* Ⅰ-Cas9-PC1300 载体 1 μL。22 ℃ 温浴 20 min。将连接产物转化 DH5α，过夜培养，筛选阳性克隆测序，检测这两个载体是否构建成功，并命名为 FAD3-S1-PC1300 和 FAD3-S2-PC1300。

图 16-2　水稻基因编辑载体示意图(陈晓军等，2021)

(三)农杆菌介导的水稻基因编辑

1. 将基因编辑载体转化农杆菌，获得遗传转化工程菌(具体方法见第十六章实验一)。

2. 水稻种子消毒后进行愈伤组织诱导。消毒剂为 50%(V/V)次氯酸钠溶液，在 200 r/min 摇床上消毒 40 min。灭菌种子在 NB 培养基上，28 ℃光照条件下诱导愈伤组织。25～30 d 后，剥下种子的愈伤组织，接种于新的 NB 培养基。继代 7～10 d 后，等待农杆菌侵染。

3. 农杆菌活化后在液体 YEB 培养基中 28 ℃、250 r/min 振荡培养 12～16 h 至菌液 OD_{600} 为 0.8～1。取培养好的农杆菌菌液 500 μL 于 1.5 mL 离心管中，室温 4 000 r/min 离心 2 min，弃上清液，用含 200 μmol/L 的 AS 的 30 mL AAM 液体侵染培养基制成供转化用的农杆菌悬浮液。

4. 将生长到一定大小的水稻愈伤组织挑出，放入农杆菌悬浮液，手动摇晃 5 min。倒掉农杆菌悬浮液，将愈伤组织取出，放置在无菌滤纸上，风干 30～40 min，将愈伤组织表面的悬浮液晾干。将晾干后的愈伤组织，放置在含有无菌滤纸的共培养培养基上，

25 ℃暗培养2.5 d,让农杆菌与愈伤组织充分培养。

5. 将农杆菌共培养后的愈伤组织用无菌水漂洗5～6次。用含头孢霉素、替卡西林各50 mg/L的无菌水浸泡清洗2次,摇床转速设置150 r/min。室温下,在摇床上摇晃30 min,最后将愈伤组织静置于无菌滤纸上,风干40 min。

6. 筛选培养:

(1)第一轮筛选培养:将沥干的愈伤组织转入含头孢霉素、替卡西林、潮霉素各50 mg/L的选择培养基上进行一轮筛选,在光照培养箱中(28 ℃,24 h 光照)中培养14 d。

(2)第二轮筛选培养:将获得的抗性愈伤组织转到含头孢霉素、替卡西林各50 mg/L,潮霉素80 mg/L 的培养基上进行第二轮筛选,28 ℃,24 h 光照培养14 d。

(3)第三轮筛选培养:将获得的抗性愈伤组织转到含头孢霉素、替卡西林各50 mg/L,潮霉素80 mg/L 的培养基上进行第三轮筛选,28 ℃,24 h 光照培养14 d。

7. 分化培养:筛选培养基中新长出的愈伤组织转到预分化培养基上,28 ℃光照培养14 d。将筛选出的抗性愈伤组织置于含有潮霉素和头孢霉素的分化培养基上,28 ℃光照培养25～30 d。

8. 生根培养:当分化培养基中的愈伤组织分化出苗并长到1～2 cm后,将小苗移至含有生根壮苗培养基的培养瓶中,生根培养约15 d。培养瓶中的小苗长至管顶时,开盖加水,于组培室条件炼苗7 d后洗去培养基,置于小花盆泥炭土中,温室培养7～14 d后即可移栽到大田中。

(四)基因编辑植株的靶位点基因型鉴定

利用 CTAB 法提取转基因水稻的 DNA,在靶点附近设计引物,PCR 扩增靶点序列,测序验证靶点编辑情况。

六、思考题

同时靶向两个基因的基因编辑载体构建时,gRNA 的设计原则是什么?

实验三　利用 CRISPR/Cas9 构建棉花抗虫基因筛选突变体库

一、实验目的及意义

棉花既是一种重要的纤维作物,也是重要的油料作物。由于棉花生育期较长,从播种到收获期间生长发育的各个时期都会受到多种虫害的影响,因此虫害已经成为影响棉花产量和纤维品质的重要因素之一。棉花作为世界上四大转基因作物之一,Bt 棉的应用在一定程度上控制了鳞翅目害虫带来的影响,但导致刺吸式等非 Bt 基因靶标害虫危害的日益加重逐步成为为害棉花的主要害虫,迫使杀虫剂大量喷施,造成多种害虫对农药的抗性随之进化,这不仅增加了棉花种植成本而且破坏生态环境。另一方面随着 Bt 棉种植区域的扩大和种植时间的不断延长,害虫对 Bt 棉的抗性也随之增强,其带来的风险也不容忽视。因此目前需要开发新的策略应用于棉花抗虫研究。鉴定棉花内源抗虫基因用于抗虫育种,可以有效补充 Bt 棉在抗虫应用中的不足。

CRISPR/Cas9 系统现已成为一种强大而有效的基因编辑工具。高效、精确地适用于棉花的 CRISPR/Cas9 基因组编辑系统使得大规模构建基因编辑突变体材料成为可能。本实验介绍一种利用 CRISPR/Cas9 系统的高效筛选棉花内源抗虫相关基因突变体库构建的方法。

二、实验原理

利用已有的棉花抗虫相关的转录组和代谢组学研究数据(Li et al,2016;Si et al,2020),筛选出可能参与棉花抗虫路径调控的差异基因作为目的基因,利用 CRISPR/Cas9 系统进行混合载体文库构建,通过农杆菌介导的遗传转化方法进行棉花高通量抗虫相关高通量突变体库构建,然后利用高通量测序技术检测基因编辑情况和编辑效率。

三、实验仪器与药品

1. 仪器:离心机、PCR 仪、超净工作台、移液器、摇床、培养箱等。

2. 药品:PCR 试剂、In-fusion 连接酶、质粒提取试剂盒、DNA 提取试剂盒等。

3. 用于棉花遗传转化的培养基:

(1)无菌苗培养基:1/2 MS 大量元素＋1.5％ Glucose＋0.25％ Phytagel, pH 6.10;

MSB 组分:MS 无机盐＋肌醇(Inositol, 100 mg/L)＋甘氨酸(Glycine, 2.0 mg/L)＋烟酸(Nicotinic acid, 0.5 mg/L)＋盐酸吡哆醇(Vitamin B6, 0.5 mg/L)＋盐酸硫胺素(Vitamin B1, 0.1mg/L)。

(2)共培养培养基:MSB＋0.1 mg/L 2,4-D＋0.1 mg/L KT＋0.3 g/L $MgCl_2 \cdot 6H_2O$＋3％ Glucose＋0.25％ Phytagel, pH 5.85。

(3)筛选培养基 I:MSB＋0.1 mg/L 2,4-D＋0.1 mg/L KT＋0.3 g/L $MgCl_2 \cdot 6H_2O$＋3％ Glucose＋400 mg/L Cefotaxime＋50 mg/L Kan＋0.25％ Phytagel, pH 5.85。

(4)筛选培养基Ⅱ:0.5 mg/L MSB＋IBA＋0.1 mg/L KT＋0.3 g/L $MgCl_2 \cdot 6H_2O$＋3％ Glucose＋400 mg/L Cefotaxime＋50mg/L Kan＋0.25％ Phytagel, pH 5.85。

(5)分化培养基:MSB(去掉 NH_4NO_3,KNO_3 加倍)＋0.5 mg/L IBA＋0.15 mg/L KT＋3％ Glucose＋1.0 g/L Gln＋0.5 g/L Asn＋0.25％ Phytagel, pH 5.90。

(6)成苗培养基:1/2 MSB＋0.5 g/L Gln＋0.25 g/L Asn＋1.5％ Glucose＋0.25％ Phytagel, pH 6.0。

(7)MGL 培养基:5 g/L 胰化蛋白胨＋5 g/L NaCl＋0.1 g/L $MgSO_4 \cdot 7H_2O$＋0.25 g/L KH_2PO_4＋5 g/L 甘露醇＋1.0 g/L 甘氨酸, pH5.60。

四、实验材料

棉花受体:陆地棉 Jin668 品系(孙琳,2021)。

载体:PRGEB32-Gh U6.7, PGTR(孙琳,2021)。

菌株:大肠杆菌 DH5α,农杆菌 EHA105。

五、操作步骤与方法

(一)sgRNA 及引物设计

从转录组数据中筛选基因池并进行 gRNA 靶位点设计,选择高特异性的靶位点进行下一步基因编辑研究。

将筛选到的靶位点序列删除后 3 位 NGG 的 PAM 序列,然后将靶序列全部反向互补,在每条反向互补序列 5′端前添加 TTCTAGCTCTAAAAC 引物接头,3′端后添加 TGCACCAGCCGGGAAT 引物接头后用于引物合成。

(二)混合基因组编辑载体文库构建

利用 pRGEB32-Gh U6.7 载体上 2 个 *BstB* I 限制性内切酶位点对该载体进行充分酶切。将合成后的引物全部按浓度稀释成 100 μmol/L 的溶液,然后将每40~41 条引物等量混合成一个引物池,本研究共将 968 条引物(孙琳,2021)混合成 24 组引物池,以 PGTR 质粒为模板扩增内源性 tRNA 处理系统,其中 tRNA 的序列为"AACAAAGCACCAGTGGTCTAGTGGTAGAATAGTACCCTGCCAC-GGTACAGACCCGGGTTCGATTCCCGGCTGGTGCA",将 CRISPR/Cas9 载体pRGEB32-Gh U6.7 酶切线性产物与 PCR 产物 In-fusion 连接,将连接后的质粒载体于 42 ℃条件下热激转化大肠杆菌感受态,在添加有卡那抗生素的 LB 平板上培养 15 h 后,收集所有大肠杆菌菌斑。然后进行混合质粒提取。用分光光度法测定各组质粒的浓度,将各组质粒等量均匀混合成一个载体池,用于转化农杆菌。多次电转转化 GV3101 农杆菌菌株以确保获得足够数量菌斑确保载体覆盖度,农杆菌生长 2 d 后刮取全部农杆菌菌斑,保存于－70 ℃ 条件下备用于棉花遗传转化。

(三)农杆菌介导棉花遗传转化

1. 棉花无菌苗的制备:挑选健康饱满的 Jin668 棉花种子并剥除坚硬种皮,用0.1%的 HgCl$_2$浸泡 8~10 min 消毒,之后使用无菌水漂洗 3 次,每次 5~8min。将消毒漂洗后的种子每 5~6 粒置于一瓶无菌苗培养基上,于 28 ℃下暗培养。1 d后进行扶苗,以去除种皮降低污染概率,将胚根端插入培养基中,使其快速生长,继续置于 28 ℃恒温箱中暗培养 5~6 d。待下胚轴伸长便可获得用于农杆菌侵染用的无菌苗。

2. 外植体的制备和侵染:棉花遗传转化以无菌苗下胚轴为外植体,将无菌苗的下胚轴切成 0.5～0.8 cm 的小段。取适量农杆菌溶解于 10 mL MGL 液体培养基(OD 为 0.5～0.8),置于 28 ℃摇床上振荡活化。用活化后的菌液侵染切成小段的棉花下胚轴外植体 5～8 min。再用无菌滤纸吸干下胚轴小段表面的菌液,并适当吹干。

3. 共培养:将侵染并适当吹干后的棉花下胚轴小段转移至铺有滤纸的共培养培养基上保证下胚轴段紧密贴于培养基上滤纸的表面,以确保下胚轴不会因失水而死亡。放置于 22 ℃条件下暗培养 36～48 h。

4. 筛选培养:共培养结束后将外植体转移至添加有卡那霉素和头孢抗生素的 2,4-D 选择培养基上进行选择培养诱导非胚性愈伤组织生成,20～30 d 继代一次直至获得胚性愈伤组织。

5. 分化培养:将得到的胚性愈伤组织转移到分化培养基上诱导子叶胚生成,每 4 周左右挑取长势较好的胚性愈伤组织转到新的分化培养基继代一次。将分化培养基中出现的子叶胚挑出,移入生根培养基。将子叶胚根部插入生根培养基内诱导生根。

6. 再生苗移栽:再生植株受生根培养基诱导可迅速发生根毛,待根毛发育强壮后,将封口膜打开 2～3 d 使再生植株适应外界条件后,将再生植株轻轻地从培养基中拔出并用自来水洗净残留的培养基和愈伤组织。用自来水水培,每 2～3 d 换一次水,一周左右后将再生植株移入装有营养土的盆钵中放于棉花温室培养管理。

(四)条形码设计和高通量测序检测分析基因编辑目标序列

在 gRNAs 的目标序列上下游共有序列上设计检测目标序列的上游引物 5′- TATAAGCGAAAGAAGCATCAGA-3′,及下游引物 5′-GACCCGAATTT-GTGGACC-3′。然后在此引物对的 5′端添加 9 个核苷酸条形码(具体序列见孙琳,2021)用于样品材料检测。

(五)基因组编辑检测

为了方便进行高通量测序,在棉花基因组上设计引物扩增片段一般不超过 280 bp。由于 CRISPR/Cas9 系统可以在目标编辑位点引入大量的 Indels,因此,在设计引物时,上下游引物不应距离目标位点太近,且应保持至少 30 bp 的间隔距离。为了保持 PCR 扩增条件的一致性,本实验将全部引物退火温度设计在 58～60 ℃。

六、思考题

CRISPR/Cas9 基因组编辑植物相比于转基因植物在育种上的优越性是什么？

实验四　利用 CRISPR/Cas9 技术创制雄性不育番茄材料

一、实验目的及意义

杂种优势利用能极大提高番茄（*Solanum lycopersicum*）的产量、抗病及抗逆表现，是重要的育种手段。生产上以雄性不育系作为母本能减少人工去雄的工作量。利用现代生物技术编辑番茄雄蕊发育相关重要基因，可以快速创制番茄雄性不育材料。

番茄中 *SlSTR1* 主要在雄蕊中表达，该基因突变导致番茄雄蕊发育异常，形成雄性不育表型。

二、实验原理

pBSE401 载体为中国农业大学生物学院陈其军实验室构建的 CRISPR/Cas9 基因编辑载体，该载体的 T-DNA 区包含一段抗 basta 除草剂基因表达框，该表达框随农杆菌介导的遗传转化整合到番茄基因组，结合抗除草剂检测试纸条，使得筛选转基因阳性株系更加方便快捷。

利用 CRISPR/Cas9 基因组编辑系统，在番茄 *SlSTR* 的外显子上选择 1 个带有前间区序列邻近基序（protospacer adjacent motifs，PAM）序列的靶点，构建入CRISPR/Cas9 系统表达载体。利用农杆菌（*Agrobacterium tumefaciens*）介导的遗传转化获得番茄 T_0 代转基因植株。利用 bar 检测试纸条判断转基因阳性植株。通过 PCR 扩增靶位点周围 DNA 序列后回收条带测序鉴定，获得成功敲除的植株。

三、实验仪器与药品

仪器：离心机、PCR 仪、移液器、摇床、超净工作台、培养箱等。
药品：卡那霉素、LB 培养基、番茄转基因培养基、bar 检测试纸条。

四、实验材料

番茄：Ailsa Craig。

载体质粒：pBSE401(Xing et al.，2014)。

菌株：大肠杆菌 DH5α，农杆菌 LBA4404。

五、操作步骤与方法

(一)设计靶位点

从番茄基因组中找到目标基因 *SlSTR* 的基因序列，在第一个外显子区域设计靶位点。

本实验的靶位点序列为 GGGAAAGAAGAAACAAGTG。

(二)基因编辑载体构建

1. 设计合成引物：

  正向 sgRNA-F：ATTGGGGAAAGAAGAAACAAGTG

  反向 sgRNA-R：AAACCACTTGTTTCTTCTTTCCC

2. 引物退火及载体构建：

(1)按表 16-8 体系加入各组分，在煮沸的 1 L 水中自然冷却至室温，得到退火后的双链 DNA。

表 16-8　引物退火体系

组　分	体积/μL
sgRNA-F	1.5
sgRNA-R	1.5
10×NEB Buffer 3.1	5
ddH$_2$O	42.0

(2)按表 16-9 的体系进行酶切连接：

表 16-9　载体构建酶切连接反应体系

组　分	体积/μL	反应条件
引物退火产物	2.0	5 h,37 ℃
载体 pBSE401	2.0	5 min,50 ℃
10×NEB T_4 Buffer	1.5	10 min,80 ℃
10×BSA	1.5	
Bsa I(NEB)	1.0	
T_4 Ligase(NEB)	1.0	
ddH$_2$O	6.0	
Total	15.0	

（3）将连接产物转化大肠杆菌 DH5α 并筛选阳性克隆。

（三）将构建好的载体提取质粒冻融法转化农杆菌感受态 LBA4404

（1）取 100 μL 农杆菌感受态 LBA4404 在冰上融化。

（2）加入 1 μg 构建好的载体质粒,吹打混匀,此步要在超净工作台中操作。

（3）依次冰浴 10 min、液氮速冻 5 min、37 ℃金属浴温浴 5 min,再迅速将离心管放入冰里冰浴 5 min。

（4）在超净工作台里加入 700 μL 无抗生素的 YEB 液体培养基,于 28 ℃、200 r/min振荡培养 2～3 h。

（5）取 100 μL 菌液均匀涂布在加了载体对应抗生素的 YEB 培养基平板上。37 ℃培养 2～3 d。

（6）待培养基上长出菌斑后,挑取单克隆于 600 μL 加了抗生素的 YEB 培养基中,在 28 ℃振荡培养 6～8 h(180～200 r/min),并进行菌液 PCR 验证,筛选阳性菌株。

（四）农杆菌侵染番茄获得遗传转化的番茄再生苗

具体步骤参见第十三章实验六农杆菌介导的番茄遗传转化。

（五）转基因苗基因编辑检测

1. E1 代转基因阳性苗检测:取再生苗的叶片匀浆,利用 bar 检测试纸条检测阳性株系。如图 16-3 所示,有箭头指示的条带出现,说明为阳性植株。

2. 基因编辑靶位点序列检测:提取阳性株系叶片 DNA,根据靶位点前后的基

图 16-3　bar 检测试纸条检测 pBSE 系列载体转化阳性苗示意图

因组 DNA 序列设计引物，以基因组 DNA 为模板，PCR 扩增靶位点测序比对核苷酸序列，检查靶位点的编辑情况。判断是否基因编辑成功。

六、注意事项

如靶位点测序峰图为套峰，说明该基因编辑株系的靶位点编辑情况可能为杂合状态，需要将该世代株系进行自交，在下一代中继续检测靶位点编辑情况，筛选出纯合株系。

七、思考题

Cas9 蛋白是如何识别基因组靶位点的？

实验五　利用 CRISPR/Cas9 技术敲除黄瓜白粉病感病基因 *CsMLO*

一、实验目的及意义

黄瓜白粉病是黄瓜栽培中常见病害之一。黄瓜白粉病全国各地均有发生。北方温室和大棚内最易发生此病。Mildew resistance locus O（MLO）蛋白是植物特有的一类蛋白家族，其中的部分成员是白粉病菌成功侵染寄主植物的必要因子。一个或多个 *MLO* 基因的功能缺失突变可赋予植物对白粉病菌广谱且持久的抗性，*MLO* 介导的白粉病抗性在抗病育种中发挥了重要作用。利用 CRISPR/Cas9 系统实现对黄瓜 *MLO* 基因的定向突变，创制抗白粉病的黄瓜育种材料。

二、实验原理

pKCG401 载体为单靶 gRNA 的 CRISPR/Cas9 基因编辑载体，该载体的 T-DNA 区包含一段 GFP 表达框，该表达框随农杆菌介导的遗传转化整合到黄瓜基因组，便于筛选转基因阳性株系。另外，该载体上 *Cas9* 基因由黄瓜 U6 启动子驱动，有利于 Cas9 蛋白在黄瓜系统中表达。

三、实验仪器与药品

仪器：离心机、PCR 仪、激发光源 LUYOR-3415RG、移液器、摇床、超净工作台、培养箱等。

药品：卡那霉素、LB 培养基、黄瓜转基因培养基。

四、实验材料

黄瓜：津研四号或新泰密刺。

载体质粒：pKCG401（Hu et al.，2017）。

菌株:大肠杆菌 DH5α、农杆菌 GV3101。

五、操作步骤与方法

(一)设计靶基因 *CsMLO* 的 gRNA

在 *CsMLO* 的基因序列中设计并选择脱靶概率较低的靶位点 ACCGCAA-CAGCCCAAGTTG。

(二)以 pKCG401 载体为骨架构建 CRISPR 载体

1. 设计合成引物:

正向 sgRNA-F:ATTGACCGCAACAGCCCAAGTTG

反向 sgRNA-R:AAACCAACTTGGGCTGTTGCGGT

2. 引物退火:按表 16-10 体系加入各组分,在煮沸的 1 L 水中自然冷却至室温,得到退火后的双链 DNA。

表 16-10　引物退火体系

组　分	体积/μL
sgRNA-F	1.5
sgRNA-R	1.5
10×NEB Buffer 3.1	5.0
ddH$_2$O	42.0

3. 酶切连接:按表 16-11 所示体系和 PCR 反应程序进行载体的构建。

表 16-11　载体构建的酶切连接体系

组　分	体积/μL	反应条件
引物退火产物	2.0	5 h,37 ℃
载体 pKCG401	2.0	5 min,50 ℃
10×NEB T$_4$ Buffer	1.5	10 min,80 ℃
10×BSA	1.5	
Bsa I (NEB)	1.0	
T$_4$ Ligase(NEB)	1.0	
ddH$_2$O	6.0	
Total	15.0	

4. 转化大肠杆菌 DH5α 并筛选阳性克隆。

(三)载体转化工程菌的获得

具体方法见第十六章实验一。

(四)农杆菌侵染黄瓜

详细步骤见第十三章实验五,农杆菌介导的黄瓜遗传转化。

(五)阳性苗筛选和基因编辑检测

1. 根据 pKCG401 载体上携带了报告基因 GFP 的特性,利用激发光源筛选绿色荧光蛋白表达了的阳性苗。如图 16-4 所示,激发光照射下有绿色荧光的苗为阳性苗。

图 16-4　GFP 荧光筛选转基因阳性苗(Hu et al.,2017)

2. PCR 验证靶位点的编辑情况。根据靶位点前后的基因组 DNA 序列设计引物,以基因组 DNA 为模板,PCR 扩增目标序列,测序比对靶位点的编辑情况。

六、注意事项

利用 GFP 标记辅助黄瓜转基因阳性苗的筛选,可提高筛选效率。激发光照射下,表达了 GFP 的组织呈现绿色荧光,叶片由于叶绿素自发荧光呈现红色。除激发光源外,还可以使用激光共聚焦体视镜。注意透明的愈伤组织、黄化的叶片以及根尖在激发光照射下也会出现绿色荧光,因此需要在各个阶段进行连续筛选,排除假阳性植株,在新长出的幼嫩组织中出现绿色荧光的苗为阳性苗的可能性更大。

七、思考题

目标基因的靶位点的选择原则有哪些？

参 考 文 献

[1] 毕瑞明,陈立国,后猛,等.小麦的遗传转化.植物生理学通讯,2006,42(3):573-579.

[2] 曹善东.草莓脱毒试管苗炼苗及移栽技术研究.安徽农业科学,2006,34(1):17-18.

[3] 曹孜义,刘国民.应用植物组织培养教程(修订本).兰州:甘肃科学技术出版社,2001.

[4] 陈佳玉,梁勇,周军,等.临床检验实验系列教程:生物化学与分子生物学检验分册.杭州:浙江大学出版社,2010.

[5] 陈军营,阮祥经,杨凤萍,等.转 DREB 基因烟草悬浮细胞系(BY-2)的建立及其几个与抗盐与抗渗透胁迫相关指标的检测.植物生理学通讯,2007,43(2):226-230.

[6] 陈利萍,王艳菊,葛亚明,等.石竹科植物组织培养与细胞工程.细胞生物学杂志,2005,27:545-548.

[7] 陈利萍,张明方,Hirata Y,等.Efficient plant regeneration from cotyle-don-derived protoplasts of cytoplasmic male-sterile tuber mustard.植物生理学报,2001,27(5):437-440.

[8] 陈名红,陈毅坚,李天飞,等.烟草种间叶肉原生质体融合方法的研究.云南民族大学学报:自然科学版,2006,15(3):230-234.

[9] 陈巧,陈书霞,王聪颖,等.黄瓜脂氧合酶基因 CsLOX2 的原核表达载体的构建及表达分析.中国蔬菜,2013,10:29-35.

[10] 陈晓军,吴凯伸,惠建,等.基于基因编辑技术创制高亚油酸水稻材料[J].中国农业科学,2021,54(14):2931-2940.

[11] 陈学军,陈名红,马文广,等.一种烟草对称融合的快捷培养方法.云南农业大学学报,2004,19(1):24-27.

[12] 陈英,黄敏仁,王明麻.植物遗传转化新技术和新方法.中国生物工程杂志,2005,25(9):94-98.

[13] 陈再刚,周大祥,胡廷章.影响农杆菌介导植物遗传转化的因素.重庆工学院学报:自然科学版,2007,21(3):106-109.

[14] 陈正华. 木本植物组织培养及其应用. 北京:高等教育出版社,1986.

[15] 陈正华,Kieth redenbaugh. 人工种子. 北京:高等教育出版社,1990.

[16] 程红梅,简桂良,倪万潮. 转几丁质酶和 β-1,3-葡聚糖酶基因提高棉花对枯萎病和黄萎病的抗性. 中国农业科学,2005,38(6):1160-1166.

[17] 程娜,晓军,赵民安,等. 农杆菌介导遗传转化宿主的研究进展. 安徽农业科学,2006,34(24):6442-6444.

[18] 崔德才,徐培文. 植物组织培养与工厂化育苗. 北京:化学工业出版社,2003.

[19] 大澤 勝次 著. 植物バイテクの基礎知識. 東京:農山漁村文化協会,1994.

[20] 邓明军,崔红. 烟草花粉管通道导入外源 DNA 研究初探. 河南农业科学,2005(1):22-24.

[21] 丁莉萍,高莹,李圣纯,等. 基因枪介导小麦成熟胚遗传转化的影响因素. 武汉植物学研究,2007,25(3):217-221.

[22] 杜建中,孙毅,王景雪,等. 转基因玉米中目的基因的遗传表达及其抗病性研究. 西北植物学报,2007,27(9):1720-1727.

[23] 杜丽璞,徐惠君,叶兴国,等. 小麦转 TPS 基因植株的获得及其初步功能鉴定. 麦类作物学报,2007,27(3):369-373.

[24] 杜连祥,路福平. 微生物学实验技术. 北京:中国轻工业出版社,2006.

[25] 方德秋,侯嵩生,李新明,等. pH 和激素对新疆紫草悬浮培养细胞生长及紫草宁衍生物合成的影响. 武汉植物学研究,1994,12(2):159-164.

[26] 冯莎莎,杜国强,师校欣,等. DNA 浓度及注射时间对苹果花粉管通道法基因转化率的影响. 农业生物技术科学,2007,23(4):64-66.

[27] 付光明,苏乔,吴畏,等. 转 BADH 基因玉米的获得及其耐盐性. 辽宁师范大学学报:自然科学版,2006,29(3):344-347.

[28] 高文远,贾伟. 药用植物大规模组织培养. 北京:化学工业出版社,2005.

[29] 顾淑荣,刘淑琼,桂耀林. 园艺植物组织培养和应用. 北京:北京科学技术出版社,1989.

[30] 管清杰,罗秋香,夏德习,等. 水稻 OsAPX1 基因在烟草中的表达及其抗盐性研究. 分子植物育种,2007,5(1):1-7.

[31] 郭文义. 烟草人工种子的研究[硕士学位论文]. 福建农林大学,2004.

[32] 郭欣. 香蕉的组培育苗技术. 林业实用技术,2005(8):28-29.

[33] 郭尧君. 蛋白质电泳实验技术. 2版. 北京:科学出版社,2005.

[34] 郭勇,崔堂兵,谢秀祯. 植物细胞培养技术与应用. 北京:化学工业出版

社,2004.

[35] 巩振辉.花卉脱毒与快繁新技术.杨凌:西北农林科技大学出版社,2005.

[36] 胡尚连,王丹.植物生物技术.成都:西南交通大学出版社,2004.

[37] 黄莺,刘仁祥,武筑珠,等.活性炭、微量元素、大量元素对烟草花药培养的影响.贵州农业科学,1999,27(4):1-5.

[38] 简玉瑜,陈远玲,李静,等.转基因水稻外源基因的遗传和表达初步研究.华南农业大学学报,2001,22(1):56-59.

[39] 姜静.细胞生物学实验原理与技术.哈尔滨:东北林业大学出版社,2004.

[40] 蒋明杉,林霞,王升,等.草莓病毒检测技术.北方果树,2001(2):3-15.

[41] 蒋玉蓉.棉花遗传转化方法与耐盐、抗除草剂基因的转化利用研究[博士学位论文].浙江大学,2006.

[42] 蒋正宁,邢莉萍,王华忠,等.用基因枪法将小麦病程相关蛋白基因 $TaPR$-21 导入小麦的研究.麦类作物学报,2006,26(3):51-57.

[43] 柯海丽,谭志琼.根癌农杆菌介导基因转化的研究进展.广西热带农业,2006,1:49-51.

[44] 孔青,丰震,刘林,等.外源 DNA 导入花粉管通道技术的发展和应用.分子植物育种,2005,3(1):113-116.

[45] 李春秀,齐力旺,史胜青,等.毛白杨纤维素合酶基因($PtoCesA$1)的克隆及其在烟草中的遗传转化.林业科学,2007,43(3):39-45.

[46] 李浚明,朱登云.植物组织培养教程.北京:中国农业大学出版社,2005.

[47] 李仁,吴新新,李蔚,等.番茄水通道蛋白基因 $SlAQP$ 的克隆与序列分析.中国农业科学,2012,45(2):302-310.

[48] 李卫,郭光沁,郑国锠.根癌农杆菌介导遗传转化研究的若干新进展.科学通报,2000,45(8):798-807.

[49] 李雅轩,赵昕.遗传学综合实验.北京:科学出版社,2006.

[50] 李余良,胡建广.转基因玉米研究进展.中国农学通报,2006,22(2):71-75.

[51] 李玉花.蛋白质分析实验技术指南.北京:高等教育出版社,2011.

[52] 梁宏,王起华.植物种质的玻璃化超低温保存.细胞生物学杂志,2005,27:43-45.

[53] 梁红.生物技术综合实验教程.北京:化学工业出版社,2010.

[54] 林德书,王艳丽,庄振宏,等.小麦成熟胚再生体系及基因枪转化的初步研究.福建农林大学学报:自然科学版,2005,34(2):141-144.

[55] 林贵美.香蕉组培苗的研究与推广.中国热带农业,2005(6):24-27.

[56] 林栖凤．植物分子育种．北京：科学出版社,2004.

[57] 刘冬梅,武芝霞,刘传亮,等．花粉管通道法获得棉花转基因株系主要农艺性状变异分析．棉花学报,2007,19(6):450-454.

[58] 刘芳,袁鹰,高树仁,等．外源 DNA 花粉管通道途径导入机理研究进展．玉米科学,2007,15(4):59-62.

[59] 刘丽艳．铃薯茎尖组织离体培养和脱毒快繁的技术．中国林副特产,1998(2):24-25.

[60] 刘亮,易自力,蒋建雄,等．蝴蝶兰丛生芽、原球茎途径的组织培养研究．亚热带植物科学,2008,37(3):43-45.

[61] 刘进平．植物细胞工程简明教程．北京：中国农业出版社,2005.

[62] 刘佩瑛．中国芥菜．北京：中国农业出版,1996.

[63] 刘庆昌,吴国良．植物细胞组织培养．北京：中国农业大学出版社,2003.

[64] 刘青林,马祎,郑玉梅．花卉组织培养．北京：中国农业出版社,2003.

[65] 刘荣维,梅庆超,崔元方,等．丛生芽——蝴蝶兰无性快速繁殖的新途径．热带作物学报,1993,14(2):105-107.

[66] 刘伟华,李文雄,胡尚连,等．小麦组织培养和基因枪轰击影响因素探讨．西北植物学报,2002,22(3):602-610.

[67] 柳展基,单雷,徐平丽,等．禾本科作物基因枪介导遗传转化研究进展．沈阳农业大学学报,2001,32(6):465-468.

[68] 罗立新,潘力,郑穗平．细胞工程．广州：华南理工大学出版社,2003.

[69] 罗琼,曾千春,周开达,等．水稻花药培养及其在育种中的应用．杂交水稻,2000,15(3):1-2.

[70] 吕瑞华,曹团武,陈耀锋,等．基因枪法转化小麦幼胚瞬时表达．农业生物技术学报,2006,14(1):143-144.

[71] 马盾,黄乐平,黄全生．提高棉花花粉管通道法转化率的研究．西北农业学报,2005,14(1):10-12.

[72] 马文丽．分子生物学实验手册．北京：人民军医出版社,2011.

[73] 孟昭河,刘新军,王玉菊,等．利用花粉管通道法将外源 DNA 导入水稻之研究进展．农业生物技术科学,2006(6):52-56.

[74] 倪万潮,郭三堆,贾士荣．花粉管通道法介导的棉花遗传转化．中国农业科技导报,2000,2(2):27-32.

[75] 潘瑞炽．植物组织培养．2 版．广州：广东高等教育出版社,2001.

[76] 潘文干．生物化学．6 版．北京：人民卫生出版社,2009.

[77] 庞淑敏,方贯娜,周建华,等. 马铃薯茎尖组织培养脱毒体系的建立. 长江蔬菜:学术版,2008(16):25-26.

[78] 权军利,何玉科,陈耀锋,等. 普通小麦基因枪转化高效受体系统的建立. 西北农林科技大学学报:自然科学版,2007,35(7):117-122.

[79] RAZZAQ Abdul,张艳敏,赵和,等. 通过基因枪和农杆菌介导用 *BADH* 基因转化小麦. 华北农学报,2005,20(5):1-9.

[80] 孙敬三,朱至清. 植物细胞工程实验技术. 北京:化学工业出版,2006.

[81] 孙敬三,桂耀林. 植物细胞工程实验技术. 北京:科学出版社,1995.

[82] 孙琳. CRISPR/Cas9 介导的用于高效筛选内源抗虫相关基因的棉花高通量基因编辑突变体库构建[博士学位论文]. 华中农业大学,2021.

[83] 孙善君,李仕贵,朱生伟,等. 植物遗传转化方法及其在棉花品质改良育种中的应用. 分子植物育种,2005,3(2):233-239.

[84] 孙伟生,王跃进. 植物遗传转化中农杆菌抑制的研究. 安徽农业科学,2007,35(31):9913-9914.

[85] 孙欣. 应用 CRISPR/Cas9 技术定点编辑水稻 *CSN5* 基因的研究[硕士学位论文]. 中国农业大学,2019.

[86] 谭文澄,戴策刚. 观赏植物组织培养技术. 北京:中国林业出版社,1991.

[87] 唐静,谈满良,赵江林,等. 多孔板-MTT 比色法测定植物抗菌成分对细菌的抑制活性. 天然产物研究与开发,2008,20(3):505-507.

[88] 汪泳,周嫦. 烟草花粉原生质体的分离. 植物学报,1995,37(5):413-416.

[89] 王蒂. 植物组织培养. 北京:中国农业出版社,2004.

[90] 王关林,方宏筠. 植物基因工程. 北京:科学出版社,2001.

[91] 王海波,张艳贞,晏月明. 基因枪法转化小麦谷蛋白基因研究进展. 生物技术通报,2007(3):101-104.

[92] 王慧中. 分子生物学实验指南. 北京:中国农业科学技术出版社,2009.

[93] 王家福. 花卉组织培养与快繁技术. 北京:中国林业出版社,2006.

[94] 王凯,张增艳. *SGT1* 在植物抗病反应中的功能研究进展. 植物遗传资源学报,2008,9(1):115-118.

[95] 王晓春,王罡,季静,等. 用基因枪法将 *Bt* 基因转入大豆的研究. 大豆科学,2007,26(2):140-143.

[96] 王艳军,李锡香,向长萍,等. 大蒜茎尖玻璃化法超低温保存技术研究. 园艺学报,2005,32(3):507-509.

[97] 王彦晓. 利用 CRISPR/Cas9 技术创建香味玉米[硕士学位论文]. 山东师范

大学,2021.

[98] 王洋,柏锡.大豆 NAC 基因家族生物信息学分析.大豆科学,2014,33(3):325-333.

[99] 王玉英,高新一.植物组织培养技术手册.北京:金盾出版社,2006.

[100] 王玉英,李枝林,余朝秀,等.蝴蝶兰离体快繁技术研究.西部林业科学,2006,35(2):99-101.

[101] 王永锋,栾雨时,高晓蓉.花粉管通道法在植物转基因中的研究与应用.东北农业大学学报,2004,35(6):764-768.

[102] 王振龙.植物组织培养.北京:中国农业大学出版社,2007.

[103] 魏春红.现代分子生物学实验技术.2版.北京:高等教育出版社,2012.

[104] 吴殿星,胡繁荣.植物组织培养.上海:上海交通大学出版社,2004.

[105] 吴家道,杨剑波,向太和,等.水稻原生质体的高效培养∥华南农业大学.农业科学集刊(第二集):农作物原生质体培养专集.北京:中国农业出版社,1995.

[106] 吴永杰,赵艳华.苹果种质资源离体条件下保存效果.河北果树,1998(4):9-10.

[107] 毋锡金,刘淑琼,周月坤,等.苹果胚乳愈伤组织的诱导和植株的分化.中国科学,1977(4):355-359.

[108] 夏晓晖,陈耀锋,李春莲,等.小麦幼胚基因枪转化的影响因素研究.麦类作物学报,2006,26(2):42-45.

[109] 谢德意,房卫平,唐中杰.棉花遗传转化研究进展及其应用.河南农业科学,2007(11):5-12.

[110] 谢联辉,林奇英.植物病毒学.北京:中国农业出版社,2011.

[111] 谢启昆.药用植物组织培养.上海:上海科学技术出版社,1986.

[112] 谢志兵,钟晓红,董静洲.农杆菌属介导的植物细胞遗传转化研究现状.生物技术通讯,2006,17(1):101-104.

[113] 许传莲,郑毅男,崔淑玉,等.RP-HPLC法测定西洋参茎叶中6种人参皂苷的含量.吉林农业大学学报,2002,24(3):50-52.

[114] 严海燕.基因工程与分子生物学实验教程.武汉:武汉大学出版社,2009.

[115] 颜昌敬.植物组织培养手册.上海:上海科学技术出版社,1990.

[116] 杨江义,李旭锋.植物雌性单倍体的离体诱导.植物学通报,2002,19(5):552-559.

[117] 杨书华,倪万潮,葛才林,等.花粉管通道法导入标记DNA在棉花胚珠内的

分布．核农学报，2007,21(1):13-16.

[118] 杨书华．陆地棉花粉管通道形成时期与标记 DNA 导入的研究[硕士学位论文]．扬州大学,2006.

[119] 杨学荣,李学宝,汪虹,等．水稻花培育种技术操作和无性系变异体选择．华中师范大学学报:自然科学版,2000,34(3):318-321.

[120] 杨永智,王舰,张艳萍,等．植物外源基因转移技术综述．青海农林科技,2007(1):37-41.

[121] 叶宝兴,朱新产．生物科学基础实验(植物类)．北京:高等教育出版社,2007.

[122] 尹钧,任江萍,宋丽,等．小麦不同转基因受体材料的植株再生培养研究．麦类作物学报,2004,24(2):1-4.

[123] 尤瑞麟．植物学实验技术教程:组织培养、细胞化学和染色体技术．北京:北京大学出版社,2007.

[124] 于晶,任朝阳,闵丽,等．花粉管通道法在单子叶作物遗传转化上的应用．东北农业大学学报,2006,37(1):130-134.

[125] 于晓红,朱勇清,陈晓亚,等．种子特异表达 *ipt* 转基因棉花根和纤维的改变．植物学报,2000,42(1):59-63.

[126] 于荣敏,金线星,孙辉,等．西洋参冠瘿组织悬浮培养及其人参皂苷类成分的分离．生物工程学报,2005,21(5):754-758.

[127] 元英进．植物细胞培养工程．北京:化学工业出版社,2004.

[128] 臧宁,翟红,王玉萍,等．表达 *bar* 基因的抗除草剂转基因甘薯的获得．分子植物育种,2007,5(4):475-479.

[129] 曾黎琼,程在全,段玉云,等．用 PDS-1000/He 型基因枪将外源基因质粒 pZFX2 导入小麦细胞的研究．植物资源与环境,1999,8(3):61-63.

[130] 曾秀琼,吴起．化学生物学实验．北京:科学出版社,2013.

[131] 张保龙,倪万潮,张天真,等．花粉管通道法转基因抗虫棉外源基因的整合方式．江苏农业学报,2004,20(3):144-148.

[132] 张富春,李江伟．分子生物学实验技术．乌鲁木齐:新疆大学出版社,2008.

[133] 张佳星,何聪芬,叶兴国,等．农杆菌介导的单子叶植物转基因研究进展．生物技术通报,2007,2:23-26.

[134] 张健,赵江雷,潘菊,等．马铃薯茎尖脱毒技术．吉林蔬菜,2007(1):11-12.

[135] 张蕾,赵洁．植物发育生物学实验指导．武汉:武汉大学出版社,2010.

[136] 张丕方,倪德祥,包慈华．植物组织培养与繁殖上的应用．上海:上海科技教育出版社,1987.

[137] 张维铭 . 现代分子生物学实验手册 . 北京:科学出版社,2003.

[138] 张小明,鲍根良,叶胜海,等 . 作物人工种子的研究进展 . 种子,2002(2):41-43.

[139] 张震林,陈松,刘正銮,等 . 转蚕丝芯蛋白基因获得高强纤维棉花植株 . 江西农业学报,2004,16(1):15-19.

[140] 张志宏,杨洪一,代红艳,等 . 应用多重 RT-PCR 检测草莓斑驳病毒和草莓轻型黄边病毒 . 园艺学报,2006,33(3):507-510.

[141] 赵虹,李名扬,裴炎,等 . 影响基因枪转化小麦的几个因素 . 四川大学学报:自然科学版,2001,38(4):570-574.

[142] 赵林姝,刘录祥,王晶,等 . 小麦不同外植体离体培养及转化效率的比较研究 . 麦类作物学报,2006,26(1):26-30.

[143] 赵凤娟,姚志刚 . 遗传学实验 . 北京:化学工业出版社,2012.

[144] 赵江林,徐利剑,黄永富,等 . TLC-生物自显影-MTT 法检测滇重楼内生真菌中抗菌活性成分 . 天然产物研究与开发,2008,20(1):28-32.

[145] 郑卫红,杨剑波,吴家道 . 胡萝卜人工种子制作 . 安徽农业科学,1995,23(2):126-127.

[146] 郑友兰,张崇禧,张春红,等 . D-101 大孔吸附树脂对人参皂苷吸附容量的影响 . 吉林农业大学学报,2002,24(6):47-49.

[147] 中国科学院上海植物生理研究所细胞室 . 植物组织和细胞培养 . 上海:上海科学技术出版社,1978.

[148] 周爱芬,陈秀玲,夏光敏 . 普通小麦与簇毛麦原生体的紫外线融合 . 植物生理与分子生物学学报,2002,28(4):305-310.

[149] 周春江,葛荣朝,赵宝存,等 . 利用花粉管通道法将兔防御素 NP21 基因导入小麦的研究 . 华北农学报,2007,22(2):26-28.

[150] 周平兰,梁满中,高健,等 . 花粉管通道法转柱头外露棉 DNA 及转化体 RAPD 分析 . 湖南师范大学自然科学学报,2004,27(3):81-86.

[151] 周维燕 . 植物细胞工程原理与技术 . 北京:中国农业大学出版社,2001.

[152] 朱建华,彭士勇 . 植物组织培养实用技术 . 北京:中国计量出版社,2002.

[153] 朱生伟,黄国存,孙敬三 . 外源 DNA 直接导入受体植物的研究进展 . 植物学通报,2000,17(1):11-16.

[154] 朱至清 . 植物细胞工程 . 北京:化学工业出版社,2003.

[155] Bouafia S, Lairy G, Blanc A, et al. Cryopreservation of axillary shoot tips of in vitro cultured potataoes by encapsulation-dehydration:effects of

preculture. Acta Botanica Gallica,1995,142(4):393-402 .

[156] Cho M J, Yano H, Okamoto D, et al. Stable transformation of rice (*Oryza sativa* L.) via microprojectile bombardment of highly regenerative, green tissues derived from mature seed. Plant Cell Reports,2004,22:483-489.

[157] Coventry J,Kott L,Beversdorf W D. Manual for microspore culture technique for *Brassica napus*. Technical Bulletin,Department of Crop Science, University of Guelph,1988.

[158] Custers J B M. Microspore culture in rapeseed (*Brassica napus* L.). In:Maluszynski M,Kasha K J,Forster B P,Szarejko I (eds). Doubled haploid production in crop plants. The Netherlands:Kluwer Academic Publisher,2003.

[159] Davies P A. Barley isolated microspore culture protocol. In:Maluszynski M,Kasha K J, Forster B P, Szarejko I (eds). Doubled haploid production in crop plants. The Netherlands:Kluwer Academic Publisher,2003.

[160] Du M,Zhou K,Liu Y,et al. A biotechnology-based male-sterility system for hybrid seed production in tomato. The Plant Journal,2020,102(5): 1090-1100.

[161] Fan C,Pu N,Wang X,et al. Agrobacterium-mediated genetic transformation of grapevine (*Vitis vinifera* L.) with a novel stilbene synthase gene from Chinese wild *Vitis pseudoreticulata*. Plant Cell Tissue and Organ Culture,2008,92:197-206.

[162] Floriana F,Rosalinda D A,Monica D P,et al. Constitutive over-expression of two wheat pathogenesisrelated genes enhances resistance of tobacco plants to *Phytophthora nicotianae*. Plant Cell Tissue and Organ Culture, 2008,92:73-84.

[163] Gao X R,Wang G K,Su Q,et al. Phytase expression in transgenic soybeans:stable transformation with a vector-less construct. Biotechnology Letter, 2007, 29: 1781-1787.

[164] Guo J M,Liu Q C,Zhai H,Wang Y P. Regeneration of plants from *Ipomoea cairica* L. protoplasts and production of somatic hybrids between *I. cairica* L. and sweetpotato, *I. batatas* (L.) Lam. Plant Cell Tissue and Organ Culture,2006,87:321-327.

[165] Guo Y-D, Pulli S. High-frequency embryogenesis in *Brassica campestris* microspore culture. Plant Cell Tissue and Organ Culture,1996,46:

219-225.

[166] Hu B, Li D, Liu X, et al. Engineering Non-transgenic Gynoecious Cucumber Using an Improved Transformation Protocol and Optimized CRISPR/Cas9 System. Molecular Plant, 2017(10): 1575-1578.

[167] Hye J C, Thummala C, Lee H Y, et al. Production of herbicide-resistant transgenic sweet potato plants through *Agrobacterium tumefaciens* method. Plant Cell Tissue Organ Culture, 2007, 91: 235-242.

[168] Jefferson R A. GUS fusion: β-glucuronidase as a sensitive and versatile gene fusion marker in higher plants. EMBO Journal, 1987, 6(13): 3901-3907.

[169] Kamada H. Artificial seed. In: Tanaka R (ed). Practical technology on the mass production of clonal plants. Tokyo: CMC, 1985.

[170] Kasha K J, Simion E, Oro R, et al. Barley isolated microspore culture protocol. In: Maluszynski M, Kasha K J, Forster B P, Szarejko I (eds). Doubled haploid production in crop plants. The Netherlands: Kluwer Academic Publisher, 2003.

[171] Li J, Zhu L, Hull J J, et al. Transcriptome analysis reveals a comprehensive insect resistance response mechanism in cotton to infestation by the phloem feeding insect *Bemisia tabaci* (whitefly). Plant Biotechnology Journal, 2016, 14(10): 1956-1975.

[172] Li X G, Chen S B, Lu Z X, et al. Impact of Copy Number on Transgene Expression In Tobacco. Acta Botanica Sinica, 2002, 44 (1): 120-123.

[173] Liu C W, Lin C C, Chen J J W, et al. Stable chloroplast transformation in cabbage (*Brassica oleracea* L. var. *capitata* L.) by particle bombardment. Plant Cell Reports, 2007, 26: 1733-1744.

[174] Nakano M, Mii M. Protoplast culture and plant regeneration of several species in the genus Dianthus. Plant Cell Reports, 1992, 11: 225-228.

[175] Nakano M, Mii M. Somatic hybridization between *Dianthus chinensis* and *D. barbatus* through protoplast fusion. Theoretical and Applied Genetics, 1993, 86: 1-5.

[176] Patel A V, Pusch I, Mix-Wangner G, et al. A novel encapsulation technique for production of artificial seeds. Plant Cell Reports, 2000, 19: 868-874.

[177] Pulli S, Guo Y-D. Rye microspore culture. In: Maluszynski M, Kasha K J, Forster B P, Szarejko I (eds). Doubled haploid production in crop plants. The Netherlands: Kluwer Academic Publisher, 2003.

[178] Rao P S. Encapsulated shoot tips of banana:a new propagation and delivery system. Infomusa,1993,2(2):4-5.

[179] Shou H X,Palmer R G,Wang K. Irreproducibility of the Soybean Pollen-Tube Pathway Transformation Procedure. Plant Molecular Biology Reporter,2002,20:325-334.

[180] Si H,Liu H,Sun Y,et al. Transcriptome and metabolome analysis reveal that oral secretions from *Helicoverpa armigera* and *Spodoptera litura* influence wound-induced host response in cotton. The Crop Journal,2020(06):55-68.

[181] Silvia F B,Juan F J B,Sergio R M,et al. Genetic transformation of *Agave salmiana* by *Agrobacterium tumefaciens* and particle bombardment. Plant Cell Tissue and Organ Culture,2007,91:215-224.

[182] Suwanaketchanatit C,Piluek J,Peyachokangul S,et al. High efficiency of stable genetic transformation in *Dendrobium via* microprojectile bombardment. Biologia Plantarum,2007,51 (4):720-727.

[183] Thomas C M,Jones J D G. Molecular analysis of Agrobacterium T-DNA integration in tomato reveals a role for left border sequence homology in most integration events. Molecular Genetics and Genomics,2007,278:411-420.

[184] Timbert R,Barbotin J N,Thomas D,et al. Effect of sole and combined pre-treatments on reserve accumulation,survival and germination of encapsulated and dehydrated carrot somatic embryos . Plant Science Limerick,1996,120(2):223-231 .

[185] Touraev A,Heberle-Bors E. Anther and microspore culture in tobacco. In:Maluszynski M,Kasha K J,Forster B P,et al (eds). Doubled haploid production in crop plants. The Netherlands: Kluwer Academic Publisher,2003.

[186] Tomasz P,Józef K. Efficiency of transformation of Polish cultivars of pea (*Pisum sativum* L.)with various regeneration capacity by using hypervirulent *Agrobacterium tumefaciens* strains. Journal of Applied Genetics,2005,46(2):139-147.

[187] Wang Y,Liu X,Zheng X,et al. Creation of aromatic maize by CRISPR/Cas. Journal of Integrative Plant Biology,2021,63(9):1664-1670.

[188] Willemse M T M. Progamic phase and fertilization in *Gasteria verrucosa* (Mill.) H. Duval:pollination signals. Sexual Plant Reproduction,1996,9:348-352.

[189] Wremerth Weich E, Levall M W. Doubled haploid production of sugar beet (*Beta vulgaris* L.). In: Maluszynski M, Kasha K J, Forster B P, et al (eds). Doubled haploid production in crop plants. The Netherlands: Kluwer Academic Publisher, 2003.

[190] Wu J Y, Wong K, Ho K P, et al. Enhancement of saponin production in *Panax ginseng* cell culture by osmotic stress and nutrient feeding. Enzyme and Microbial Technology, 2005, 36(1): 133-138.

[191] Wu W, Su Q, Xia X Y. The *Suaeda liaotungensis* kitag betaine aldehyde dehydrogenase gene improves salt tolerance of transgenic maize mediated with minimum linear length of DNA fragment . Euphytica, 2008, 159: 17-25.

[192] Xing H, Wang Z, Zhang H, et al. A CRISRR/Cas9 toolkit for multiplex genome editing in plants. BMC Plant Biology, 2014, 14: 327.

[193] Yu B, Zhai H, Wang Y P, et al. Efficient *Agrobacterium tumefaciens*-mediated transformation using embryogenic suspension cultures in sweetpotato, *Ipomoea batatas* (L.)Lam. Plant Cell Tissue and Organ Culture, 2007, 90: 265-273.

[194] Zambryski P C. Chronicles from the Agrobacterium-plant cell DNA transfer story. Annual Review of Plant Physiology and Plant Molecular Biology, 1992, 43: 465-490.

[195] Zapata-Arias F J. Laboratory protocol for anther culture technique in rice. In: Maluszynski M, Kasha K J, Forster B P, Szarejko I (eds). Doubled haploid production in crop plants. The Netherlands: Kluwer Academic Publisher, 2003.

[196] Zhang Y, Yin X, Yang A, et al. Stability of inheritance of transgenes in maize (*Zea mays* L.) lines produced using different transformation methods. Euphytica, 2005, 144: 11-22.

[197] Zhou L G, Wu J Y. Development and application of medicinal plant tissue cultures for production of drugs and herbal medicinals in China. Natural Product Reports, 2006, 23(5): 789-810.

附　　录

附录一 常用化合物相对分子质量表

化合物	分子式	相对分子质量
大量元素		
硝酸铵	NH_4NO_3	80.04
硫酸铵	$(NH_4)_2SO_4$	132.15
氯化钙	$CaCl_2 \cdot 2H_2O$	147.02
硝酸钙	$Ca(NO_3)_2 \cdot 4H_2O$	236.16
硫酸镁	$MgSO_4 \cdot 7H_2O$	246.47
氯化钾	KCl	74.55
硝酸钾	KNO_3	101.11
磷酸二氢钾	KH_2PO_4	136.09
磷酸二氢钠	$NaH_2PO_4 \cdot 2H_2O$	156.01
微量元素		
硼酸	H_3BO_3	61.83
氯化钴	$CoCl_2 \cdot 6H_2O$	237.93
硫酸铜	$CuSO_4 \cdot 5H_2O$	249.68
硫酸锰	$MnSO_4 \cdot 4H_2O$	223.01
碘化钾	KI	166.01
钼酸钠	$Na_2MoO_4 \cdot 2H_2O$	241.95
硫酸锌	$ZnSO_4 \cdot 7H_2O$	287.54
乙二胺四乙酸二钠	$Na_2 \cdot EDTA \cdot 2H_2O$	372.25
硫酸亚铁	$FeSO_4 \cdot 7H_2O$	278.03
乙二胺四乙酸铁钠	$FeNa \cdot EDTA$	367.07
糖和糖醇		
果糖	$C_6H_{12}O_6$	180.15
葡萄糖	$C_6H_{12}O_6$	180.15
甘露醇	$C_6H_{14}O_6$	182.17
山梨醇	$C_6H_{14}O_6$	182.17
蔗糖	$C_{12}H_{22}O_{11}$	342.31
维生素和氨基酸		
抗坏血酸(维生素 C)	$C_6H_8O_6$	176.12
生物素(维生素 H)	$C_{10}H_{16}N_2O_3S$	244.31
泛酸钙(维生素 B_5 之钙盐)	$(C_9H_{16}NO_5)_2Ca$	476.53

续表

化合物	分子式	相对分子质量
维生素 B$_{12}$	C$_{63}$H$_{90}$CoN$_{14}$O$_{14}$P	1 357.64
L-盐酸半胱氨酸	C$_3$H$_7$NO$_2$S·HCl	157.63
叶酸	C$_{19}$H$_{19}$N$_7$O$_6$	441.40
肌醇	C$_6$H$_{12}$O$_6$	180.16
烟酸(维生素 B$_3$)	C$_6$H$_5$NO$_2$	123.11
盐酸吡哆醇(维生素 B$_6$)	C$_8$H$_{11}$NO$_3$·HCl	205.64
盐酸硫胺素(维生素 B$_1$)	C$_{12}$H$_{17}$ClN$_4$OS·HCl	337.29
甘氨酸	C$_2$H$_5$NO$_2$	75.07
L-谷氨酰胺	C$_5$H$_{10}$N$_2$O$_3$	146.15
激素		
生长素		
ρ-PA(ρ-对氯苯氧乙酸)	C$_8$H$_7$O$_3$Cl	186.59
2,4-D(2,4-二氯苯氧乙酸)	C$_8$H$_6$O$_3$C$_{12}$	221.04
IAA(吲哚-3-乙酸)	C$_{10}$H$_9$NO$_2$	175.18
IBA(3-吲哚丁酸)	C$_{12}$H$_{13}$NO$_2$	203.23
NAA(α-萘乙酸)	C$_{12}$H$_{10}$O$_2$	186.20
NOA(β-萘氧乙酸)	C$_{12}$H$_{10}$O$_3$	202.20
细胞分裂素/嘌呤		
Ad(腺嘌呤)	C$_5$H$_5$N$_5$·3H$_2$O	189.13
AdSO$_4$(硫酸腺嘌呤)	(C$_5$H$_5$N$_5$)$_2$·H$_2$SO$_4$·2H$_2$O	404.37
BA 或 BAP(6-苄基腺嘌呤或 6-苄氨基嘌呤)	C$_{12}$H$_{11}$N$_5$	225.26
2iP[6-(γ,γ-二甲基丙烯嘌呤或异戊烯氨基嘌呤)]	C$_{10}$H$_{13}$N$_5$	203.25
激动素(6-呋喃甲基腺嘌呤)	C$_{10}$H$_9$N$_5$O	215.21
SD8339[6-(苄氨基)-9-(2-四氢吡喃)-H-嘌呤]	C$_{17}$H$_{19}$N$_5$O	309.40
玉米素(异戊烯腺嘌呤)	C$_{10}$H$_{13}$N$_5$O	219.25
赤霉素		
GA$_3$(赤霉酸)	C$_{19}$H$_{22}$O$_6$	346.37
其他化合物		
脱落酸	C$_{15}$H$_{20}$O$_4$	264.31
秋水仙素	C$_{22}$H$_{25}$NO$_6$	399.43
间苯三酚	C$_6$H$_6$O$_3$	126.11

附录二　常用英文缩写

缩写词	英文名称	中文名称
ABA	abscisic acid	脱落酸
Ac	activated charcol	活性炭
Ad	adenine	腺嘌呤
AS	acetosyringone	乙酰丁香酮
BA	6-benzyladenine	6-苄基腺嘌呤
BAP	6-benzylaminopurine	6-苄氨基嘌呤
CCC	chlorocholine chloride	氯化氯胆碱（矮壮素）
CH	casein hydrolysate	水解酪蛋白
CM	coconut milk	椰子汁
CPW	cell-protoplast washing(solution)	细胞-原生质体清洗液
2,4-D	2,4-dichlorophenoxyacetic acid	2,4-二氯苯氧乙酸
DMSO	dimethylsulfoxide	二甲基亚砜
ELISA	enzyme linked immunosorbent assay	酶联免疫吸附法
EDTA	ethylenediaminetetraacetate	乙二胺四乙酸盐
FDA	fluorescein diacetate	荧光素双醋酸酯
GA_3	gibberellic acid	赤霉素
IAA	indole-3-acetic acid	吲哚乙酸
IBA	indole-3-butyric acid	吲哚丁酸
2iP	6-(γ, γ-dimethylallylamino)purine 或 2-isopentenyladenine	二甲基丙烯嘌呤 或异戊烯腺嘌呤
KT	kinetin	激动素
LH	lactalbumin hydrolysate	水解乳蛋白
lx	lux	勒克司（照度单位）
ME	malt extract	麦芽浸出物
mol	mole	摩尔
NAA	α-aphthaleneacetic acid	α-萘乙酸
PCV	packed cell volume	细胞密实体积
PEG	polyethylene glycol	聚乙二醇
PG	phloroglucinol	间苯三酚
PP_{333}	paclobutrazol	多效唑
PVP	polyvinylpyrrolidone	聚乙烯吡咯烷酮
r/min	rotation per minute	每分钟转数
TDZ	thidiazuron	噻苯隆
TIBA	2,3,5-triiodobenzoic acid	三碘苯甲酸
UV	ultraviolet(light)	紫外光
YE	yeast extract	酵母浸提物
Zt	zeatin	玉米素

附录三 植物组织培养常用培养基成分表

mg/L

培养基成分	Murashige 和 Skoog (MS) (1962)	Gamborg (B₅) (1968)	N₆ 朱至清 (1975)	Linsmaier 和 Skoog (LS) (1965)	White W-63 (1963)	Nitsch (N) (1963)	Wolter 和 Skoog (WS) (1966)	Murashige 和 Tucher (MT) (1969)	Schenk 和 Hildebra-ndt (SH) (1972)	Bourgin (H) (1967)	Miller (M) (1965)	Eriksson (ER) (1965)	Nitsch (N-69) (1969)
$(NH_4)_2SO_4$	—	134	463	—	—	—	—	—	—	—	—	—	—
NH_4NO_3	1 650	—	—	1 650	—	725	50	1 650	—	720	1 000	1 200	720
KNO_3	1 900	2 500	2 830	1 900	80	925	170	1 900	2 500	925	1 000	1 900	950
$Ca(NO_3)_2 \cdot 4H_2O$	—	—	—	—	200	500	425	—	—	—	347	—	—
$CaCl_2 \cdot 2H_2O$	440	150	166	400	—	—	—	440	200	166	—	400	166
$MgSO_4 \cdot 7H_2O$	370	250	185	370	720	125	—	370	400	185	35	370	185
KH_2PO_4	170	—	400	170	17	88	—	170	—	68	300	340	68
$NaH_2PO_4 \cdot H_2O$	—	150	—	—	—	—	—	—	—	—	—	—	—
$Na_2 \cdot EDTA$	37.3	37.3	37.3	37.3	—	37.3	37.3	37.3	15	37.3	—	—	37.3
$Fe \cdot EDTA$	—	—	—	—	—	—	—	—	—	—	—	—	—
$Fe\text{-}Na_2 \cdot EDTA$	—	—	—	—	—	—	27.8	—	—	—	32	27.8	—
$FeSO_4 \cdot 7H_2O$	27.8	27.8	27.8	27.8	—	27.8	140	27.8	20	27.8	—	—	27.8
KCl	—	—	—	—	—	—	425	—	—	—	65	—	—
Na_2SO_4	—	—	—	—	200	—	—	—	—	—	—	—	—
Gtigy 螯合铁 (330)	—	—	—	—	—	—	—	—	—	—	—	—	—

续表

培养基成分	Murashige 和 Skoog (MS)(1962)	Gamborg (B_5)(1968)	N_6 朱至清 (1975)	Linsmaier 和 Skoog (LS)(1965)	White W-63 (1963)	Nitsch (N)(1963)	Wolter 和 Skoog (WS)(1966)	Murashige 和 Tucher (MT)(1969)	Schenk 和 Hildebra-ndt (SH)(1972)	Bourgin (H)(1967)	Miller (M)(1965)	Eriksson (ER)(1965)	Nitsch (N-69)(1969)
柠檬酸铁	—	—	—	—	—	10	—	—	—	—	—	—	—
$Fe_3(PO_4)_2$	—	—	—	—	—	—	—	—	—	—	—	—	—
$FeCl_3$	—	—	—	—	—	—	—	—	—	—	—	—	—
$Fe_2(SO_4)_3$	—	—	—	—	2.5	—	—	—	—	—	—	—	—
$FePO_4 \cdot 4H_2O$	—	—	—	—	—	—	—	—	—	—	—	—	—
Na_2HPO_4	—	—	—	—	—	—	—	—	—	—	—	—	—
$Na_2HPO_4 \cdot 12H_2O$	—	—	—	—	—	—	35	—	—	—	—	—	—
NH_4Cl	—	—	—	—	—	—	35	—	—	—	—	—	—
$CaSO_4$	—	—	—	—	—	—	—	—	—	—	—	—	—
$Ca_3(PO_4)_2$	—	—	—	—	—	—	—	—	—	—	—	—	—
$NH_4H_2PO_4$	—	—	—	—	—	—	—	—	300	—	—	—	—
$NaNO_3$	—	—	—	—	—	—	—	—	—	—	—	—	—
$MnSO_4 \cdot H_2O$	—	—	—	—	—	—	—	—	—	—	—	—	—
$MnSO_4 \cdot 2H_2O$	—	—	—	—	—	—	—	—	10	—	—	—	—
$MnSO_4 \cdot 4H_2O$	22.3	10	4.0	22.3	5.0	25	7.5	22.3	—	25	4.4	2.23	25
$MnSO_4 \cdot 7H_2O$	—	—	—	—	—	—	9	—	—	—	—	—	—
$ZnSO_4 \cdot 7H_2O$	8.6	2.0	3.8	8.6	3.0	10	3.2	8.6	1.0	10	1.5	—	10
$ZnSO_4$	—	—	—	—	—	—	—	—	—	—	—	15	—
H_3BO_3	6.2	3.0	1.6	6.2	1.5	10	—	6.2	5.0	10	1.6	0.63	3
草酸铁	—	—	—	—	—	—	28	—	—	—	—	—	—

续表

培养基成分	Murashige 和 Skoog (MS)(1962)	Gamborg (B5)(1968)	N6 朱至清 (1975)	Linsmaier 和 Skoog (LS)(1965)	White W-63 (1963)	Nitsch (N)(1963)	Wolter 和 Skoog (WS)(1966)	Murashige 和 Tucher (MT)(1969)	Schenk 和 Hildebra-ndt (SH)(1972)	Bourgin (H)(1967)	Miller (M)(1965)	Eriksson (ER)(1965)	Nitsch (N-69)(1969)
Na_2SO_4	—	—	—	—	—	—	—	—	—	—	—	—	—
$NaH_2PO_4 \cdot H_2O$	—	—	—	—	—	—	—	—	—	—	—	—	—
KI	0.83	0.75	0.8	0.83	0.75	0.75	1.6	0.83	1.0	—	0.8	—	—
$Na_2MoO_4 \cdot 2H_2O$	0.25	0.25	—	0.25	—	0.25	—	—	0.25	0.25	—	0.025	0.25
MoO_3	—	—	—	—	0.001	—	—	—	—	—	—	—	—
$CuSO_4 \cdot 5H_2O$	0.025	0.025	—	0.025	—	0.025	—	0.025	0.2	0.025	—	0.002 5	0.08
$CoCl_2 \cdot 6H_2O$	0.025	0.025	—	0.025	—	—	—	0.025	0.1	—	—	0.002 5	—
$NiC_2 \cdot 6H_2O$	—	—	—	—	—	—	—	—	—	—	—	—	—
$Cu(NO_3)_2 \cdot 3H_2O$	—	—	—	—	—	—	—	—	—	—	—	—	—
$CoCl_2 \cdot 2H_2O$	—	—	—	—	—	—	—	—	—	—	—	—	—
$AlCl_3$	—	—	—	—	—	—	—	—	—	—	—	—	—
维生素 B_{12}	—	—	—	—	—	—	—	—	—	—	—	—	—
对氨基苯甲酸	—	—	—	—	—	—	—	—	—	—	—	—	—
叶酸	—	—	—	—	—	—	—	—	—	0.5	0.1	—	0.5
维生素 B_2	—	—	—	—	—	—	—	—	—	0.05	—	—	0.05
生物素（VH）	—	—	—	—	—	—	—	—	—	—	—	—	—
氯化胆碱	—	—	—	—	—	—	0.1	—	—	—	—	—	—
泛酸钙	—	—	—	—	—	—	—	—	5.0	—	—	0.5	—
盐酸硫胺素（维生素 B_1）	0.1	10	1	0.4	0.1	—	—	—	—	—	—	0.5	0.5

续表

培养基成分	Murashige 和 Skoog (MS)(1962)	Gamborg (B5)(1968)	N6 朱至清 (1975)	Linsmaier 和 Skoog (LS)(1965)	White W-63 (1963)	Nitsch (N)(1963)	Wolter 和 Skoog (WS)(1966)	Murashige 和 Tucher (MT)(1969)	Schenk 和 Hildebra-ndt (SH)(1972)	Bourgin (H)(1967)	Miller (M)(1965)	Eriksson (ER)(1965)	Nitsch (N-69)(1969)
烟酸	0.5	1.0	0.5	—	0.3	1.25	0.5	0.5	5.0	5.0	0.5	—	5.0
盐酸吡哆醇(维生素 B6)	0.5	1.0	0.5	—	0.1	0.25	0.1	0.5	5.0	0.5	0.1	0.5	0.5
肌醇	100	100	—	100	—	—	100	100	1 000	100	—	0.5	100
甘氨酸	2.0	—	2	—	3.0	7.5	—	2.0	—	2	—	—	2.0
抗坏血酸(维生素 C)	—	—	—	—	—	—	—	—	—	—	—	2.0	—
半胱氨酸	—	—	—	—	—	—	—	—	—	—	—	—	—
尼克酸	—	—	—	—	—	—	—	—	—	—	—	—	—
FeC6H5O7/%	—	—	—	—	—	—	—	—	—	—	—	—	—
水解乳蛋白(LH)	—	—	—	—	—	—	—	—	—	—	—	—	—
水解酪蛋白(CH)	—	—	—	—	—	—	—	—	—	—	—	—	—
蔗糖	30 000	20 000	50 000	30 000	20 000	20 000	—	50 000	30 000	20 000	30 000	40 000	20 000
琼脂/g	10	10	10	10	10	10	10	—	—	8	10	—	20 000
pH	5.8	5.5	5.8	5.8	5.6	6.0	—	—	5.8	5.5	6.0	5.8	—

附录四 植物组织培养中经常使用的热不稳定物质

组分	热不稳定性	参考来源
脱落酸(ABA)	部分分解	Sigma Catalogue
泛酸钙(Ca-pantothenate)	高度分解	Dodds & Roberts(1982)；Sigma Catalogue
果糖(Fructose)	拮抗物质	Stehsel & Caplin(1969)
赤霉素(Gibberellic acid)	少量分解	Butenko(1964)；Watson & Halperin(1981)
L-谷氨酸(L-Glutamine)	高度分解	Liau & Boll(1970)；Thompson et al.(1977)
3-吲哚乙酸(IAA)	20 min 高压灭菌损耗 40%	Nissen & Sutter(1988)；Sigma Catalogue
N-(3-吲哚乙酰基)-L-丙氨酸 (IAA-L-alanine)	少量分解	Pence & Caruso(1984)；Sigma Catalogue
N-(3-吲哚乙酰基)-L-天冬氨酸 (IAA-L-aspartic acid)	显著分解	Pence & Caruso(1984)；Sigma Catalogue
N-(3-吲哚乙酰基)-甘氨酸 (IAA-glycine)	少量分解	Pence & Caruso(1984)；Sigma Catalogue
N-(3-吲哚乙酰基)-苯丙氨酸 (IAA-L-phenylalanine)	少量分解	Pence & Caruso(1984)；Sigma Catalogue
3-吲哚丁酸(IBA)	20 min 高压灭菌损耗 20%	Nissen & Sutter(1988)；Sigma Catalogue
激动素(Kinetin)	部分分解	Sigma Catalogue
麦芽浸出物(Malt extract)	inhibitory substances 拮抗物质	Solomon(1950)
1,3-二苯基脲(N,N'-diphenylurea)	高压灭菌丧失活性	Schmitz & Skoog(1970)
吡哆醇(Pyridoxine)	少量分解	Singh & Krikorian(1981)
二甲基丙烯嘌呤(2-iP)	部分分解	Sigma Catalogue
维生素 B_1 (Thiamine-HCl)	pH>5.5 时,高度分解	Linsmaier & Skoog (1965)；Liau & Boll (1970)
玉米素(Zeatin)	部分分解	Sigma Catalogue

附录五　常用酸碱摩尔浓度的近似配制表

名　称	浓度（mol/L）	配 制 方 法
H$_2$SO$_4$	36c（1/2H$_2$SO$_4$） 6c（1/2H$_2$SO$_4$） 2c（1/2H$_2$SO$_4$） 1c（1/2H$_2$SO$_4$）	比重 1.84 的浓硫酸近似 36 mol/L(1/2 H$_2$SO$_4$) 将浓 H$_2$SO$_4$ 167 mL 缓慢注入 833 mL 水中 将浓 H$_2$SO$_4$ 56 mL 缓慢注入 944 mL 水中 将浓 H$_2$SO$_4$ 28 mL 缓慢注入 972 mL 水中
HCl	12c（HCl） 6c（HCl） 2c（HCl） 1c（HCl）	比重 1.19 的盐酸近似 12 mol/L(HCl) 将 12 mol/L(HCl)500 mL 加水稀释至 1 000 mL 将 12 mol/L(HCl)167 mL 加水稀释至 1 000 mL 将 12 mol/L(HCl)83 mL 加水稀释至 1 000 mL
HNO$_3$	16c（HNO$_3$） 2c（HNO$_3$） 1c（HNO$_3$）	比重 1.42 的硝酸近似 16 mol/L(HNO$_3$) 将 16 mol/L(HNO$_3$)125 mL 加水稀释至 1 000 mL 将 16 mol/L(HNO$_3$)63 mL 加水稀释至 1 000 mL
HAc	17.4c（HAc） 1c（HAc）	99％的冰醋酸近似 17.4 mol/L(HAc) 将冰醋酸 59 mL 加水稀释至 1 000 mL
NaOH	1c（NaOH）	将 40 g NaOH 溶于水中稀释至 1 000 mL
KOH	1c（KOH）	将 56 g KOH 溶于水中稀释至 1 000 mL

附录六 常见植物生长调节物质及主要性质

名　称	化学式	相对分子质量	溶解性质
吲哚乙酸（IAA）	$C_{10}H_9O_2N$	175.19	溶于醇、醚、丙酮，在碱性溶液中较稳定，遇热酸后失去活性
吲哚丁酸（IBA）	$C_{12}H_{13}NO_3$	203.24	溶于醇、丙酮、醚，不溶于水、氯仿
α-萘乙酸（NAA）	$C_{12}H_{10}O_2$	186.20	易溶于热水，微溶于冷水，溶于丙酮、醚、乙酸、苯
2,4-二氯苯氧乙酸（2,4-D）	$C_8H_6Cl_2O_3$	221.04	难溶于水，溶于醇、丙酮、乙醚等有机溶剂
赤霉素（GA₃）	$C_{19}H_{22}O_6$	346.40	难溶于水，不溶石油醚、苯、氯仿而溶于醇类、丙酮、冰醋酸
4-碘苯氧乙酸（PIPA）（增产灵）	$C_8H_7O_3I$	278.00	微溶于冷水，易溶于热水、乙醇、氯仿、乙醚、苯
对氯苯氧乙酸（PCPA）（防落素）	$C_8H_7O_3Cl$	186.50	溶于乙醇、丙酮和醋酸等有机溶剂和热水
激动素（KT）	$C_{10}H_9N_5O$	215.21	易溶于稀盐酸、稀氢氧化钠，微溶于冷水、乙醇、甲醇
6-苄基腺嘌呤（6-BA）	$C_{12}H_{11}N_5$	225.25	溶于稀碱、稀酸，不溶于乙醇
脱落酸（ABA）	$C_{15}H_{20}O_4$	264.30	溶于碱性溶液如 $NaHCO_3$、三氯甲烷、丙酮、乙醇
2-氯乙基膦酸（乙烯利）（CEPA）	$ClCH_2PO(OH_2)$	144.50	易溶于水、乙醇、乙醚
2,3,5-三碘苯甲酸（TIBA）	$C_7H_3O_2I_3$	500.92	微溶于水，可溶于热苯、乙醇、丙酮、乙醚
青鲜素（MH）	$C_4H_4O_2N_2$	112.09	难溶于水，微溶于醇，易溶于冰醋酸、二乙醇胺
缩节胺（助壮素）（pix）	$C_7H_{16}NCl$	149.50	可溶于水
矮壮素（CCC）	$C_5H_{13}NCl_{12}$	158.07	易溶于水，溶于乙醇、丙酮，不溶于苯、二甲苯、乙醚
B₉	$C_6H_{12}N_2O_3$	160.00	易溶于水、甲醇、丙酮，不溶于二甲苯
PP₃₃₃（多效唑）	$C_{15}H_{20}ClN_3O$	293.50	易溶于水、甲醇、丙酮
三十烷醇（TAL）	$CH_3(CH_2)_{28}CH_2OH$	438.38	不溶于水，难溶于冷甲醇、乙醇，可溶于热苯、丙酮、乙醇、氯仿

附录七 温湿度换算表

一、3 种温度换算表

	摄氏温度/℃ $C=5/9(F-32)$	绝对温度/K	华氏温度/℉ $F=\dfrac{9}{5}C+32$
℃	C	$C+273.15$	$1.8C+32$
K	$K-273.15$	K	$1.8K-459.4$
℉	$0.556F-17.8$	$0.556F+255.3$	F

二、摄氏干湿度与相对湿度换算表

干湿示差	0.5	1.0	1.5	2.0	2.5	3.0	3.5	4.0	4.5	5.0	5.5	6.0	6.5	7.0	7.5	8.0
干球温度	相对湿度/%															
50	97	94	92	89	87	84	82	79	77	74	72	70	68	66	63	61
49	97	94	92	89	86	84	81	79	77	74	72	70	67	65	63	61
48	97	94	92	89	86	84	81	79	76	74	71	69	67	65	62	60
47	97	94	92	89	86	83	81	78	76	73	71	69	66	64	62	60
46	97	94	91	89	86	83	81	78	76	73	71	68	66	64	62	59
45	97	94	91	88	86	83	80	78	75	73	70	68	66	63	61	59
44	97	94	91	88	86	83	80	78	75	72	70	67	65	63	61	58
43	97	94	91	88	85	83	80	77	75	72	70	67	65	62	60	58
42	97	94	91	88	85	82	80	77	74	72	69	67	64	62	59	57
41	97	94	91	88	85	82	79	77	74	71	69	66	64	61	59	56
40	97	94	91	88	85	82	79	76	73	71	68	66	63	61	58	56
39	97	94	91	87	84	82	79	76	73	70	68	65	63	60	58	55

续表

干湿示差	0.5	1.0	1.5	2.0	2.5	3.0	3.5	4.0	4.5	5.0	5.5	6.0	6.5	7.0	7.5	8.0
干球温度	相对湿度/%															
38	97	94	90	87	84	81	78	75	73	70	67	64	62	59	57	54
37	97	93	90	87	84	81	78	75	72	69	67	64	61	59	56	53
36	97	93	90	87	84	81	78	75	72	69	66	63	61	58	55	53
35	97	93	90	87	83	80	77	74	71	68	65	63	60	57	55	52
34	96	93	90	86	83	80	77	74	71	68	65	62	59	56	54	51
33	96	93	89	86	83	80	76	73	70	67	64	61	58	56	53	50
32	96	93	89	86	83	79	76	73	70	66	64	61	58	55	52	49
31	96	93	89	86	82	79	75	72	69	66	63	60	57	54	51	48
30	96	92	89	85	82	78	75	72	68	65	62	59	56	53	50	47
29	96	92	89	85	81	78	74	71	68	64	61	58	55	52	49	46
28	96	92	88	85	81	77	74	70	67	64	60	57	54	51	48	45
27	96	92	88	84	81	77	73	70	66	63	60	56	53	50	47	43
26	96	92	88	84	80	76	73	69	66	62	59	55	52	48	46	42
25	96	92	88	84	80	76	72	68	64	61	58	54	51	47	44	41
24	96	91	87	83	79	75	71	68	64	60	57	53	50	46	43	39
23	96	91	87	83	79	75	71	67	63	59	56	52	48	45	41	38
22	95	91	87	82	78	74	70	66	62	58	54	50	47	43	40	36
21	95	91	86	82	78	73	69	65	61	57	53	49	45	42	38	34
20	95	91	86	81	77	73	68	64	60	56	52	58	44	40	36	32
19	95	90	86	81	76	72	67	63	59	54	50	56	42	38	34	30
18	95	90	85	80	76	71	66	62	58	53	49	44	41	36	32	28
17	95	90	85	80	75	70	65	61	56	51	47	43	39	34	30	26
16	95	89	84	79	74	69	64	59	55	50	46	41	37	32	28	23
15	94	89	84	78	73	68	63	58	53	48	44	39	35	30	26	21
14	94	89	83	78	72	67	62	57	52	46	42	37	32	27	23	18
13	94	88	83	77	71	66	61	55	50	45	40	34	30	25	20	15
12	94	88	82	76	70	65	59	53	47	43	38	32	27	22	17	12

续表

干湿 示差 干球 温度	0.5	1.0	1.5	2.0	2.5	3.0	3.5	4.0	4.5	5.0	5.5	6.0	6.5	7.0	7.5	8.0
	相对湿度/%															
11	94	87	81	75	69	63	58	52	46	40	36	29	25	19	14	8
10	93	87	81	74	68	62	56	50	44	38	33	27	22	16	11	5
9	93	86	80	73	67	60	54	48	42	36	31	24	18	12	7	1
8	93	86	79	72	66	59	52	46	40	33	27	21	15	9	3	
7	93	85	78	71	64	57	50	44	37	31	24	18	11	5		
6	92	85	77	70	63	55	48	41	34	28	21	13	3			
5	92	84	76	69	61	53	46	36	28	24	16	9				
4	92	83	75	67	59	51	44	36	28	20	12	5				
3	91	83	74	66	57	49	41	33	25	16	7	1				
2	91	82	73	64	55	46	38	29	20	12	1					
1	90	81	72	62	53	43	34	25	16	8						
0	90	80	71	60	51	40	30	21	12	3						

附录八　细胞筛孔径与目数换算表

目	孔径/μm	目	孔径/μm	目	孔径/μm	目	孔径/μm
20	900	100	154	250	61	360	40
30	600	120	125	280	55	400	38.5
40	450	140	105	300	50	500	30
50	355	150	100	320	45	600	20
60	280	160	98	325	43	700	15
80	180	180	90	350	41	800	10
		200	76				

附录九　离心机转数与离心力的列线图及公式

在 RPM 标尺(单位:r/min)上取已知转速,在 R 标尺上取已知的离心半径(单位:cm),将这两点作一直线相连,直线所通过的 G 标尺上的交叉点即为相应的离心力。

离心力与离心机转速测算公式:

$$G = 1.119 \times 10^{-5} \times R \times (RPM)^2$$

式中:G 为离心力(g);R 为离心机头的半径,单位为 cm;RPM 为离心机每分钟的转速。

附录十 常用电泳缓冲液

常用电泳缓冲液的配制

缓冲液	使用液	浓储存液（每升）
Tris-乙酸（TAE）	1×： 0.04 mol/L Tris-乙酸（TAE） 0.001 mol/L EDTA	50×： 242 g Tris 碱 57.1 mL 冰乙酸 100 mL 0.5 mol/L EDTA(pH 8.0)
Tris-磷酸（TPE）	1×： 0.09 mol/L Tris-磷酸 0.002 mol/L EDTA	50×： 108 g Tris 碱 15.5 mL 85% 磷酸(1.679 g/mL) 40 mL 0.5 mol/L EDTA(pH 8.0)
Tris-硼酸（TBE）	0.5×： 0.045 mol/L Tris-硼酸 0.001 mol/L EDTA	5×： 54 g Tris 碱 27.5 g 硼酸 20 mL 0.5 mol/L EDTA(pH 8.0)
碱性缓冲液	1×： 50 mmol/L NaOH 1 mmol/L EDTA	1×： 5 mL 10 mol/L NaOH 2 mL 0.5 mol/L EDTA(pH 8.0)
Tris-甘氨酸	1×： 25 mmol/L Tris 250 mmol/L 甘氨酸 0.1% SDS	5×： 15.1 g Tris 碱 94 g 甘氨酸（电泳级、pH 8.3） 50 mL 10% SDS（电泳级）

1. TBE 缓冲液长时间存放后会形成沉淀物，为避免这一问题，可以在室温下用玻璃瓶保存 5× 溶液，出现沉淀后则予以废弃。

以往都以 1×TBE 作为使用液（即 1:5 稀释浓储存液）进行琼脂凝胶电泳，但 0.5× 的使用液已具备足够的缓冲容量。目前，几乎所有的琼脂糖凝胶电泳都以 1:10 稀释的储存液作为使用液。

进行聚丙烯酰胺凝胶电泳使用的是 1×TBE，是琼脂糖凝胶电泳时使用液浓度的 2 倍。聚丙烯酰胺凝胶电泳垂直槽的缓冲液槽较小，故通过缓冲液的电流量通常较大，需要使用 1×TBE 以提供足够的缓冲容量。

2. 碱性电泳缓冲液应现用现配。

3. Tris-甘氨酸缓冲液用于 SDS 聚丙烯酰胺凝胶电泳。

附录十一　常用试剂母液的配制

1. 250 mmol/L EDTA（pH 7.6）溶液：称取 Na₂·EDTA 9.3 g，先加 70 mL 重蒸水，5 mL 10 mol/L NaOH 溶液，加热搅拌溶解后，再加 10 mol/L NaOH 溶液调 pH 7.6，用重蒸水定容至 100 mL，高压灭菌 20 min。

2. 20％ SDS 溶液：称取固体 SDS（十二烷基磺酸钠，相对分子质量 288.44）20 g，加 70 mL 重蒸水于 42 ℃水溶解，加重蒸水定容至 100 mL。

3. 3 mol/L NaAc 溶液（pH 5.6）：称取无水乙酸钠 49.2 g，先加 140 mL 重蒸水，加热使溶解，再用冰乙酸（相对分子质量 60.05）约 30 mL 调至 pH 5.6，加重蒸水定容至 200 mL，高压灭菌 20 min，置 4 ℃冰箱保存。

4. 3 mol/L NaAc 溶液（pH 4.8）：称取无水乙酸钠 49.2 g，先加 140 mL 重蒸水，加热使溶解，再用冰乙酸（相对分子质量 60.05）约 40 mL 调至 pH 4.8，加重蒸水定容至 200 mL，高压灭菌 20 min，置 4 ℃冰箱保存。

5. 1 mol/L CaCl₂ 溶液：称取无水氯化钙（相对分子质量 110.99）55.5 g，加重蒸水 300 mL，充分溶解后，用重蒸水定容至 500 mL，高压灭菌 20 min。

6. 3 mol/L KAc 溶液（pH 4.8）：称取乙酸钾（相对分子质量 98.14）147.2 g，加重蒸水 300 mL，加热溶解，用约 40 mL 冰乙酸调 pH 4.8，再用重蒸水定容至 500 mL，高压灭菌 20 min。

7. 溴化乙锭（EB）溶液：戴手套谨慎称取溴化乙锭（相对分子质量 394.33）约 200 mg 于棕色试剂瓶，加 20 mL 重蒸水配制，溶解后储存于 4 ℃冰箱备用，为 10 mg/mL EB 母液。使用时，戴手套吸取 10 mg/mL EB 母液 10 mL 于棕色试剂瓶，加 90 mL 重蒸水，摇匀为 1 mg/mL EB 溶液，置于 4 ℃保存。EB 是 DNA 诱变剂，是极强的致癌物。

8. Tris-HCl 饱和酚（pH 8.0）溶液：将苯酚（相对分子质量 94.11）置于 65 ℃水浴中溶解后，量取一定体积的苯酚于分液漏斗中，加入等体积 1 mol/L Tris-HCl（pH 8.0）缓冲液，立即加盖儿，激烈振荡，加入固体 Tris 调节 pH（一般 100 mL 苯酚约加 1 g 固体 tris），摇匀溶解直至分层后，测上层水相 pH 至 7.6~8.0。从分液漏斗中放出下层酚相，立即放置 4 ℃冰箱储存备用（操作时戴手套，酚在空气中极易氧化变红，注意随时加盖儿，也可加入抗氧化剂如：加入 0.1％8-羟基喹啉，0.2％ β-巯基乙醇）。

9. 1.2%溴酚蓝溶液:称取溴酚蓝(相对分子质量 670.20)240 mg,加入重蒸水20 mg,置室温过夜自溶,待充分溶解后放 4 ℃冰箱储存备用。

10. 30% 丙烯酰胺配制(分离蛋白凝胶母液):称取丙烯酰胺 292 g,N,N-亚甲基双丙烯酰胺 8 g,加重蒸水 500 mL,37 ℃左右加热溶解后,再用重蒸水定容到1 000 mL,用滤纸过滤,用棕色瓶装,存于 4 ℃备用。

11. 电泳加样缓冲液:

(1)6×电泳加样缓冲液(0.2%溴酚蓝,50%蔗糖):称取溴酚蓝 200 mg,加重蒸水 10 mL,在室温下过夜,待溶解后再称取蔗糖(相对分子质量 342.30)50 g,加重蒸水溶解后移入溴酚蓝溶液中,摇匀后加重蒸水 100 mL,加 NaOH1~2 滴,调至蓝色。

(2)6×电泳加样缓冲液(0.25%溴酚蓝,0.25%二甲苯氰蓝,40%蔗糖):称取溴酚蓝 250 mg,加重蒸水 10 mL,在室温下过夜;再称取 250 mg 二甲苯氰蓝于10 mL 重蒸水溶解,加入 40 g 蔗糖,加重蒸水溶解后,合并 3 种溶液,加重蒸水定容至 100 mL,存于 4 ℃备用。

附录十二 pH 计标准缓冲液的配制

pH 计用的标准缓冲液要求：有较大的稳定性，较小的温度依赖性，其试剂易提纯。

常用标准缓冲液的配制如下：

1. pH＝4.00（10～20 ℃）：将邻苯二甲酸氢钾在 105 ℃ 干燥 1 h 后，称取 5.07 g 加重蒸水溶解至 500 mL。

2. pH＝6.88（20 ℃）：称取在 130 ℃ 干燥 2 h 的 3.401 g 磷酸二氢钾（KH_2PO_4），8.95 g 磷酸氢二钠（$NaHPO_4 \cdot 12H_2O$）或 3.549 g 无水磷酸氢二钠（Na_2HPO_4，加重蒸馏水溶解至 500 mL。

3. pH＝9.18（25 ℃）：称取 3.814 4 g 四硼酸钠（$Na_2B_4O_7 \cdot 10H_2O$）或无水四硼酸钠（$Na_2B_4O_7$），加重蒸水溶解至 100 mL。

附录十三　常用的抗生素

常用的抗生素的配制

抗生素	储存液 /(mg/mL)	储存温度 /℃	工作浓度/(μg/mL)		工作浓度范围 /(μg/mL)
			严紧型质粒	松弛型质粒	
氨苄青霉素	50(溶于水)	-20	20	60	25～200
羧苄青霉素	50(溶于水)	-20	20	60	25～100
氯霉素	34(溶于乙醇)	-20	25	170	10～100
卡那霉素	10(溶于水)	-20	10	50	25～170
链霉素	10(溶于水)	-20	10	50	10～50
四环素	5(溶于乙醇)	-20	10	50	10～50

以水为溶剂的抗生素储存液应用 0.22 μm 滤器过滤除菌;用乙醇溶解的抗生素无须灭菌处理。所有抗生素储存液都应放于不透光的容器中保存。

Mg^{2+} 是四环素的拮抗剂,对于以四环素为筛选抗性的细菌,应使用不含镁盐的的培养基(如 LB 培养基)。

3 种抗生素作用机制比较

比较项目	氨苄青霉素 (Ampicilin, Amp)	链霉素 (Streptomycin, Sm)	氯霉素 (Chloramphenical, Cm)
保存方法	储存液保存在-20 ℃,培养基平板保存在4 ℃,1～2周	储存液保存在-20 ℃,培养基平板保存在4 ℃,1周	储存液保存在-20 ℃,在无水乙醇中可存放1年,培养基平板保存在4 ℃,1～5 d
对细菌的作用方式	它是氯霉素的衍生物,因干扰细胞壁的合成而杀死生长中的细菌	它是一种杀菌因子,能与核糖体的亚单位30S相结合,引起 mRNA 的误读	它是一种抑菌剂,能与核糖体的50S相结合,阻止肽键的形成,干扰了蛋白质的合成
抗性机制	存在的抗性基因(bia),产生一种周质酶,它酶解了抗生素的 β-内酰胺环,使氨苄青霉素失效	存在的 str 抗性基因,它产生的链霉素酶修饰和抑制链霉素与核糖体30S相结合,因而使链霉素失效	存在的 Cm 抗性基因能产生乙酰转移酶,使氯霉素乙酰化而失效